21 世纪高等学校计算机类
课程创新系列教材·微课版

C/C++程序设计导论
——从计算到编程 微课视频版

张力生 张化川 何 睿 赵春泽 / 编著

U0291147

清華大学出版社

北京

内 容 简 介

　　本书以基础理论和编程实践相结合的方式，图文并茂地介绍设计程序所需的数学知识、计算机基础知识和计算机语言基本知识，从计算和数据角度系统地介绍了设计程序的基本原理、基本方法和典型编程模式，并使用 C/C++语言实现设计的程序。全书分为两部分，共 10 章。第一部分为基础篇，包括概述、表达式和数据类型、构造分支、构造循环、函数等知识；第二部分为应用篇，包括程序组织、数组、指针和引用、结构、底层编程等知识。书中的每个知识点都从数学引入，有相应的数学推导、编程步骤、实现代码和编程要点。

　　本书适合作为全国高等院校计算机及相关专业的程序设计课程的教材，也可供从事软件开发的专业人员自学使用。

图书在版编目（CIP）数据

C/C++程序设计导论：从计算到编程：微课视频版/张力生等编著. —北京：清华大学出版社，2022.3（2025.1重印）

21 世纪高等学校计算机类课程创新系列教材：微课版

ISBN 978-7-302-59202-0

Ⅰ. ①C… Ⅱ. ①张… Ⅲ. ①C 语言–程序设计–高等学校–教材 ②C++语言–程序设计–高等学校–教材 Ⅳ. ①TP312.8

中国版本图书馆 CIP 数据核字(2021)第 187906 号

责任编辑：陈景辉　张爱华
封面设计：刘　键
责任校对：李建庄
责任印制：刘海龙
出版发行：清华大学出版社
　　　网　　　址：https://www.tup.com.cn，https://www.wqxuetang.com
　　　地　　　址：北京清华大学学研大厦 A 座　　　　　　邮　　编：100084
　　　社 总 机：010-83470000　　　　　　　　　　　　　邮　　购：010–62786544
　　　投稿与读者服务：010-62776969，c-service@tup.tsinghua.edu.cn
　　　质 量 反 馈：010-62772015，zhiliang@tup.tsinghua.edu.cn
　　　课 件 下 载：https://www.tup.com.cn，010-83470236
印 装 者：三河市天利华印刷装订有限公司
经　　销：全国新华书店
开　　本：185mm×260mm　　　　印　张：22　　　　字　数：537 千字
版　　次：2022 年 3 月第 1 版　　　　　　　　　　印　次：2025 年 1 月第 4 次印刷
印　　数：3501~4500
定　　价：69.90 元

产品编号：091768-01

前　言

在软件无处不在的时代，程序设计课程的重要性毋庸置疑。本书先通过数学带领读者学习计算和描述计算的表达方式，然后讲解如何使用计算机语言编程。

编程具有较强的科学性和系统性，本书强调使用数学模型解决问题，针对我国学生数学基础好但计算思维薄弱的特点，从四则运算、函数和数学归纳法等初等数学内容入手学习计算方法和表达方式，并融入计算理论、程序理论和计算机系统等基本原理，从计算和数据两条主线，由浅入深地讨论编程的基本知识、基本原理和基本方法，旨在培养能够运用数学知识编程的优秀人才。本书的主要范围如图 0.1 所示。

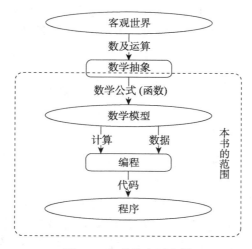

图 0.1　本书的主要范围

编程也是工程性工作，主要涉及详细设计、编码实现两个阶段的工作。详细设计阶段的主要工作是抽象数据和设计计算流程。本书使用流程图、计算顺序图、运算序列图以及内存图等图形语言作为描述数据和计算流程的工具，介绍数学模型中数的表示方法和计算流程，在冯·诺依曼机上详细讨论数据存储方式和运算的实现原理，着重介绍运用数及运算、数学公式（函数）等数学知识设计程序流程、定义数据的方法。

编码实现阶段的主要工作是使用计算机语言描述设计的数据和计算流程，并调试通过。计算机语言的表达方法主要来源于数学和自然语言，本书选用 C/C++语言作为编程语言工具，介绍计算机语言的知识，分层次详细介绍编写代码的步骤和方法，着重介绍怎样运用数学和自然语言的知识描述程序的数据和计算流程。

调试程序是编码实现阶段的重要工作，其工作量在编程中的占比非常高。本书选用 Visual Studio 作为集成开发平台，针对表达式、分支、循环、函数和程序模块详细介绍调试程序的步骤和方法。

本书主要内容

全书分为基础篇和应用篇两部分，共 10 章。

第一部分为基础篇，包括第 1~5 章，按照计算机语言的层次关系采用自底向上的方式组织内容，主要从计算角度介绍编程的基本知识和基本方法。

第 1 章为概述。介绍了计算机、计算机语言和程序等基本概念，举例说明了编译和连接的功能和作用，以及调试程序的一般步骤，让读者对编程有一个基本的了解。

第 2 章为表达式和数据类型。从数和四则运算引入表达式和数据类型的概念，主要讨论了基本运算在冯·诺依曼机上的语义和表达式的运算序列，举例说明了计算表达式的步骤和方法，讨论了整型、字符型和实数型等基本数据类型的表示原理和存储格式，介绍了字符流和控制输出格式的方法，并介绍了编写、调试和维护表达式的步骤和方法。

第 3 章为构造分支。从分段函数引入分支的概念，主要介绍使用流程图描述程序流程的方法，深入讨论了通过分段函数构造分支的方法，讨论了关系表达式、逻辑表达式和条件表达式，举例说明了编写分支程序的 4 种典型模式，深入讨论了 I/O 流及其运算，最后介绍了编写、调试和维护分支程序的步骤和方法。

第 4 章为构造循环。从数学归纳法引入了循环的概念，主要介绍了构造循环的基本知识和基本原理，讨论了在数列上采用递推方式构造循环的一般步骤和基本方法，举例说明了递推公式的推导思路，介绍了 while 语句、for 语句和 do…while 语句等循环语句及循环的通用流程框架，讨论了使用循环变量模式和嵌套模式编写程序的方法，最后介绍了调试和维护循环程序的步骤和方法。

第 5 章为函数。从数学函数引入计算机函数的概念，主要介绍了变量和函数的基本知识，介绍了使用"栈"机制管理变量和实现函数调用的原理，讨论了使用"栈"机制分析函数内部执行过程的方法，介绍了定义和调用函数的方法，讨论了描述函数调用关系的方法，举例说明了使用数学递归函数编写计算机递归函数和构造循环的方法，介绍了函数模板以及重载函数技术，最后介绍了调试和维护函数的步骤和基本方法。

第二部分为应用篇，包括第 6~10 章，按照数据类型或应用场景组织内容，主要从数据角度介绍编程的基本知识和基本方法。

第 6 章为程序组织。在总结前面内容的基础上，主要介绍了模块化程序设计思想以及相关的基本知识，着重介绍了多文件结构以及使用方法，介绍了预编译技术以及支持多文件结构程序的基本原理和方法，并介绍了在模块层次上调试程序的基本知识。

第 7 章为数组。介绍了"程序=数据结构+算法"的观点，开始从数据角度介绍编程技术。从数列和矩阵引入数组的概念，介绍了一维数组和二维数组，讨论了其存储结构，举例说明了使用数组管理数据和描述问题的步骤和基本方法。

第 8 章为指针和引用。从内存的逻辑地址引入指针的概念，主要介绍了指针及其运算，讨论了使用指针访问变量或数组元素的方法，介绍了动态管理堆内存技术，讨论了参数传递的原理，举例说明了各类参数传递的应用场景和编程方法，介绍了字符数组，举例说明了使用字符数组处理字符串的基本方法。介绍了引用及其使用方法，最后讨论了程序安全性。

第 9 章为结构。从向量引入结构的概念，主要介绍了声明结构、定义结构变量以及相关运算等知识，讨论了结构的存储结构和访问结构成员的方法，介绍了使用结构描述二维表并管理其数据的方法，以及使用结构实现链表的基本方法。

第 10 章为底层编程。从整数的记数法引入"按位"计算，介绍十进制、二进制。举例说明了自然数和整数的数值计算方法，讨论了使用补码表示整数的原理，介绍了位运算、联合等底层编程知识和技术。举例说明了基本运算的内部实现原理和方法，详细讲解了在实际应用中抽象、定义底层数据及运算的基本原理和编程方法，介绍了一个最简单的 R 进制计算机，讨论了对其扩展的路径和方法，可作为进一步学习、训练的示例。

最后，提供了 ASCII 表和运算表两个附录，以方便读者查阅。其中，运算表详细描述了常用运算的语法和语义，以及优先级和结合性，是编程的基础资料。

本书特色

（1）强化数学基础，夯实计算思维，重点讲解计算方法等内容。本书涉及的数学知识主要来源于初等数学内容，并针对我国中学生计算思维薄弱的特点讲解了计算方法的内容，充分利用我国学生数学基础好的优势，降低学习的门槛。

（2）结构化程序设计思想和面向对象程序设计思想有机融合，旨在节约学生的学习时间。按照先有数再有运算的数学思维，以计算和数据并重的观点组织内容，将结构化程序设计思想和面向对象程序设计思想融合，在程序设计方法上形成一个整体。

（3）图文并茂，通俗易懂。通过使用大量的流程图、计算顺序图、运算序列图和内存图等图形语言，全面讲解程序的计算和数据等内容，以便加强对读者软件设计能力的培养。

（4）紧跟国际工程教育思路，注重实践。将计算机语言、计算机系统、开发环境等回归到工具，强调运用这些工具解决实际问题。

配套资源

为便于教与学，本书配有 530 分钟微课视频、源代码、教学课件、教学大纲、授课计划、习题答案、考试试卷及答案。

（1）获取微课视频方式：读者可以先扫描本书封底的文泉云盘防盗码，再扫描书中相应的视频二维码，观看教学视频。

（2）获取源代码方式：先扫描本书封底的文泉云盘防盗码，再扫描下方二维码，即可获取。

（3）其他配套资源可以扫描本书封底的课件二维码下载。

源代码

进一步学习的内容

当读者完成本书的学习时，是否能成为一名编程的专家呢？答案当然是否定的。但在程序设计领域已经有了一个良好的开始，比较好地掌握了编程所需的基本知识和基本原理，并得到了较好的编程训练。能够编写比较简单的程序，能够从计算角度理解复杂的程序，为进一步的学习打下了良好的理论和实践基础。

当读者完成本书的学习后，进一步学习的最好方法是大量阅读程序并开发一个真正能被别人使用的程序。编程开源区、开发环境中都有很多经典的代码，可供读者选择，但在阅读程序时，需要从数据和计算流程两个方面理解。

还可以进一步从更高层次学习抽象数据和计算的方法，学习面向对象的编程知识和技术。面向对象编程的教材很多，最好选择整合了面向对象设计和编程实现内容的教材，面向对象设计的成果一般会使用 UML 描述，在选择教材时，可通过是否使用了 UML 简单判断是否包含了面向对象设计内容。

读者对象

本书适合作为全国高等院校计算机及相关专业的程序设计课程的教材，也可供从事软件开发的专业人员自学使用。

本书的编写参考了诸多相关资料，在此表示衷心的感谢。限于个人水平和时间仓促，书中难免存在疏漏之处，欢迎读者批评指正。

作　者

2022 年 1 月

目　录

第一部分　基　础　篇

第二部分　应　用　篇

第一部分 基 础 篇

第 1 章

概　　述

编程（programming）可简单理解为程序员与计算机进行交流的过程。程序员使用计算机语言告诉计算机做什么、怎么做，计算机也将做事的过程和结果反馈给程序员，因此，先从程序员与计算机的交流场景开始学习编程。

1.1　计算机

顾名思义，计算机就是计算的机器，它通过执行一系列指令来完成特定的计算功能，被执行的一系列指令统称为程序（program）。一台计算机一般会包含众多的物理设备和各种程序，程序在这些物理设备上运行，实现所需要的功能，这些物理设备统称为硬件（hardware），这些程序统称为软件（software）。

冯·诺依曼机是根据图灵机这个计算模型推导出的计算机逻辑结构，不仅指导人们设计制造计算硬件系统，也是程序员编写程序的基础。

冯·诺依曼机由存储器、运算器、输入设备、输出设备和控制器 5 部分组成。冯·诺依曼机模型如图 1.1 所示。

冯·诺依曼机从功能上描述了计算机的逻辑结构，表明一台计算机应具有 5 大功能部件。存储器也称为内存，其功能为存储程序和数据。运算器和控制器统称为（中央）处理器（CPU），其功能为执行程序中的指令，实现规定的运算，协调各个功能部件之间协同工作。输入设备和输出设备完成输入输出功能。

经历几十年的发展，"计算机"已发生了根本性的改变，并以各种各样的形态深入到人们的生活和工作，但仍未脱离冯·诺依曼机这个体系结构，也未打破冯·诺依曼机的制约。

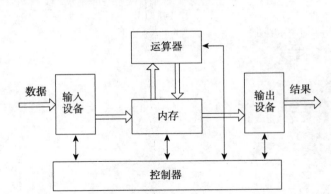

图 1.1　冯·诺依曼机模型

1.2　计算机语言

语言是人类创造的工具，它用来表达意思，交流思想，并借助语言保存和传递人类文明的成果。语言是民族的重要特征之一。

计算机语言也称为程序设计（编程）语言（programming language），是程序员与计算机交流沟通的工具，也是程序员之间进行交流沟通的主要工具。

计算机刚发明时只能理解用 0 和 1 序列表示的机器指令，只有计算机专家能直接用 0 和 1 的序列作为机器指令来编程，编写的程序不仅难以理解，而且效率极低。为了方便专家记忆和编程，用一些符号（助记符）来代替 0 和 1 序列表示的机器指令，出现了汇编语言。汇编语言增强了程序的可读性，也提高了编程的效率，但仍然主要用于专家与计算机交流沟通，不能满足广泛使用的发展需要。

使用机器指令或汇编语言编写程序，主要是用于程序员与计算机之间的交流，编写出的程序与计算机硬件强关联，只能在特定的计算机上运行。机器指令集及相应的汇编语言称为低级语言。

随着计算机的发展，将数学语言和自然语言（英语）中的核心表达特性引入计算机语言，相继诞生了各种各样的高级语言。

如将数学中的代数式和函数等核心表达元素引入计算机语言，程序中出现了 "a+b" "y=f(x)" 等类似数学的计算机表达式，将英语中的 if 句型引入计算机语言，出现了 "if (a>b) {b=a;}" 语句。

将数学语言和自然语言（英语）中的核心表达特性引入计算机语言，不仅减少了编写程序的工作量，提高了编程效率，更重要的是，可用数学和自然语言中的方法解决实际问题，可用数学语言和自然语言中的表达方式编写程序，这更符合人们的思维方式，更便于程序员之间进行交流沟通。

程序语言越低级，对过程描写得越具体，指令也就越接近机器的硬件逻辑。相反，程序语言越高级，就越接近对问题的描述与表达，因而更直观、更容易被人们所理解。

高级语言的广泛应用，促使编程人数迅速增加，促进了软件产业突飞猛进的发展。

1.3 为什么选择 C/C++ 语言

C/C++ 语言的发展历程和主要特性决定了 C/C++ **语言是学习编程的首选语言工具**。

1970 年，AT&T 公司 Bell 实验室的 D. Ritchie 和 K. Thompson 共同发明了 C 语言，研制 C 语言的初衷是用它编写 UNIX 系统程序，C 语言实际上是 UNIX 的"副产品"。C 语言充分结合了汇编语言和高级语言的优点，高效而灵活，又容易移植，所以很受程序设计人员的青睐，成为计算机产业界的宠儿。为此，他们两位获得了 1983 年度的"图灵奖"。

1971 年，瑞士联邦技术学院 N. Wirth 教授发明了 Pascal 语言。Pascal 语言语法严谨，层次分明，程序易写，具有很强的可读性，是第一个结构化的编程语言。它一问世就受到广泛欢迎，为此，N. Wirth 教授获得 1984 年度的"图灵奖"。

20 世纪 70 年代中期，Bjarne Stroustrup 在剑桥大学计算机中心工作。他使用过 Simula 和 ALGOL 语言，实现过低级语言 BCPL，接触过 C 语言，积累了丰富的程序语言经验。1979 年，Bjarne Stroustrup 到了 Bell 实验室，在 C 语言中引 ALGOL 的结构和 Simula 的类，形成了带类的 C（C with classes）。与 C 语言相比，带类的 C 编程更加简单和可靠，运行高效，可移植性更好。1983 年，带类的 C 语言被正式命名为 C++。

20 世纪 90 年代，C 语言慢慢淡出，C++ 语言逐渐应用。1998 年，ISO/ANSI C++ 标准正式制定，促进了 C++ 语言的稳步发展，使其成为一个标志性的计算机语言。

鉴于 C++ 语言对现代计算机产业的贡献，1995 年 *BYTE* 杂志将 Bjarne Stroustrup 列入"计算机工业 20 个最具影响力的人"。

C++ 语言对 C 语言的继承是青出于蓝而胜于蓝，它既可以进行 C 语言鼎盛时期所流行的面向过程的**结构化程序设计**，又可以进行以抽象数据类型为特点的**基于对象的程序设计**，还可以进行以继承和多态为特点的**面向对象程序设计**和以模板为特点的泛型程序设计。

C++ 语言是一种混合型程序设计语言，"混合"体现在可以采用不同的程序设计方法，进行各种目的的编程。"混合"是因为沿革了 C 语言。从本质上说，当今的世界，既有许多规模不大，要求能经济地运行的编程任务，如嵌入式编程，也有越来越多的大规模编程任务，如基于大数据的智能分析系统，因而要求编程语言通用、面广、多样和灵活。"混合"意味着绝不放弃计算机高效运行的实用性特征，而又致力于提高大规模程序的编程质量，提高程序设计语言的问题描述能力。

本书选择 C/C++ 语言作为学习编程的语言工具，主要是因为它反映了计算机语言的发展历史，它的主要特性和表达能力能够支撑我们学习基本的编程原理和方法，也有助于读者自学其他计算机语言。

需要特别强调的是，本书的主要目的不是学习 C/C++ 语言，而是学习编程的基本知识、技术和方法，希望能够跳出语言细节而聚焦于程序设计的基本原理和方法，真正为读者深入学习编程打下基础，因此，C/C++ 语言仅仅作为学习编程的语言工具，主要使用到 C 语言的部分。

1.4 简单程序

下面是一个用 C/C++语言编写的简单程序，它的功能非常简单，就是将输入的两个数相加，并输出结果。两个数相加示例代码如例 1.1 所示。

【例 1.1】 两个数相加。

```
#include<iostream>
using namespace std;
void main(){
    int a, b, sum;
    cout << "请输入两个数:\n";
    cin >> a >> b;
    sum = a + b;                    //两个数相加
    cout << "两数之和: " << sum << endl;
}
```

每个程序都需要一个唯一的入口，在 C/C++语言中，规定了这个入口为 main ( )函数，程序从 main ( )函数的第一行语句开始执行。

cout 表示标准输出设备（output），通常为显示器，<<表示输出，"请输入两个数：\n"是在标准输出设备上输出的内容。

cin 表示输入设备（input），通常为键盘，>>表示输入，"cin >>a >>b"的含义为从输入设备输入两个数到变量 a 和 b。

"sum = a+b"的含义为，将 a 和 b 中的两个数相加，结果放到 sum 中。

后面的语句就是输出 sum 中存放的结果。

只要具有基本的自然语言和数学基础，很容易理解上面的简单程序，但要计算机理解这个程序，还需要给它配备一个"翻译"，即要将高级语言编写的程序"翻译"成计算机能理解的机器语言。

1.5 编译和链接

使用高级语言编程，能够很好地满足程序员之间进行交流沟通的要求，但也必须让计算机硬件能够"理解"程序表达的含义，即程序能够在计算机硬件上运行。为了解决这个问题，专门设计了一组程序，先将高级语言编写的程序"翻译"成一系列机器指令，然后在计算机硬件上逐条运行这些机器指令。

"翻译"例 1.1 的过程如图 1.2 所示，共分为编译和链接（link）两个步骤。先将源程序文件 add.cpp 中的程序"编译"为二进制表示的机器指令序列，并存储到一个目标代码文件 add.obj，然后，将 add.obj 中的代码与系统提供的 cout 和 cin 代码"链接"在一起，生成一个可执行程序文件 add.exe，add.exe 就可以在计算机上运行。

源程序文件（source file）存储程序员编写的程序，以文本形式呈现，常常也将源程序文件中存储的内容称为源代码（source code）。目标代码文件（object file）存储"翻译"后的机器指令，常常是一个源程序文件对应一个目标代码文件，也将目标代码文件中存储的内容称为目标代码（object code）。可执行程序文件（executable program file）存储程序的完整目标代码，包括各个目标代码文件中的代码，以及系统提供的目标代码。编译、链接程序的过程如图 1.2 所示。

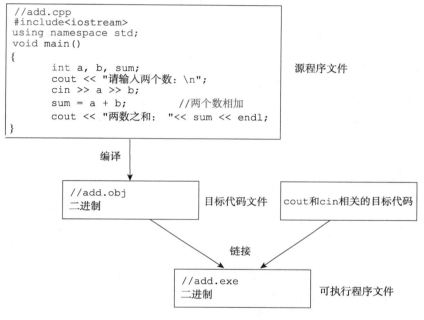

图 1.2　编译、链接程序的过程

C/C++语言提供了许多标准化库，这些库中包含了程序员可以使用的各种程序代码。例如，输入和输出库中提供了一些程序代码，利用这些代码，可以向屏幕输出信息，也可以从键盘获取数据。

通过编译和链接两个步骤将源程序翻译成可执行的程序，是翻译程序的一种方式，这种方式称为编译型。除此之外，还有另外一种称为"解释型"的方式。解释型采用"边翻译边执行"的方式，即翻译一条语句就执行这条语句对应的机器代码，一般不会生成一个完整的可执行文件。解释型有很多应用场景，如前端程序、脚本语言。

程序设计语言发展到现在，无论编译型还是解释型，一般都会提供一个集成开发环境（integrated development environment，IDE）。程序员可以在该环境中完成编辑（edit）、编译（compile）、链接（link、make 或 build）、调试（debug）程序等软件开发工作。

1.6　调试程序

编程是为了解决实际问题，是一件复杂的工作，往往涉及很多方面的事情。首先，在编程前要考虑选择一个程序设计语言作为编程的语言工具，并选择一个相应的集成开发环境。

使用 C/C++语言编程的集成开发环境很多，可适合不同的应用场景。本书选择 Microsoft

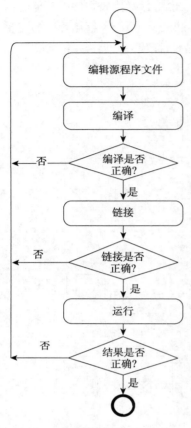

图 1.3   调试程序的一般流程

公司的 Visual Studio 2013（简称 VS2013）集成开发环境，仅仅是因为必须选择一个 IDE 而刚好以前使用过它，并不是必需的。建议读者根据自己的兴趣和具体情况，选择一个适合自己的 IDE 编写、调试程序。

选择好程序设计语言和集成开发环境后，就可以开始编写、调试程序了。调试程序是一个不断迭代的过程，包括编辑、编译、链接、调试 4 个步骤，整个流程循环往复，直至编写出所需要的程序。调试程序的一般流程如图 1.3 所示。

编辑是指程序员在集成开发环境中编写已设计出的程序，主要目的是将程序的源代码输入到计算机，程序以文本形式呈现，这种程序被称为源程序。源程序一般存放在一个或多个文件中，存放 C++ 源程序的文件常常以 .cpp（在 Windows 环境中）作为文件扩展名。

编译是指将程序员编写的源程序翻译成机器指令，生成目标代码，存放在目标代码文件中，后面简称为目标文件。

Windows 环境中的 C++ 编译器通常以 .obj 作为目标文件的扩展名。目标代码也称为机器代码，是计算机能够识别的指令集合。源程序被编译后生成的目标代码只是一个个独立的程序段，还不能在计算机上运行。

链接是指将分散在各个目标文件和标准库中的相关代码整合成一个完整的程序，生成一个可执行文件，可执行文件通常以 .exe 作为文件扩展名。C/C++ 程序在编译后，通过链接若干目标文件与若干库文件而创建可执行程序。库文件是系统提供的程序链接资源，属于集成开发环境的一部分。目标文件与库文件连接的结果是生成计算机可执行的程序。

在编译时，需要对源程序进行语法和语义分析，如果没有发现错误，就将源程序翻译为目标代码，并生成目标文件，如果发现错误，就终止编译。在链接时，首先检查所需的目标代码是否完整，如果所需要的目标代码都有了，就将这些目标代码整合在一起，生成相应的可执行文件，否则，终止链接，不生成可执行文件。

通过编译和链接后生成的可执行文件可以执行，但并不代表一定能得到预期的结果。确保程序运行能得到预期的结果这个工作还需要程序员来人工完成，这就是调试程序。

调试程序是根据程序的运行结果发现并改正程序中的错误（bug），这是一个不断迭代的过程。在编程过程中，调试程序的工作量很大。程序员中流行一种说法——编程的主要工作就是不厌其烦地"抓虫"，即找 bug，调试程序。

集成开发环境功能齐全，调试功能很强，程序编好后，可以立刻在 IDE 中调试以获得初步测试结果，然后，可以方便地做成 Beta 版形式，拿到实际环境中进一步测试，最后做成软件发行版。

　　编程是一种能力，具体体现在 3 个层次：第一，能够运用数学、自然科学和计算科学与技术中的基本知识和基本原理设计程序；第二，能够编写并调试程序；第三，编写的程序能够解决实际问题，投入实际应用。

　　编程能力不能通过传授方式获得，只能在不断的编程训练中逐步培养。初学者，不仅要学习基本的知识和原理，也需要将学习重点聚焦到编程方法上，并不断上机调试。

1.7　本章小结

　　本章主要介绍了计算机、计算机语言和程序等基本概念，通过一个简单程序介绍了编译和连接的功能和作用，最后介绍了调试程序的一般步骤，让读者对编程有一个基本的了解，为后面学习编程打下基础。

1.8　习题

1. 计算机的 5 个主要部件是什么？
2. 机器语言程序和高级语言程序的区别是什么？
3. 编译器有什么作用？
4. 什么是源程序？什么是目标程序？
5. 你使用的计算机运行的是什么操作系统？
6. 什么是连接？
7. 在自己的计算机上安装一个适合的 IDE，并调试通过例 1.1 中的程序。

第 2 章

表达式和数据类型

图灵奖得主高德纳（Donald E. Knuth）提到，很多人认为算术运算只是小孩学的简单玩意儿，用计算器就能做，但事实上，它是一个非常有趣和迷人的研究课题，算术运算构成了计算机各种应用的重要基础。

因此，从算术运算开始学习编程，先学习使用表达式描述计算机中的计算，再学习存储和管理数据的基本知识，最后学习编写、调试表达式的基本方法。

2.1　表达式

视频讲解

下面从四则运算开始学习计算机语言中的表达式，学习如何使用一个表达式向计算机描述一个简单的计算。

2.1.1　四则运算中的计算

四则运算是算术运算中最基础也是最重要的内容。四则运算的计算规则是"先乘除后加减"和"从左到右依次计算"。

例如，计算 $1 \times 2 + 4 \div 2 + 3 \times 5$。

$$
\begin{aligned}
&1 \times 2 + 4 \div 2 + 3 \times 5 && \text{计算} 1 \times 2 \\
=&2 + 4 \div 2 + 3 \times 5 && \text{计算} 4 \div 2 \\
=&2 + 2 + 3 \times 5 && \text{计算} 3 \times 5 \\
=&2 + 2 + 15 && \text{计算} 2 + 2 \\
=&4 + 15 && \text{计算} 4 + 15 \\
=&19
\end{aligned}
$$

计算 $1 \times 2 + 4 \div 2 + 3 \times 5$ 步骤是，计算 1×2 得到 2，计算 $4 \div 2$ 得到 2，计算 3×5 得到 15，

计算 2+2 得到 4，计算 4+15 得到 19，最后得到算式的结果 19。算式 $1\times2+4\div2+3\times5$ 的计算步骤如图 2.1 所示。

　　"先乘除后加减"的原则，将加减乘除划分为两个级别，乘除运算为一个级别，加减运算为一个级别，乘除运算的级别高于加减的级别，并规定先计算级别高的运算，再计算级别低的运算。按照这种方法划分出的级别简称为运算的**优先级**。

　　当运算的优先级相同时，应按照"从左到右依次计算"的原则确定运算的计算顺序，先计算算式中左边的运算，再计算右边的运算。这条原则称为运算的**结合性**。一个运算的结合性一般是"从左到右"，但也有"从右到左"的情况。

　　从计算角度讲，使用运算的优先级和结合性能唯一确定一个算式的计算顺序。

　　加法和乘法还具有交换律，使用交换律对算式进行等式变换，可推导出多个相等的算式。如使用加法的交换律对 $1\times2+4\div2+3\times5$ 进行变换，可推导出算式 $4\div2+1\times2+3\times5$，其计算步骤如图 2.2 所示。

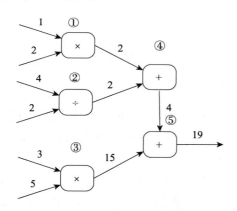 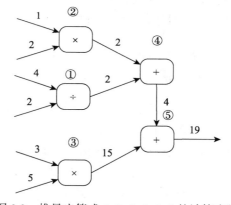

图 2.1　算式 $1\times2+4\div2+3\times5$ 的计算步骤　　　图 2.2　推导出算式 $4\div2+1\times2+3\times5$ 的计算步骤

　　使用四则运算的结合律和交换律，可推导出与 $1\times2+4\div2+3\times5$ 相等的多个算式，按照这些算式的计算顺序都能计算出正确的结果。建议读者试一下，能推导出多少这样的算式。

　　使用数学方法，一个算式可推导出多个相等的算式，按照每个算式规定的计算顺序都能计算出相同的结果。

2.1.2　在计算机中的计算顺序

　　使用计算机语言描述四则运算算式非常简单。因键盘中没有 × 和 ÷ 两个符号，需用 * 和 / 分别替换。如算式 $1\times2+4\div2+3\times5$，可以改写为

$$1*2+4/2+3*5$$

　　改写后的算式可在计算机中运行，称为计算机表达式，简称表达式。表达式在计算机中有两种可能的计算顺序，即有两种可能的计算步骤。如，表达式 $1*2+4/2+3*5$ 有两种可能的计算步骤，如图 2.3 所示。

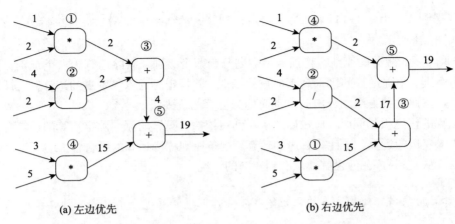

(a) 左边优先   (b) 右边优先

图 2.3   表达式 1*2+4/2+3*5 的两种计算步骤

图 2.3 所示的两种可能的计算步骤，其计算顺序与数学上的计算顺序不同，但每种计算步骤一定能对应与原式相等的一个算式，从而保证了计算结果的正确性。

建议读者分别推导出前面两种计算顺序对应的算式。

> 一个数学算式存在多个正确的计算顺序，计算机只从中选择一种计算顺序进行计算，所选择的计算顺序往往与数学中的计算顺序有所不同。

在计算机编程中，不能不考虑计算顺序对计算结果的影响。如计算 10÷3×6，其结果应该为 20，但在计算 10÷3 时，由于除不尽会产生计算误差。如果精度保留到两位小数（计算机中必须指定精度），计算结果为 19.98，而不是 20。

总而言之，计算机在计算算式时，只选择数学算式的一种计算顺序进行计算，而计算结果因精度等原因，可能得不到预期的结果，这就要求程序员在编写表达式时，必须清楚表达式的计算顺序，并保证这个计算顺序能得到预期的结果。

2.1.3   表达式的运算序列

中学数学中还学习了代数。在代数中使用字母"代"替算式中的"数"，构成了带有字母的算式，这种带有字母的算式被称为代数式。

代数的常见应用就是数学公式，数学公式中的字母称为变量，代入的数被称为变量的值。数学公式中除了代数式外，一般还包含等号。

如，计算最简单的数学公式 $c = a + b$，可编写如下代码：

```
unsigned int a = 5, b = 4, c;
c = a + b;
```

在计算表达式 c=a+b 之前，需要先将变量 a 和 b 的值存储到内存，然后才能进行计算。表达式 c=a+b 在冯·诺依曼机上的计算过程如图 2.4 所示。

表达式 c=a+b 在冯·诺依曼机上的计算过程分为 4 个步骤。

第 1 步，从变量 a 的内存单元中取出值 5 到 CPU；

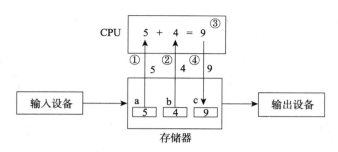

图 2.4 表达式 c=a+b 在冯·诺依曼机上的计算过程

第 2 步，从变量 b 的内存单元中取出值 4 到 CPU；

第 3 步，CPU 计算 5 加 4 得到值 9；

第 4 步，将值 9 存储到变量 c 的内存单元中。

在冯·诺依曼机上计算表达式 c=a+b 时，核心是其中的 4 个计算步骤，因此，可去除冯·诺依曼机等背景信息，仅仅描述这 4 个计算步骤。表达式 c=a+b 的计算步骤如图 2.5 所示。

图 2.5 更加简洁，也能突出重点，但仍然要按照图 2.4 来理解。

一个表达式描述了在冯·诺依曼机上的一组有顺序的计算步骤，一般将这组计算步骤称为一个**运算序列**。

程序员用计算机语言描述数学公式时，往往不知道数学公式中变量的值，在画图时可用一个符号来表示程序运行时变量的值。表达式 c=a+b 的运算序列如图 2.6 所示。

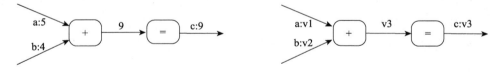

图 2.5 表达式 c=a+b 的计算步骤　　　　图 2.6 表达式 c=a+b 的运算序列

图 2.6 描述了表达式 c=a+b 定义的运算序列，其中用符号表示各变量的值，这种图称为**运算序列图**。本书约定，在表示运算序列时都以"v+数字"的形式标注其中的变量值。在进行具体计算时再将这些符号替换为变量的具体值，如图 2.5 所示。

計算机表达式描述的是冯·诺依曼机上的一个运算序列。

从本质上讲，每个表达式都定义了一个运算序列，也将定义的运算序列称为表达式的**语义**。

除了使用运算序列图来表示一个表达式的语义外，还可用文字描述，如，c=a+b 的语义（运算序列）为：从变量 a 取出值 v1，从变量 b 取出值 v2，v1 加 v2 得到值 v3，将值 v3 存储到变量 c 的内存，得到变量 c。

用运算序列图描述表达式的语义，直观清楚，便于理解，但应用场景有限。另外，用文字描述表达式的语义，应用范围更广，但比较抽象，因此，建议结合使用。

2.1.4　计算表达式的基本方法

在实际编程中，程序员的最主要工作之一是编写表达式。编写表达式的基础是将一个数学公式改写为表达式，并保证按照表达式的计算顺序能够得到预期的计算结果。

例如：求一个正方形和一个矩形周长之和。

根据求正方形和矩形的周长公式，很容易写出如下数学公式：

$$c=4l+2(a+b)$$

并改写为如下表达式：

$$c=4*l+2*(a+b)$$

按照数学中的方法，先计算优先级高的运算，再计算优先级低的运算，优先级相同时按照结合性依次计算，其核心思想是在算式中寻找<u>最先计算</u>的运算，但计算机采用的是另一种方式，其核心思想是在表达式中寻找<u>最后计算</u>的运算。

在表达式中寻找最后计算的运算时，仍然使用优先级和结合性，但在使用优先级时不是按照从高到低，而是按照从低到高寻找，这与数学计算时的顺序刚好相反。同样，使用结合性时，也是按照结合性相反的顺序寻找。

根据编译原理并结合编程场景专门设计了一种计算表达式的图形方法，称为**计算顺序图**。使用计算顺序图计算表达式，主要包含两个步骤：第1步，确定表达式的运算顺序；第2步，计算表达式的值。

1. 确定表达式的运算顺序

计算顺序图中包含画水平线和竖线两个操作。水平线的含义是"计算这个表达式"，竖线的含义是"计算这个运算"，水平线到竖线的含义是"要计算这个表达式，先计算这个运算"，竖线到水平线的含义是"要计算这个运算，先计算这个表达式"。

这种句式体现了递归思想，因此，强烈推荐一边画图一边念这两句话，以逐步培养自己的递归思维。

第1步：要计算 c=4*l+2*(a+b)，先计算=。

先在整个表达式的正下方画一条水平线，表示"**要计算 c=4*l+2*(a+b)**"，然后在表达式 c=4*l+2*(a+b)中寻找到最后计算的运算=，并在=的正下方画一条与水平线正交的竖线，表示"**先计算运算=**"。整个表达式 c=4*l+2*(a+b)中最后计算的是运算=，如图 2.7 所示。

=是计算机语言中的一个运算，称为赋值运算，其他几个运算的优先级都比它高，因此，它是最后计算的运算。

运算=将表达式分成左右两个表达式，左表达式中只有一个变量 c，没有包含运算，不存在寻找运算的问题，右表达式 4*l+2*(a+b)包含了多个运算，需要继续寻找其中最后计算的运算。

第2步：要计算=，要先计算 4*l+2*(a+b)。

因=下面的竖线已经画了，只需在 4*l+2*(a+b)的正下方画一条水平线，表示"要先计算 4*l+2*(a+b)"。

第3步：要计算 4*l+2*(a+b)，先计算+。

"反向"使用"先乘除后加减"和"从左到右依次计算"两条运算规则，在 4*l+2*(a+b)

中寻找到最后计算的运算+（从左边数第 1 个），然后在它的在正下方画一条竖线。表达式 4*1+2*(a+b)中最后计算的是运算+，如图 2.8 所示。

运算+将表达式分成左右两个表达式，按照左边优先计算的假设，先在左表达式 4*1 中继续寻找最后计算的运算，然后在右表达式 2*(a+b)中寻找。

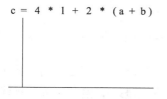

图 2.7 c=4*1+2*(a+b)中最后计算的运算=

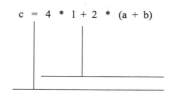

图 2.8 4*1+2*(a+b)中最后计算的运算+

第 4、5 步：要计算+，先计算 4*1；要计算 4*1，先计算*。

按照第 1~3 步中的方法在表达式 4*1 中寻找最后计算的运算*。

第 6 步：为"能够"计算的运算*标注计算顺序号①。

按照"要计算这个运算，先计算这个表达式"的逻辑，计算表达式 4*1 中只有运算*，"能够"计算其中的运算*，因此，在运算*的正上方标注其计算顺序号①，如图 2.9 所示。

在可计算的运算*上方标注计算顺序号后，沿着寻找路径退回到运算+，"**要计算**运算+"，还要"**先计算**表达式 2*(a+b)"。

第 7~10 步：在 2*(a+b)中寻找最后计算的运算并标注计算顺序。

按照寻找最后计算运算的方法，先在 2*(a+b)中寻找到最后计算的运算*，然后在(a+b)中寻找到最后计算的运算+，并标注运算+的计算顺序号②，如图 2.10 所示。

其中，括号不是运算，而是构成表达式的符号，其作用是提高运算的优先级，以保证先计算括号内的运算再计算括号外的运算。

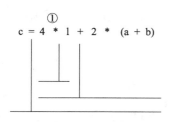

图 2.9 标注运算*的计算顺序①

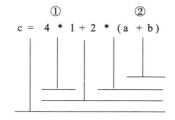

图 2.10 标注运算+的计算顺序②

第 11 步：沿着寻找路径退回到运算*，并标注其计算顺序号③。

2*(a+b)中，因其中的运算+已标注计算顺序号，表示已在前面计算了(a+b)，因此，"能够"计算其中的运算*，在其上方标注计算顺序号③，如图 2.11 所示。

第 12、13 步：按照第 11 步的方法，先退回到运算+，并标注其计算顺序号④，然后退回到运算=，并标注其计算顺序号⑤，最终确定了表达式 c=4*1+2*(a+b)中所有运算的计算顺序，如图 2.12 所示。

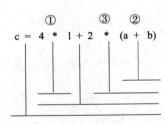

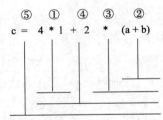

图 2.11　标注运算*的计算顺序③　　　图 2.12　表达式 c=4*1+2*(a+b)中所有运算的计算顺序

经过 13 个步骤，在图 2.12 中标注了表达式 c=4*1+2*(a+b)中所有运算的计算顺序号，确定了所有运算的计算顺序。确定表达式运算顺序的步骤虽然很多，但有大量重复性工作，因此可将其归纳总结为 3 个主要步骤。

第 1 步，寻找"能够"计算的运算。"反向"使用运算的优先级和结合性，在表达式中寻找最后计算的运算，直到寻找到"能够"计算的运算。

第 2 步，沿着寻找路径逐个"退回"并标注计算顺序号。当寻找到"能够"计算的运算时，标注该运算的计算顺序号，并沿着寻找运算的路径逐个"退回"，继续给"能够"计算的运算标注计算顺序号，直到"退回"到不能计算的运算。

第 3 步，跳到第 1 步继续寻找。当"退回"到不能计算的运算时，跳到第 1 步，从这个运算开始继续寻找能够计算的运算并标注其计算顺序号，直到为表达式中的所有运算都标注了计算顺序号。

在画计算顺序图时，需要注意 3 点。

第 1 点，水平线一定要与表达式左右对齐，一样长；

第 2 点，水平线与表达式之间要预留足够空白；

第 3 点，竖线一定要在运算的正下方。

计算顺序图不仅描述了一个表达式中运算的计算顺序，也能表示出表达式的运算序列。根据图 2.12 所示的计算顺序，可画出表达式 c=4*1+2*(a+b)的运算序列图，如图 2.13 所示。

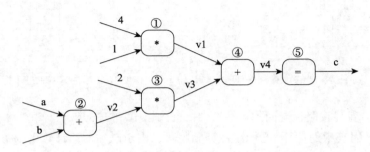

图 2.13　表达式 c=4*1+2*(a+b)的运算序列图

当一个运算将一个表达式分成左右两个表达式时，前面假设了先计算左边的表达式，即采用左边优先的原则。如果采用右边优先的原则，先计算右边的表达式，表达式 c=4*1+2*(a+b)的计算顺序如图 2.14 所示。

在计算机中，表达式有两种不同的计算顺序，但一个编译器只能选择其中一种，不可能同时选用两种。

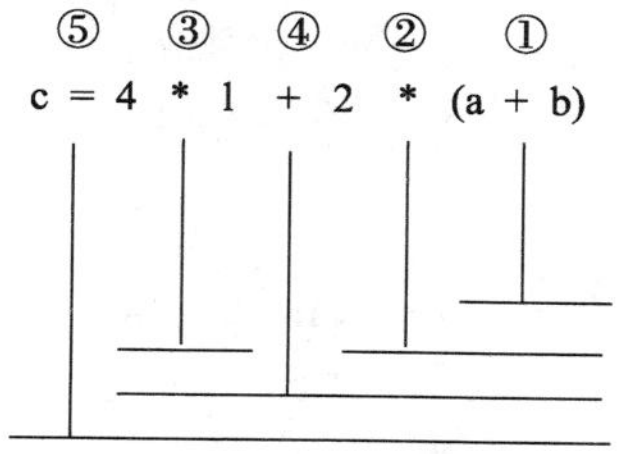

2. 计算表达式的值

在计算表达式前，需要先给表达式中的变量指定值。如，给 c=4*l+2*(a+b)的所有变量指定值。

```
int l = 2, a = 3, b = 4;
```

⑤　③　④　②　①
c = 4 * l + 2 * (a + b)

图 2.14　右边优先的
计算顺序

在计算顺序图上计算表达式的值，比较简单。具体方法是，按照计算顺序图中标注的计算顺序，根据运算的语义依次计算表达式中的运算，最终计算出表达式的结果。

在计算顺序图中，找到计算顺序号为①的运算*，计算 4*l 得到计算结果 8，并标注在计算顺序图中。具体步骤为，从变量 l 内存中取出整数 2，标注在变量 l 的下方，计算 4*2 得到 8，将结果 8 标注在图中该运算下方的右边直角处。运算*（标号为 1）的计算结果如图 2.15 所示。

按照图 2.15 中标注的计算顺序，依次执行其他运算，并将计算结果标注在计算顺序图中，最终计算出整个表达式的结果。表达式 c=4*l+2*(a+b)的求值过程如图 2.16 所示。

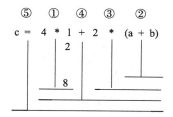

图 2.15　运算*（标号为 1）的计算结果

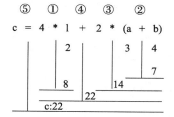

图 2.16　表达式 c=4*l+2*(a+b)的求值过程

从本质上讲，计算表达式就是在冯·诺依曼机上执行表达式的运算序列，因此，也可在表达式的运算序列图上按照标注的计算顺序计算其中的运算，并将每个运算的计算结果标注在运算序列图中，最终计算出表达式的值。如，表达式 c=4*l+2*(a+b)在运算序列图中的计算过程如图 2.17 所示。

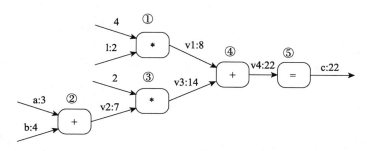

图 2.17　表达式 c=4*l+2*(a+b)在运算序列图中的求值过程

使用计算顺序图和运算序列图都能计算表达式的值。两种方法相比，使用运算序列图进行人工计算，更能体现表达式在冯·诺依曼机上的计算过程，而使用计算顺序图人工计算，更加简洁，效率更高。

2.2 算术运算

视频讲解

在数学中，将世间万物都抽象为数和运算，再讨论其性质，发现其规律，定义推理规则，经过不断发展，最终形成了庞大的数学理论体系。计算机按照数学这个思想，以数和运算为基础，构造了信息世界的高楼大厦。

计算机语言不仅提供了**算术运算**、**逻辑运算**、**关系运算**等数学中的常见运算，还提供了很多计算机专用运算，如位运算、地址运算等。

在附录 B 中专门提供了 C/C++的运算表，其中以运算序列的方式描述了每个运算的语义，供读者查阅。也建议初学者经常查阅运算表，理解运算的语义，并熟练掌握常用运算的使用。

计算机语言一般提供了加（+）、减（−）、乘（*）、除（/）四则运算，除此之外，还提供负号、模（%）等其他基本的算术运算，但一般不直接提供乘方、开方等比较复杂的运算。

C/C++语言中，常用的算术运算有 5 个，每个算术运算符都有特定的语法语义。算术运算的语法和语义如表 2.1 所示。

表 2.1   算术运算的语法和语义

运算符	名称	结合性	语法	语义或运算序列
*	乘 (multiplication)	从左到右	exp1*exp2	计算 exp1 得到值 v1，计算 exp2 得到值 v2，v1 乘以 v2 得到值 v3
/	除 (division)	从左到右	exp1/exp2	计算 exp1 得到值 v1，计算 exp2 得到值 v2，v1 除以 v2 得到值 v3
%	模 (modulus)	从左到右	exp1%exp2	计算 exp1 得到整数类型的值 v1，计算 exp2 得到整数类型的值 v2，v1 除以 v2 取余数得到整数类型的值 v3
+	加 (addition)	从左到右	exp1+exp2	计算 exp1 得到值 v1，计算 exp2 得到值 v2，v1 加 v2 得到值 v3
−	减 (subtraction)	从左到右	exp1−exp2	计算 exp1 得到值 v1，计算 exp2 得到值 v2，v1 减 v2 得到值 v3

表 2.1 中的算术运算都有两个操作数，称为双目运算。每个运算用一个符号来标识，标识运算的符号被称为运算符。要注意的是，加减运算的运算符与数学中的符号完全相同，但乘除运算的运算符不一样。

算术运算也有优先级和结合性，与数学中的优先级和结合性完全相同。在表 2.1 中，按照从高到低的顺序排列，用加粗的表格线以区分不同优先级的运算，相邻两条加粗表格线之间的运算有相同的优先级。

2.2.1   算术运算的语法和语义

算术运算有语法和语义，算术运算的语法规定了使用该运算构成表达式的法则，算术运算的语义规定了数集上的映射规则，即数据的转换规则。

在数学中，使用操作数 op 描述算术运算的语法和语义。如加法运算的语法为"op1 + op2"，其中，op1 和 op2 为操作数；加法运算的语义为，op1 加 op2 得到两数之和，将 op1 和 op2 两个数映射到它们的和。数学中加法运算的语义如图 2.18(a)所示。

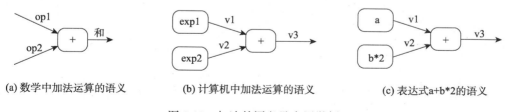

(a) 数学中加法运算的语义　　　(b) 计算机中加法运算的语义　　　(c) 表达式a+b*2的语义

图 2.18　加法的语义及应用举例

计算机语言中的算术运算是使用数学的算术运算定义的，并针对计算机的特点进行了扩展，以便于构造和计算表达式。

在语法方面，将数学中的操作数 op 替换为表达式 exp，融入了使用算术运算构造表达式的规则。如加法运算，将其语法"op1+op2"修改为"exp1+exp2"，要求 exp1 的计算结果作为加法的操作数 op1，exp2 的计算结果作为加法的操作数 op2。在构造表达式时使用一个表达式替换其中的操作数，如，可用表达式 a 和 b*2 分别替换 exp1+exp2 中的 exp1 和 exp2，构成表达式 a+b*2。

在语义方面，增加了计算操作数的步骤，规定先计算得到所需的操作数，然后再按照数学中规定的映射规则进行计算，最后得到算术运算的计算结果。如加法运算，在计算加法之前，增加了计算 exp1 和 exp2 的步骤，其计算序列为，计算 exp1 得到值 v1，计算 exp2 得到值 v2，v1 加 v2 得到值 v3。计算机中加法运算的语义如图 2.18(b)所示。

根据算术运算的语义，可推导出表达式的运算序列。如，表达式 a+b*2 由表达式 a 和 b*2 相加而成，使用 a 和 b*2 分别替换加法语义中的 exp1 和 exp2，得到表达式 a+b*2 的运算序列：计算 a 得到值 v1，计算 b*2 得到值 v2，v1 加 v2 得到值 v3。表达式 a+b*2 的语义如图 2.18(c)所示。

一个表达式往往包含多个算术运算，会涉及多个运算的语法和语义。如，表达式 a+b*2 包含加法和乘法两个运算，在计算加法运算前，还需要计算 b*2，需要先执行其运算序列。

除了一个是乘法、一个是加法外，乘法的语法和语义与加法完全相同，按照乘法的语法很容易分析出表达式 b*2 的构成，并按照其语义推导出其运算序列：计算 b 得到值 v21，v21 乘 2 得到值 v2。将表达式 b*2 的运算序列插入如图 2.18(c)所示的运算序列，最终得到表达式 a+b*2 的完整运算序列：计算 a 得到值 v1，计算 b 得到值 v21，v21 乘 2 得到值 v2，v1 加 v2 得到值 v3，如图 2.19 所示。

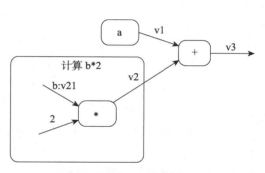

图 2.19　表达式 a+b*2 的完整运算序列

2.2.2 编写表达式

解决实际问题时，一般先从客观世界中抽象出解决问题的数学模型，然后根据数学模型编写程序。在编程时，首先需要将数学模型中的数学公式改写为计算机表达式。

编写表达式的基本思路如图 2.20 所示。

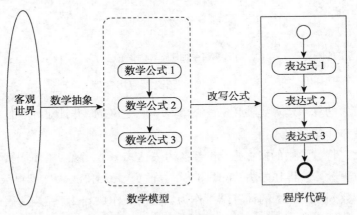

图 2.20　编写表达式的基本思路

在建立数学模型时，程序员一般以数学公式为粒度思考问题，而计算机只能在运算这个粒度上理解表达式。下面仍然以 c=4*1+2*(a+b) 为例，在运算粒度上讨论构造表达式的过程。表达式 c=4*1+2*(a+b) 的构成如图 2.21 所示。

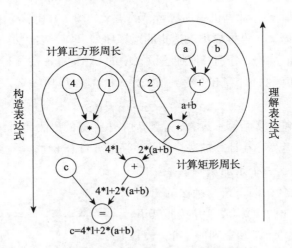

图 2.21　表达式 c=4*1+2*(a+b)的构成

可按照"从右到左，从上到下"的顺序，理解其构造过程：变量 a 和 b 相加构成 a+b，2 和 a+b 相乘构成 2*(a+b)；4 和 1 相乘构成 4*1；4*1 和 2*(a+b)相加构成 4*1+2*(a+b)，最后将 4*1+2*(a+b)的计算结果存到变量 c，构成 c=4*1+2*(a+b)。

也可按照"从左到右，从上到下"的顺序理解表达式 c=4*1+2*(a+b)的构造过程：4 和 1

相乘构成 4*1；变量 a 和 b 相加构成 a+b，2 和 a+b 相乘构成 2*(a+b)；4*1 和 2*(a+b)相加构成 4*1+2*(a+b)，最后将 4*1+2*(a+b)的计算结果存到变量 c，构成 c=4*1+2*(a+b)。

与使用计算顺序图计算表达式对照，读者可以发现，上述两种构造过程刚好与"右边优先"和"左边优先"相对应，可以通过表达式的计算顺序反向推出构造表达式的过程，理解编写表达式的真实意图。

表达式的构成方法与数学中公式的构成方法完全相同，也表示同一个运算序列，因此，编写计算表达式的方法很简单，只需先写出数学公式，然后将数学公式改写为表达式。当然，这个方法针对的是包含四则运算的比较简单的数学公式。

2.2.3　表达式语句

表达式语句是 C/C++中最常用的语句，语法非常简单，只需要在一个表达式后面加个分号（;），就构成一个表达式语句，其语法如下：

```
exp;
```

其中，exp 是一个表达式，分号(;)是一条语句结束标志，C/C++中的每条语句都必须以分号（;）结束，这与我们平时习惯不同。在平时习惯中，往往按 Enter 键（即回车符）换行来表示一句话或一段话结束，需要特别注意。

例如：

```
int l = 2;
int a = 3;
int b = 4;
int c;
c = 4 * l + 2 * (a + b);
```

上面 5 条语句都是表达式语句，其中，c = 4 * l + 2 * (a + b)是一个表达式，这很好理解，在后面加上分号，构成一个表达式语句。

在 C/C++中，定义了丰富的运算，这些运算可以构成实现各种功能的表达式，具有强大的表现能力。但这也导致了一个问题，有很多表达式在形式上与数学算式完全不同，初学者会很不习惯，不过时间长了，自然就习惯了。

很多计算机语言将定义变量作为一条语句，但在 C/C++中，定义变量也是运算，因此 int l = 2、int a = 3、int b = 4 和 int c 都是一个表达式，在后面加上一个分号，就构成了一条表达式语句。

int a = 3 的语义为，在内存中分配 int 规定大小的内存，设置变量名为 a，并用 3 初始化变量 a。int c 的语义为，在内存中分配 int 规定大小的内存，设置变量名为 c，不做初始化。这两个表达式中都只有一个运算，int a = 3 中"="表示初始化，是定义变量中的操作步骤。

2.3　变量及其运算

数学，顾名思义，就是研究"数"的学科；代数，就是用字母"代"替"数"参与计算。

下面从代数中的字母开始学习编程中的变量，学习计算机存储和管理数据的基本知识和方法。

2.3.1　计算机中的变量

变量和数据类型既是计算机中的核心概念，也是计算机语言的核心内容，同时也是编程的基础。

1. 变量的概念

计算机中的变量来源于数学中的变量，如求一个圆的周长公式

$$l = 2\pi r$$

其中，圆的半径 r 决定了周长的大小。给定一个 r 的数值，就会得到圆的周长 l，r 和 l 是可变的，称为变量。

又如函数的一般形式

$$z = f(x, y)$$

其中，x，y 是自变量，z 为因变量，都是变量。每个变量都有一个取值范围，x，y 的取值范围称为定义域，z 的取值范围称为值域。

从数学中引入了变量的概念，并用计算机中的内存来存储变量的值，形成了计算机变量的概念。计算机变量这个概念不仅包括变量名和变量的值两个数学概念，还包括内存和数据类型两个计算机的专业概念。计算机变量的概念如图 2.22 所示。

计算机内存有众多内存单元（一般以字节为单位），为了区分这些内存单元，为每一个内存单元指定一个编号，这些编号称为内存的地址。编号的编码方法有很多，读者可将内存地址简单理解为一个自然数。

每个计算机变量对应内存中地址连续的一组存储单元，构成一块内存区域，这块内存区域称为**变量的内存**。称内存区域在内存中的开始地址为**首地址**，称内存区域包含的内存单元个数为**偏移**。通常用首地址和偏移表示一块内存区域在内存中的位置和大小。

为了便于计算和存储，必须为每个计算机变量指定一个数据类型。数据类型的作用有两个：第一，指定了计算机变量对应内存区域的大小，即从变量的首地址开始多少字节；第二，指明这个变量是用于存储自然数、整数还是实数。

变量的内存图形象地描述了计算机变量及数据在内存中的状态。为了便于初学者理解，用"长度"替换了"偏移"这个计算机术语。

在定义计算机变量时，必须同时指定一个变量的变量名和数据类型，也可以指定变量的值。如定义一个存储自然数的变量：

```
unsigned short a = 3;
```

上述语句定义了一个变量 a，数据类型为无符号整数(unsigned short)，内存大小为 16 个二进制位，用于存储 $0 \sim 2^{16} - 1$ 的一个自然数。可用图形表示定义的变量 a，这种图称为变量的内存图。变量 a 的内存图如图 2.23 所示。

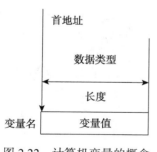

图 2.22 计算机变量的概念

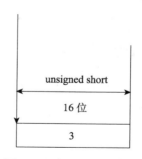

图 2.23 变量 a 的内存图

语句"unsigned short a = 3"中,"="表示初始化,即给定义的变量指定一个初始值。这条语句的语义为:在内存中为一个变量分配两个字节(16 位)的存储空间,变量取名为 a,并初始化为 3。简单说,就是定义一个 unsigned short 类型的变量 a,并初始化为 3。但需要注意的是,变量 a 的值"3"是自然数,没有正号(+)。

下面定义一个存储整数的变量:

```
short int b = 3;
short int c = -5;
```

上述语句定义了 short int 类型的变量 a 和 b,内存大小为 16 个二进制位,可存储 $-2^{15} \sim 2^{15}-1$ 的一个整数。存储整数的变量内存图如图 2.24 所示。

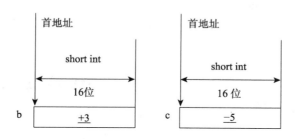

图 2.24 存储整数的变量内存图

2. 标识符和关键字

程序员需要给使用到的每个变量命名,变量名为通用的说法,专业的说法为"标识符"。

标识符由字母、数字、下画线(_)组成,并且第一个字符必须是字母或下画线,不能为数字。大多数计算机语言会区分大写和小写字母,即将大写和小写视为不同的字母,如 C/C++等,但也有些计算机语言不区分大写和小写字母,将大写和小写视为相同的字母。

标识符一般分为关键字、预定义标识符和用户标识符。**关键字**也称系统保留字,是一类特殊的标识符,在计算机语言中有专门的含义,是一个计算机语言的基本符号,决不允许另作他用。预定义标识符是为了程序员使用方便而预先定义的标识符,也指定了特定的含义,最好不要重新定义或另作他用。用户标识符是用户根据自己需要而定义的标识符,可用来命名变量、常量、函数等。

　　程序中使用标识符命名变量、常量、函数，命名的规范性非常重要，会严重影响程序的可读性和可靠性，命名的规范性也能反映出一个程序员的编程素质。

　　在 C++的标准文本 ISO/IEC 14882—1998(E)中，共保留了 63 个关键字，如下所示。这些关键字都是英语中的常见单词，很好地体现了其在计算机语言中的含义，提高了程序的可读性。

asm	do	if	return	typedef
auto	double	inline	short	typeid
bool	dynamic_cast	int	signed	typename
break	else	long	sizeof	union
case	enum	mutable	static	unsigned
catch	explicit	namespace	static_cast	using
char	export	new	struct	virtual
class	extern	operator	switch	void
const	false	private	template	volatile
const_cast	float	protected	this	wchar_t
continue	for	public	throw	while
default	friend	register	true	
delete	goto	reinterpret_cast	try	

3. 定义变量

变量涉及的运算主要有 3 个，包括定义变量、从变量取值以及将数据存储到变量。

定义变量的基本语法格式为：

　　数据类型　变量名列表；

其中，分号(;)表示一条语句结束。

　　给变量命名应采取"见名知义，常用从简"的基本原则。除此之外，还有很多种流行的命名规范可供参考。

　　例如，在银行程序中，需要为余额、存款、取款交易次数和支票号码定义变量。

```
//银行程序变量定义
float balance;       //分配 float 类型规定的 4 字节（32 位）内存，命名为 balance
float deposit;       //分配 float 类型规定的 4 字节（32 位）内存，命名为 deposit
float withdraw;      //分配 float 类型规定的 4 字节（32 位）内存，命名为 withdraw
//分配 int 类型规定的 4 字节（32 位）内存，命名为 transaction_count
int transaction_count;
int check_number;    //分配 int 类型规定的 4 字节（32 位）内存,命名为 check_number
```

其中，余额、存款和取款都是币值，常用实数表示，依次定义了balance、deposit 和 withdraw 3 个 float 类型的实型变量，交易次数和支票号码都用整数表示，依次定义了 transaction_count 和 check_number 两个 int 类型的整型变量。定义的银行程序变量如图 2.25 所示。

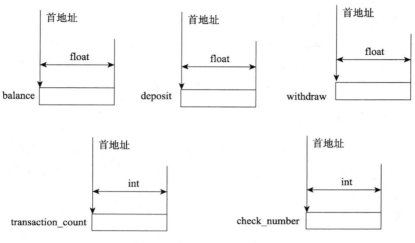

图 2.25　定义的银行程序变量

"//"表示注释，语义为：从"//"开始到本行结束之间的所有字符为注释，其作用是增加程序的可读性。注释是给给程序员阅读的，在编译时会忽略这些信息，因此，如果从源程序中删除注释，不会对程序功能产生任何影响。

　　程序的可读性，是判断一个程序质量高低最重要的指标之一，在程序中给语句写注释，是程序员的重要工作之一。

可将上面 5 条语句改写为如下两条语句，其语义完全相同。

```
//银行程序变量定义
float balance, deposit, withdraw;
int transaction_count, check_number;
```

在语句 float balance, deposit, withdraw 中，用逗号","分隔变量名，语义为依次定义 balance、deposit 和 withdraw 3 个 float 类型的变量。同样，定义了 transaction_count 和 check_number 两个 int 类型的变量。

在定义的同时，可以给变量指定一个初始值，称为变量的初始化。例如：

```
unsigned short width = 5;
```

其中，unsigned short 是 unsigned short int 的缩写，表示数据类型。在变量名后用"="为所定义变量指定初始值 5。完整的语义为：分配 2 字节的内存，命名为 width，按照 16 位无符号数格式存取数据，并初始化为十进制无符号数 5。

变量 width 的内存图如图 2.26 所示。

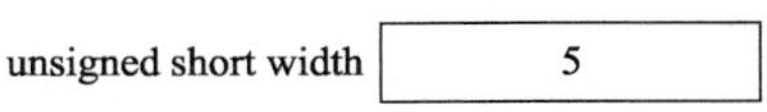

unsigned short width | 5

在定义时也可以初始化多个变量。例如：

图 2.26　变量 width 的内存图

```
long width = 7, length = 7;
double area, radius = 23;
```

第 1 条语句 long width=7, length=7 的语义为：分配 4 字节的内存，按照 32 位补码格式存取数据，命名为 width，并初始化为十进制整数 7；分配 4 字节的内存，按照 32 位补码格式存取数据，命名为 length，并初始化为十进制整数 7。

第 2 条语句 double area, radius=23 的语义为：分配 double 类型规定长度的内存，按照 double 类型规定的格式存取数据，命名为 area；分配 double 类型规定长度的内存，按照 double 类型规定的格式存取数据，命名为 radius，并初始化为十进制实数 23。

2.3.2　赋值运算

数学中的代数式包含大量字母，一个代数式规定了一个计算步骤。为了简化计算，一般先采用运算规则化简代数式，然后将每个字母符号对应的数值"代入"字母符号所在的位置，最后计算出代数式的值。

如，简化一个代数式：

$$2a+2b=2(a+b)$$

简化了 $2a+2b$ 代数式，减少了一次乘法运算。如果 $a=1$、$b=2$，可将 a、b 的值"代入" $2(a+b)$，计算 $2(1+2)$。

又如一个函数：

$$f(x,y) = 2x+3y$$

计算 $f(2,3)$ 的值时，将 2 和 3 分别"代入" $2x+3y$ 中的 x 和 y，计算 $2\times2+3\times3$ 得到 $f(2,3)$ 的值 13。

需要注意的是，前面两个式子都用了等号"="，但在 $2a+2b=2(a+b)$ 中，"="表示演算过程中的两个算式相等，而在 $f(x,y)=2x+3y$ 中，"="表示函数中的映射，二者的含义不同。

如，用一个字母 z 表示函数值，可将前面的函数改写为

$$z = 2x+3y$$

"="的含义为将数对 (x,y) 的一个值映射到 z 的一个值。在计算时，将 x、y 的值分别代入 $2x+3y$，然后计算出一个值，这个值就是函数 f 映射到的值。

在计算机中，将 $z=2x+3y$ 中的字母 x、y、z 都视为变量，分配相应的内存，并假设自变量 x、y 的值已存储到变量的内存。计算机在计算函数值时，先从变量 x、y 中分别取出其值，并按照表达式规定的计算序列计算表达式，然后再将计算结果存储到变量 z 的内存，从而实现了函数 f 的映射。

可将上面计算函数值的过程分为两步：第 1 步，计算表达式（前面已学习）；第 2 步，将表达式的值映射到函数的因变量。按照这个思路，计算机语言专门设计了一个运算，将一个表达式的值映射到函数的因变量，这个运算就是赋值运算，其运算符号为"="。

> 数学公式中的等号"="是函数映射，赋值运算实现了数学中函数映射。

使用"="表示赋值运算，是因为赋值运算的使用频率非常高，为了减少程序员的打字

工作量，就规定用字母"="代表赋值运算，表示数学中的函数映射，而用"=="代表数学中的相等，表示两个数的比较。这种书写方式已经打破了中学中对算术运算的认知，需要特别注意，决不能将赋值运算符"="读成"相等"或"等于"。

> 赋值运算符"="应读作"赋值"，其含义为映射或存入。

在内存中，存数据和取数据是与变量紧密相关的，是变量隐含的两项基本操作，赋值运算实现了对变量的存取操作。

例如：

```
unsigned short y,x;
x = 5;                    //将自然数 5 赋值给变量 x
y = x;                    //取出变量 x 中的值,然后再赋值给变量 y
```

第 1 条语句定义了两个变量 x 和 y，第 2 条语句 x = 5 的功能为将自然数 5 赋值给变量 x，第 3 条语句 y = x 的功能为取出变量 x 中的值，然后再赋值给变量 y。后面两条语句实现了数学函数 x = 5 和 y = x 定义的映射。

值得注意的是，变量初始化和赋值运算都使用了符号"="，在大多数情况下，变量初始化与赋值运算在功能上相同，比如上面的第 2 条语句。但在个别情况下，其表示的含义完全不同，比如初始化静态变量，因此需要区分初始化与赋值运算。

1. 赋值运算的语义

赋值运算语法语义如表 2.2 所示。

表 2.2　赋值运算语法语义

运算符	名称	结合律	语法	语义或运算序列
=	赋值运算	从右到左	expL=expR	计算 expL 得到**变量 x**，计算 expR 得到**值 v**，将值 v 转换为变量 x 的类型规定的存储格式，并存变量 x 的内存，得到变量 x

赋值运算的语法为 expL=expR，其作用是将表达式 expR 的值存储到 expL 的内存中。赋值运算的语义（或运算序列）为"计算 expL 得到变量 x，计算 expR 得到值 v，将值 v 转换为变量 x 的数据类型规定的存储格式，并存到变量 x 的内存，得到变量 x"。赋值运算=的语义如图 2.27(a)所示。

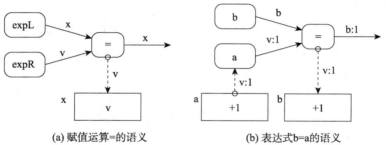

(a) 赋值运算=的语义　　　　　　　(b) 表达式 b=a 的语义

图 2.27　赋值运算的语义

赋值运算规定，左边表达式 expL 的计算结果必须是一个变量 x，赋值运算的运算结果是变量 x，而不是变量 x 中的值 v。这点需要特别注意。

表 2.2 中的语义采用半形式化的方法描述，以方便借用数学中的"代入"对语义进行变换和简化。

例如：

```
short int a = 1, b, c;
b=a;            //从变量 a 的内存中取出值 1,再存放到变量 b 的内存中
c=a + b;        //从变量 a 取出值 1,从变量 b 取值 1,1 加 1 得 2,将 2 存入变量 c 的内存
```

第 2 条语句 b = a 是一条表达式语句。其语义为从变量 a 中取出值 v，将值 v 存储到变量 b 的内存，得到变量 b。程序运行时，将其中的 v 用实际的变量值+1 替换，其实际运行过程为：从变量 a 中读取出值+1，将值+1 存储到变量 b 的内存，得到变量 b。表达式 b=a 的语义如图 2.27(b)所示。

第 3 条语句 c=a+b 也是表达式语句，其语义是从变量 a 中取出值 v1，从变量 b 中取出值 v2，v1 加 v2 得到值 v，直接将值 v 存储到变量 c 的内存，得到变量 c。表达式 c= a+b 的语义如图 2.28 所示。

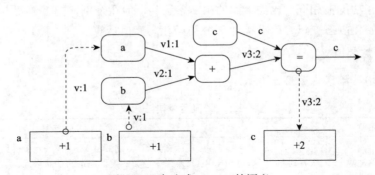

图 2.28　表达式 c= a+b 的语义

当一个变量在赋值运算"="左边时，其代表变量的内存，用于存储数据，对应的变量操作为存操作，称为变量的"左值"；当一个变量在赋值运算"="右边时，其代表变量的值，对应的变量操作作为从变量的内存中取值，称为变量的"右值"。

2. 复合赋值运算

算术运算都有一个计算结果，而这个计算结果常常需要存储到一个变量中。

例如 a=a*2，其语义为从变量 a 中取出值 v1，v1*2 得到值 v2，将 v2 存储到变量 a，这个语义共包括了 3 个步骤。

程序员在繁重的编程过程中总结出了另一种更加简单的思考方式，即将 2 乘到变量 a，将原来的 3 步变成了一步，这种思考方式最终被广泛接受并写进了 C/C++语言的标准，增加了复合赋值运算。复合赋值减少了运算序列，如图 2.29 所示。

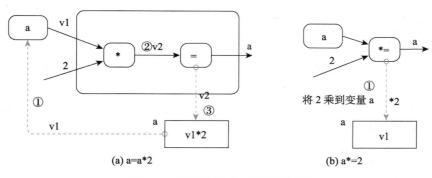

(a) a=a*2　　　　　　(b) a*=2

图 2.29　复合赋值减少了运算序列

在赋值运算符"="之前加上一个运算符，构成一个复合的运算符，以标识一个复合赋值运算。复合赋值运算语法语义如表 2.3 所示。

表 2.3　复合赋值运算语法语义

运算符	名称	结合律	语法	语义或运算序列
*=	multiplication assignment	从右到左	expL*=expR	计算 expL 得到数值类型的变量 x，计算 expR 得到数值 v1，将数值 v1 乘到变量 x，得到变量 x
/=	division as-signment	从右到左	expL/=expR	计算 expL 得到数值类型的变量 x，计算 expR 得到数值 v1，变量 x 除以数值 v1，得到变量 x
%=	modulus as-signment	从右到左	expL%=expR	计算 expL 得到整型变量 x，计算 expR 得到整型值 v1，对变量 x 按值 v1 取模，得到变量 x
+=	addition as-signment	从右到左	expL+=expR	计算 expL 得到数值类型的变量 x，计算 expR 得到数值 v1，将数值 v1 加到变量 x，得到变量 x
−=	subtraction assignment	从右到左	expL−=expR	计算 expL 得到数值类型的变量 x，计算 expR 得到数值 v1，从变量 x 减去数值 v1，得到变量 x

复合赋值运算的优先级和结合性与赋值运算相同，运算的结果是左边的变量。需要注意的是，复合赋值运算是一个整体，在语义上是一步操作而不能分成多步，目的是减轻程序员的负担。

复合赋值运算+=的语义如图 2.30 所示，计算 expL 得到数值类型的变量 x，计算 expR 得到数值 v1，将数值 v1 加到变量 x，得到变量 x。

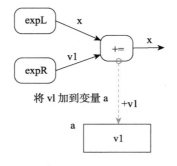

图 2.30　复合赋值运算+=的语义

2.4　整型

视频讲解

整型是计算机使用最多的数据类型，没有之一。程序员在编程时需要理解计算机内部存储整数的方法，并保证计算的正确性。

计算机中都使用二进制来存储自然数和整数，并使用不同的内部存储形式。自然数使用数学上的自然数记数法，没有符号，全部都是数字，而整数一般采用补码，最高位表示整数的符号，其余位数为数字。

2.4.1　理解整数与进制

进制是一种记数的方法，日常生活中主要用到十进制，计算机中使用二进制。程序员不仅需要熟悉十进制、二进制，还需要熟悉八进制和十六进制。

在 x 数轴上表示皮亚诺公理定义的整数，x 数轴上的每个点唯一对应一个整数，可用不同的进制表示这些整数。整数及其表示方法如图 2.31 所示。

0 是 x 数轴上的一个点，将 x 数轴分为左右两边，0 的后继 $0'$ 是 x 数轴上右边的第一个点，0 的后继的后继 $0''$ 是右边的第二个点，以此类推，用右边的点依次表示所有正整数，同样，0 的前继$'0$ 是左边的第一个点，0 的前继的前继$''0$ 是左边的第二个点，以此类推，用左边的点依次表示所有负整数。

	$'''0$	$''0$	$'0$	0	$0'$	$0''$	$0'''$	$0''''$	$0'''''$	$0''''''$											
十进制	−3	−2	−1	0	1	2	3	4	5	6	7	8	9	10	11	12	13	14	15	16	27
二进制				0	1	10	11	100	101	110											11011
八进制				0	1	2	3	4	5	6	7	10	11	12	13	14	15	16	17	20	33
十六进制				0	1	2	3	4	5	6	7	8	9	A	B	C	D	E	F	10	1B

图 2.31　整数及其表示方法

在 x 轴的下面，先用十进制表示整数，然后分别用二进制、八进制和十六进制表示自然数。自然数包括正整数和 0，整数还包括负整数，它们是两种不同的数集。自然数在记数法上只有数字部分，而整数不仅有数字部分，还在数字部分的前面增加了一个符号（正号常省略），它们是两种不同的记数法。

整数的十进制记数法的一般形式为

$$\pm d_n d_{n-1} \cdots d_1 d_0$$

其中，d_i 为 0，1，2，3，4，5，6，7，8，9 中的一个数字。

无论采用十进制还是二进制、八进制或十六进制来表示一个数，数字可能不同，但在坐标上对应的点肯定是相同的，是同一个点。

1. 整数字面值

编程时，除了使用变量来管理数据外，常常需要直接使用整数。在 C/C++ 中，程序可以录入用十进制、八进制和十六进制数表示的整数，规定用非 0 数字开头的数字序列表示十进制数，0 开头的数字序列表示八进制数，0X 或 0x 开头的数字和 A，B，C，D，E，F，a，b，c，d，e，f 序列表示十六进制数。例如：

```
int a = 23;                    //十进制数
long int b = 02345;            //八进制数
unsigned int c = 0x79fa;       //十六进制数
```

像上面这样的整数字面值将默认为 int 型整数，即 signed int 型。如果要表示 unsigned int 或者 long int 则可以在整数字面值后面加 U 或 L，大小写都可以，例如：

```
long b = 02345L;               //long int
long c = 235u + 123u;          //unsigned int
```

为了便于读者理解，主要用十进制数来讨论数在计算机中的存储方法。

2. 自然数的固定位数表示法

为了方便内存管理，节约内存资源，计算机中使用固定位数的二进制数来存放和处理数据。为了满足不同场景的需要，常用二进制位数有 8 位、16 位、32 位、64 位。

在固定位数中，无论高位的数值是否为 0，都要写出来，这与人们的常识有很大区别。人们在使用十进制数时，如最高位为 0，往往不会写在纸上，例如，往往只将 010 写成 10。只有在很少的情况下，如写支票时，才被要求在高位写上 0，或做一个标记。

固定位数是通过模运算实现的，下面先介绍模（mod）运算。

模运算定义在自然数集上，两个整数之商的余数就是运算的结果，记为

$$a \bmod b$$

其中，a，b 为自然数，mod 为运算。运算的结果为除法的余数，也形象地称为求余或者取模。

模运算涉及的除法是自然数集上的除法，不是实数集上的除法，16 mod 3 的运算结果是 16 除 3 的余数 1。取余运算和除法运算的计算方法如图 2.32 所示。

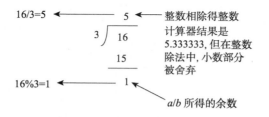

图 2.32　取余运算和除法运算的计算方法

模运算能够将任意一个自然数映射到一个固定大小的区间，如，$x \bmod 8$ 将 x 的值映射到[0，7]，如图 2.33 所示。

这个特点非常重要，它不仅在计算的内部使用，也被广泛应用到实际编程中。

模运算不仅在数学中具有重要地位，而且是计算机的理论基础。

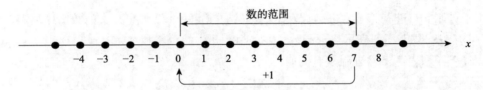

图 2.33　$x \bmod 8$ 将 x 的值映射到[0,7]

使用固定位数时，为了保证加法、减法和乘法的完备性，都对其计算结果取模，计算公式如下：

$$(x+y) \bmod 2^n$$
$$(x-y) \bmod 2^n$$
$$(x \times y) \bmod 2^n$$

其中，n 表示的是二进制的位数。

例如：

$$(255+1) \bmod 2^8=(255+1) \bmod 256=0$$
$$(255+2) \bmod 2^8=1$$

3. 整数的表示方法

整数表示的核心问题是要解决负数的表示。利用图 2.34 所示的特性，容易找到满足 $(x+y) \bmod 2^n=0$ 的两个自然数。

如果 x 和 y 都是自然数，且满足 $0 \leqslant x < 2^n$，$0 \leqslant y < 2^n$，则 $(x+y) \bmod 2^n=0$ 成立只有两种情况：一种为 $(x+y)=0$；另一种为 $(x+y)=2^n$。第一种情况，x 和 y 必为 0，不讨论。第二种情况，假设 $x < y$，变形为 $y=2^n-x$，因此，可用 x 表示正整数，用 2^n-x 表示负 x。

当用 8（2^3）取模时，总共有 8 个自然数，用自然数 0、1、2、3 分别表示正整数 0、1、2、3，用自然数 4、5、6、7 分别表示负整数–4、–3、–2，–1。$x \bmod 2^3$ 时用自然数表示整数的方法如图 2.34 所示。

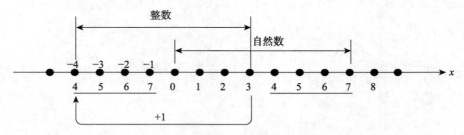

图 2.34　用自然数表示整数的方法

如图 2.34 所示，用$(0,2^2-1]$中的自然数表示正整数，用$[2^2,2^3-1]$中的数表示负整数。

推广到对 2^n 取模，用$(0,2^{n-1}-1]$中的自然数表示正整数，用$[2^{n-1},2^n-1]$中的自然数表示负整数，对任意固定位数的正整数 x，显然有

$$x+(2^n-x)= 2^n$$

$$(x+(2^n-x)) \bmod 2^n=0$$

则对 2^n 取模时求 $-x$ 的公式为

$$-x=2^n-x$$

按照这种方法，程序员可以使用上面的公式，采用十进制求出任意正整数的负数。

例如，对 2^8 取模时用(0,127)中的自然数表示正整数，用[128,255]中的数表示负整数。

$$-1=(2^8-1)_{自然数}=(255)_{自然数}$$

$$-6=(2^8-6)_{自然数}=(250)_{自然数}$$

$$-128=(2^8-128)_{自然数}=(128)_{自然数}$$

对 2^8 取模时，用自然数 255 表示最大的负整数 -1，自然数 251 表示整数 -6，自然数 128 表示最小的整数 -128。

例如，对 2^{16} 取模时用(0,32 767)中的自然数表示正整数，用[32 768, 65 535]中的数表示负整数。

$$-1=(2^{16}-1)_{自然数}=(65\ 535)_{自然数}$$

$$-6=(2^{16}-6)_{自然数}=(65\ 530)_{自然数}$$

$$-32\ 768=(2^{16}-32\ 768)_{自然数}=(32\ 768)_{自然数}$$

对 2^{16} 取模时，用自然数 65 535 表示最大的负整数 -1，自然数 65 530 表示整数 -6，自然数 32 768 表示最小的整数 $-32\ 768$。

上面的示例使用了十进制表示自然数和整数，实际上，求出任意正整数负数的公式是与进制无关的，可将其推广到 R 进制，对 R^n 取模，求 $-x$ 为

$$-x=R^n-x$$

计算出的 $-x$ 是一个自然数，因此，在对 R^n 取模的情况下，可以使用加法来进行减法运算，将整数的加法和减法统一为自然数的加法运算，其计算公式为

$$(x-y)\ \mathrm{mod}\ R^n = (\ x+(-y)\ )\ \mathrm{mod}\ R^n$$

计算机按照上述的原理针对二进制设计了补码，并用自然数的加法运算实现了整数的加减法运算。在 10.1.3 节中将专门讨论补码。

2.4.2　整数的数据类型

客观世界中存在着各种各样的数据，计算机对不同类型的数据采用不同的二进制表示方法。为了区分不同的表示方法，引入了数据类型的概念，用以表示客观世界中的数据与二进制之间相互转换的具体方法以及所需的内存大小。

在 C/C++中，signed 和 unsigned 分别区分的是整数和自然数，signed 称为有符号整数，unsigned 称为无符号整数。如果没有指定是有符号整数还是无符号整数，则编译器自动默认为有符号整数。整数的常见数据类型如表 2.4 所示。

按所需内存大小进行分类，整型常用的长度有 8 位、16 位、32 位，在 C/C++中，分别用 char、short int、long int 来表示。随着计算机的发展，整型的位长也在增加，如 64 位、128 位等。查阅语言或编译器的手册，可了解具体规定。

表 2.4　整数的常见数据类型

二进制位数	有符号整数（整数）	无符号整数（自然数）
8 位	signed char	unsigned char
16 位	signed short int	unsigned short int
32 位	signed long int	unsigned long int
字长	signed int	unsigned int

例如：

```
unsigned short a = 3;
```

定义了一个变量 a，数据类型为无符号整数（unsigned short int，其中 int 可省略），用来存储自然数，内存大小为 16 个二进制位，只能存储 $0\sim2^{16}-1$ 的数。

这条语句的功能是定义一个 unsigned short 类型的变量 a，并初始化为 3，其运算顺序为：在内存为一个变量分配两个字节（16 位）的存储空间，变量取名为 a，并初始化为 3。

计算机在运行程序时，才为变量 a 分配 16 个二进制位长度的内存空间，并将自然数 3 转换为二进制串 00000000 00000011，然后存储到分配的内存区域。无符号整型变量 a 中存储的二进制串如图 2.35 所示。

为了方便，在变量的内存图中，可用十进制表示变量的值，但需要注意的是，其中的值"3"是自然数，不能有正号"+"。无符号整型变量 a 中存储的自然数如图 2.36 所示。

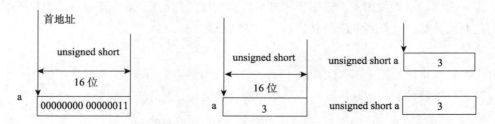

图 2.35　无符号整型变量 a 中存储的二进制串　　图 2.36　无符号整型变量 a 中存储的自然数

图 2.36 中，还给出了两种简化的变量内存图，它们表达的意思相同，可根据具体情况选用其中一种。

例如：

```
short int a = 3;
```

其中，short int 为 signed short int 的简写，signed 单词的意思为带符号。数据类型 signed short int 规定使用 16 个二进制位存储整数的补码。

存储格式为 $sb_{14}\cdots b_1b_0$，其中，最高位 s 为符号位，0 表示正数，1 表示负数，0~14 位 $b_{14}\cdots b_1b_0$ 表示数字，总共 15 位，存储的整数范围为 $-2^{15}\sim2^{15}-1$。

语句 short int a = 3 定义了一个有符号整型变量 a，并初始化为+3。变量 a 的内存中实际存储的是其补码 00000000 00000011。特别注意，补码的最高位为符号位，0 表示正整数，这与 unsigned short 类型不同。有符号整型变量 a 中存储的补码和整数如图 2.37 所示。

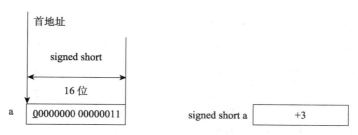

图 2.37 有符号整型变量 a 中存储的补码和整数

C/C++为整数提供了比较丰富数据类型，以适合不同的场景，但每种数据类型有自己的内部存储格式，可编程观察整数内部存储格式，代码如例 2.1 所示。

【例 2.1】 整数内部存储格式。

```cpp
#include<iostream>
#include<iomanip>
using namespace std;
void main(){
    unsigned short us = 65535;
    signed short ss = -1;

    long l;
    l = us;//无符号位,高位补 0
    cout << "unsigned long  :";
    cout << setw(8) << hex << l << "," << setw(8) << dec << l << endl;

    l = ss;//符号扩展,高位补 1
    cout << "signed long  :";
    cout << setw(8) << hex << l << "," << setw(8) << dec << l << endl;

}
```

运行中的内存和输出结果：

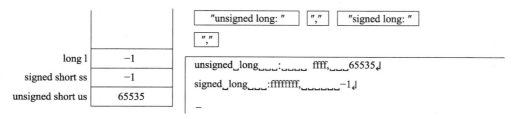

运行中的内存和输出结果包括三部分，第一部分是右上角的全局数据区，用于存放字符串常量，操作系统在程序运行前会将程序中的"unsigned long:"、","、"signed long:"、","等字符串常量存入分配的内存空间中，需要注意的是，这些内存单元不一定是连续的，因此画出的几个内存单元并没有紧挨在一起；第二部分是左边的内存区域，用于存放变量；第三部分是右下角的屏幕区域，用于显示程序的输出结果。

程序中定义了变量 us 和 ss，变量 ss 的数据类型为有符号短整型（signed short int），用自然数 $2^{16}-1$ 表示整数-1，$2^{16}-1$ 刚好就是 65 535，因此两个变量在内存中存储的都是 65 535，对应的二进制就是全 1。

例 2.1 程序中的如下代码分别按照十六进制和十进制输出变量的值。

```
cout << "signed long  :";
cout << setw(8) << hex << l << "," << setw(8) << dec << l << endl;
```

其中，setw(8)中的 setw 为 setwidth 的缩写，语义为设置显示宽度，setw(8)的语义为设置显示宽度为 8 个字符。hex 的语义为设置为十六进制，后面以十六进制显示变量 l 的内存中存储的二进制串。dec 的语义为设置为十进制。endl 为回车符换行。其中输出结果为：

```
unsigned long : ␣␣␣␣ffff, 65535;
```

变量 l 中存储的仍然是十进制数 65 535，但内部存储的是 0000ffff。从这个显示结果中，充分体会了十六进制的优越性。

例 2.1 程序中的如下代码，先将变量 ss 的值赋值给变量 l，然后分别以十六进制和十进制输出变量的值。

```
l = ss;    //符号扩展,高位补 1
cout << "signed long  :";
cout << setw(8) << hex << l << "," << setw(8) << dec << l << endl;
```

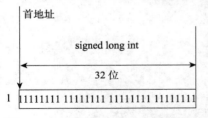

图 2.38　使用符号扩展有符号数的位数

变量 ss 和 l 都是有符号整型，但长度不同，需要从 16 位扩展到 32 位，将 −1 的内部表示 $2^{16}-1$ 转换为 $2^{32}-1$，将 $2^{32}-1$ 用二进制表示出来就是 32 个 1。使用符号扩展有符号数的位数，如图 2.38 所示。

屏幕上的输出结果为：

---

signed␣long␣␣␣:ffffffff,␣␣␣␣␣␣−1↵
␣

变量 l 中存储的仍然是十进制数−1，但内部存储的是 ffffffff。

前面用字母 l 来命名变量，容易与数字 1 混淆，因此，坚决不要使用字母 l 单独命名变量。

字长是描述计算机处理能力的最主要指标，它表示计算机处理器（CPU）一次处理数据的二进制位数，如在 32 位机上进行一次 32 位的加法运算，其花费的时间不比进行一次 16 位的加法运算长，也不比进行一次 8 位的加法运算长，因此，为了充分发挥计算机的处理能力，并且保证程序的兼容性，大多数计算机语言提供了通过计算机字长来指定整数位数的功能。

在 C/C++的标准文本中，没有规定 int 类型的位数，让编译器按照计算机字长来指定 int 类型的位数，以提高代码的运行效率，因此，在对整数位数没有具体要求的场景下，强烈推荐使用 int 类型。

2.4.3 自增和自减运算

自增和自减是程序员非常喜欢的运算，自增和自减运算语法的语义如表 2.5 所示。

表 2.5 自增和自减运算语法的语义

运算符	名称	结合律	语法	语义或运算序列
++	后自增（后++）	从左到右	exp++	计算 exp 得到变量 x，将 1 加到变量 x，返回原来的值 v
——	后自减（后——）	从左到右	exp——	计算 exp 得到变量 x，将变量 x 减 1，返回原来的值 v
++	前自增（前++）	从右到左	++exp	计算 exp 得到变量 x，将 1 加到变量 x，得到变量 x
——	前自减（后——）	从右到左	——exp	计算 exp 得到变量 x，变量 x 减 1，得到变量 x

自增和自减运算区别于其他非赋值运算的地方在于，它的操作对象必须是变量，自增运算后，变量的值增加 1，自减运算后，变量的值减少 1。

自增和自减运算有前增量和后增量之分：一种是操作数在后操作符在前，俗称前++或前——；另一种是操作数在前操作符在后，俗称后++或后——。前++或前——运算后，得到的是变量，而后++或后——运算后，得到的是变量中原来的值。这两种形式的区别初学者往往会混淆，需要深入掌握。

1. 前++和前——

在实际编程中，常常要将 1 加（减）到一个变量，如 a+=1。为了在编程时输入更少的字符，计算机语言专门定义了两个运算，分别表示为"+=1"和"-=1"，称为前自增和前自减。因在语法上运算符在操作数的前面，因此，俗称前++和前——运算。

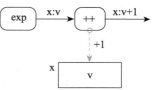

前++的语法为++exp，其语义完全等价于"exp+=1"，其优先级非常高，这样不需使用括号来提高其优先级，写出的表达式会更加简洁。前++的语义如图 2.39 所示。

图 2.39 前++的语义

前++与前——的语法、语义都非常类似，只是一个是减，一个是加。

下面以前++为例，介绍前++与前——的使用方法。示例代码如例 2.2 所示。

【例 2.2】 前++示例。

```cpp
#include<iostream>
#include<iomanip>
using namespace std;

void main(){
    int a = 0, b;

    b = ++a;      //将 1 加到变量 a,得到变量 a;从变量 a 中,取出值 1,赋值给变量 b
    cout << a << " , " << b << endl;

    ++a = 0;      //(++a)的结果为变量 a
    cout << a << endl;
```

```
    b = (a = a + 1);  //从变量a中取出0,0+1得1,将1存到变量a,得到变量a
    cout << a << " , " << b << endl;
}
```

程序的难点在于 b = ++a、++a = 0 和 b = (a = a + 1) 3 个表达式语句，其中，表达式 b = ++a 的语义如图 2.40 所示。

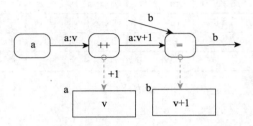

图 2.40　表达式 b = ++a 的语义

3 个表达式的计算顺序如图 2.41 所示。

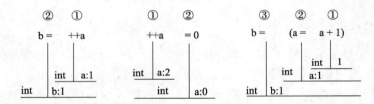

图 2.41　3 个表达式的计算顺序

例 2.2 程序的内存状态和输出结果：

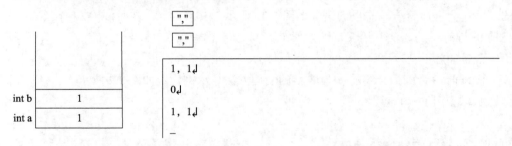

"++a" 和 "a = a + 1" 的结果完全一样，但 "++a" 只需要程序员思考一步，而 "a = a + 1" 需要思考 3 步，这就是程序员喜爱自增自减的原因。

2. 后++和后−−

前++和前−−的运算结果都是变量，变量中存储的是计算后的值，但有时需要使用计算前的值进行后面的运算。为了满足这个编程需求，又定义了后++和后−−两个运算。

在语法上，为了与前++区别，后++规定将运算符放在操作数的后面，即 exp++。在语义上，前面两步"计算 exp 得到变量 x，将 1 加到变量 x"与前++完全相同，但后++"返回原来的值 v"，而不是变量 x。后++的语义如图 2.44 所示。

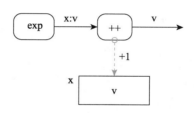

图 2.42　后++的语义

下面通过示例来演示前++和后++的使用方法，代码如例 2.3 所示。

【例 2.3】　前++和后++示例。

```cpp
#include<iostream>
using namespace std;
void main(){
    int a = 3, b, c;
    b = ++a;
    cout << a << "   " << b << endl;
    c = a++;
    cout << a << "   " << c << endl;
}
```

例 2.3 程序的内存状态和输出结果为：

int c	4
int b	4
int a	5

```
4   4↵
5   4↵
```

表达式 b=++a 的语义和计算过程如图 2.43(a)所示，运行 b=++a 后，变量 a 的值为 4，变量 b 的值为 4。

表达式 c=a++的语义和计算过程如图 2.43(b)所示，运行表达式 c = a++后，变量 b 的值为 4，变量 c 的值为 4，变量 a 的值为 5。

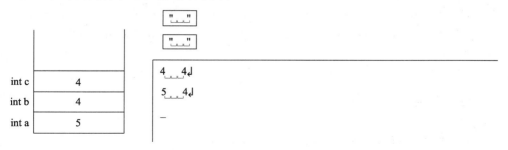

(a) 表达式 b=++a 的语义和计算过程

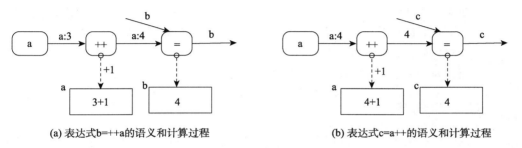

(b) 表达式 c=a++的语义和计算过程

图 2.43　表达式 b=++a 和 c=a++的语义和计算过程

下面通过示例来演示前--和后--的使用方法，代码如例 2.4 所示。

【例2.4】 前--和后--示例。

```cpp
#include<iostream>
using namespace std;
void main(){
    int a = 3;
    int b = --a;
    cout << a << "   " << b << endl;
    int c = a--;
    cout << a << "   " << c << endl;
}
```

例2.4程序的内存状态和输出结果为：

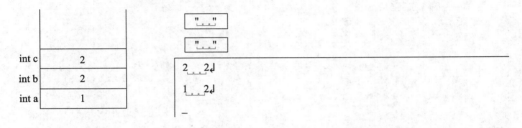

赋值和自增自减运算都会改变变量的值，在一个表达式中可以出现多次，可以在一个表达式中多次修改多个变量的值，但这会导致程序的可读性变差，甚至出现语义混乱，因此，建议在一个表达式中最多对一个变量修改一次值，绝不要在一个表达式中多次修改一个变量的值。

2.5 字符型

视频讲解

在计算机中，不仅要进行数的计算，还需要处理大量文字信息。在英文中，构成文字的基本要素为字母；在中文中，构成文字的基本要素为字。构成文字的字母或字，称为字符。

计算机要处理文字信息，首先要解决的问题是在计算机中怎样表示和存储构成文字的字符。

从本质上讲，计算机中只能存储和处理二进制串，只能存储和处理整数，因此，不能直接存储和处理文字信息中的字符。解决这个问题的方法为，在字符的集合和自然数之间建立一个映射，用一个自然数唯一表示一个字符，计算机存储和处理这些自然数。

一般用表格形式表示字符和自然数之间的映射，就形成一个表示字符与自然数对应关系的表格，称这种表为字符表，也称为字符集。

2.5.1 字符集

目前的文字有很多种，构成各种文字的字母或字也不一样，这就需要针对不同的文字建立不同的字符集，另外，针对同一种文字，也可能有不同的编码方法，这样就产生了很多字符集。

下面只介绍 ASCII 码和国标码两种常用的字符集，读者可自行查阅其他字符集。

1. ASCII 码

ASCII （American Standard Code for Information Interchange，美国标准信息交换代码）是由美国国家标准学会（American National Standard Institute，ANSI）制定的，是一种标准的单字节字符编码方案，后来它被国际标准化组织（International Organization for Standardization，ISO）定为国际标准，称为 ISO 646 标准。

ASCII 码使用 1 字节 8 比特位对字符进行编码，分为标准 ASCII 码和扩展 ASCII 码，标准 ASCII 码的最高位为 0，扩展 ASCII 码的最高位为 1。实际上，这种编码方案主要规定了标准 ASCII 码中的 128 个字符的编号，包括所有的大写和小写字母、数字 0~9、标点符号，以及常用的特殊控制字符。扩展 ASCII 码用于扩展，用来表示附加的 128 个特殊符号字符、外来语字母和图形符号等。

目前主要使用标准 ASCII 码，一般不使用扩展 ASCII 码。附录 A 给出了标准 ASCII 码表，总共有 128 个字符。

2. 国标码

我国国家标准局于 1981 年 5 月颁布了《信息交换用汉字编码字符集——基本集》，代号为 GB 2312—1980，共对 6763 个汉字和 682 个图形字符进行了编码。

编码原则为一个汉字用 2 字节表示，前字节的编码称为区码，后字节的编码称为位码，也称为区位码，每个字节只用 7 位码，为了确保与标准 ASCII 码不冲突，将每个字节的最高位设置为 1。国标码结构如图 2.44 所示。

图 2.44　国标码结构

前面介绍了 ASCII 码和汉字国标码两种字符集，一个是单字节码，一个是双字节码，是目前常用字符编码的典型代表，汉字国标码使用的是 ASCII 码的扩展编码空间，一个汉字占用 2 字节，与标准 ASCII 码完全兼容，因此，本书中讨论字符型时，都采用 ASCII 码，但程序中也可使用汉字，汉字在内存中占用连续的 2 字节，每个字符相当于一个字符型变量，换句话说，一个汉字使用两个字符数据表示，占用 2 字节。

2.5.2　使用字符型

字符型专门为存储和处理字符而设计，占用一字节，实际上存储的是字符的编号，是一个 8 位无符号整数，可以使用整型中学习的方法使用字符型，并对字符型变量中存储的字符进行处理。

1. 字符字面量

在计算机语言中，字符的表示方法很简单，但为了与数字、运算符和变量名等相区别，一般规定必须用单引号（''）将一个字符引起来，如，'a'表示小写字母a；'B'表示大写字母B；'9'表示字符9，而不是数字9；'+'表示字符+，而不是运算符+。

下面通过示例来演示字符型的使用方法，代码如例2.5所示。

【例2.5】 字符型示例。

```cpp
#include<iostream>
using namespace std;
void main(){
    char a = 'b';    //定义一个字符变量a,并用字母b的ASCII码初始化
    cout << a << ", ASCII=" << (int)a << endl;
    char c = 97;     //定义一个字符变量c,并用整数97初始化
    cout << c << ", ASCII=" << (int)c << endl;
}
```

例2.5程序的内存状态和输出结果为：

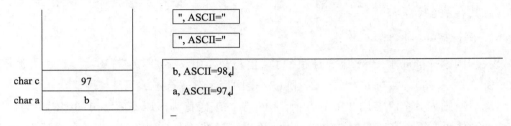

char a = 'b'的语义为，定义一个char类型的变量a，也就是一个8位整型变量，然后初始为字符'b'，即将小写字母b的ASCII码值98存储到变量a的内存。char c = 97中，用整数97初始化变量c，整数97刚好是字母a的ASCII码。

cout << a <<", ASCII=" <<(int)a<<endl中，执行cout << a时，因变量的a的类型为字符型，cout从变量a中取出整数98，然后输出98在ASCII码表中对应的字母b。执行到cout << (int)a时，因增加了一个类型转换，cout将按照int类型来输出，输出变量a中存储的ASCII码值98。

在编写程序时，不仅可以用单引号""来表示字符，也可以用其ASCII码值来表示一个字符。从理论上讲，使用ASCII码值可以表示字符集中任意一个字符，但程序员在编写程序时，需要查阅或记住字符的ASCII码值，因此，程序员还是喜欢使用单引号表示方式。

2. 转义字符

控制字符或通信专用字符，也称为不可见字符，其ASCII码值为0~31及127，共有33个。这些字符不能像数字、字母等字符一样在源程序中呈现出来，而是有特定的用途，换句话说，这些字符不能从键盘输入到源程序中单引号的中间。为了解决这个问题，C/C++提供了专门表示这类字符的方法，俗称转义字符（escape character）。用一个特定的字符'\'来改变可见字符的含义，变成不可见字符。

例如，换行符用'\n'表示键盘中的回车符（Enter键），其中，n为newline的第一个字母，程序员很好记，这就是程序员偏爱它的原因。常用的C/C++转义字符如表2.6所示。

表 2.6　常用的 C/C++转义字符

字符形式	整数值	代表符号	字符形式	整数值	代表符号
\a	0x07	响铃(bell)	\"	0x22	双引号
\b	0x08	退格(backspace)	\'	0x27	单引号
\t	0x09	水平制表符(HT)	\?	0x3F	问号
\n	0x0A	换行(return)	\\	0x5C	反斜杠字符\
\v	0x0B	垂直制表符(VT)	\ddd	0ddd	1~3 位八进制数
\r	0x0D	回车	\xhh	0xhh	1~2 位十六进制数

可使用整数运算处理字符类型的数据。如下例程将大写字母 A 转换为小写字母 a，代码如例 2.6 所示。

【例 2.6】　大小写转换。

```cpp
#include<iostream>
using namespace std;
void main(){
    char ch = 'A';
    ch += 32;
    cout << '\n' << ch;
}
```

想在输出字母前输出一个空行，但因回车符不能录入到代码，就用了转义字符'\n'。
例 2.6 程序的内存状态和输出结果为：

2.6　实数型

前面从自然数、整数出发，重点学习了整型和字符型两种数据类型，下面也从实数开始，学习实数型。与整型相比，实数型是比较复杂的数据类型，但不需要程序员直接管理其中的数据，而由计算机中专门的硬件来处理，因此，使用相对更加简单。

2.6.1　浮点数记数法

计算机中采用浮点数记数法表示和存储实数。

1. 十进制浮点数记数法

十进制浮点数记数法来源于实数的科学记数法，其一般形式为

$$\pm 0.d_1 d_2 \cdots d_m \times 10^{\pm e_n \cdots e_1 e_0}$$

其中，最高位前面为符号，$d_1d_2\cdots d_m$ 为小数部分，小数点后第 1 位 d_1 不能为 0，$\pm e_n\cdots e_1e_0$ 为指数部分，d 和 e 为数字 0、1、2、3、4、5、6、7、8 或 9。与实数的科学记数法相比，十进制浮点数记数法要求整数部分全为 0，小数点后第 1 位非 0。

根据十进制浮点数记数法，当一个十进制浮点数的符号、小数和指数部分确定后，这个数就确定了，因此，只需存储浮点数的符号、小数和指数。浮点数的存储格式如图 2.45 所示。

图 2.45　浮点数的存储格式

例如，19.971 400 000 000=+1.997 14×10^{13}=+0.199 714×10^{14}，该正浮点数的存储格式如图 2.46 所示。

图 2.46　正浮点数的存储格式

在计算机中，为了方便，一般用 E 或 e 表示 10 的幂，如，+0.199 714×10^{14} 表示为 0.199 714E14。

例如，−306.5=−0.3065*10^3，该负浮点数的存储格式如图 2.47 所示。

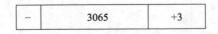

图 2.47　负浮点数的存储格式

其中，−是符号，指数 3 称为阶或阶码，3065 是小数部分，其左右端非 0 数字包起来的最长的数字序列称为有效值（significance），这里的有效值是 3065。小数部分也称为尾数，如 3065 是尾数。

十进制浮点记数法中，一个实数越大，指数就越大，指数的位数也就越多，同样，实数的精度越高，小数的位数就越多；反过来讲，指数的位数越多，能表示的实数就越大，小数的位数越多，能表示实数的精度就越高。

2. 二进制浮点数及存储格式

计算机内部使用二进制浮点数存储实数，二进制浮点数记数法与十进制浮点数类似，包括符号、小数和指数 3 部分，一般形式为

$$\pm 1.b_1b_2\cdots b_m\times 2^{\pm a_n\cdots a_1a_0}$$

其中，最高位前面为符号，$b_1b_2\cdots b_m$ 为小数部分，小数点后第 1 位 b_1 不能为 0，$\pm a_n\cdots a_1a_0$ 为指数部分。a 和 b 为数字 0 或 1。二进制浮点数的存储格式如图 2.48 所示。

符号	指数	小数
±	$\pm a_n \cdots a_1 a_0$	$b_1\ b_2 \cdots b_m$

图 2.48 二进制浮点数的存储格式

国际标准 IEEE 754 规定了具体二进制浮点数的存储形式，依次为符号、指数和小数 3 部分，并分别规定了 32 位浮点数和 64 位浮点数中指数和小数的二进制位数。32 位浮点数，符号占 1 位，小数部分占 23 位，指数部分占 8 位，用 32 位二进制位表示一个实数，所表示的实数精度较低，常常称为单精度浮点数，对应 C/C++的 float 类型。64 位浮点数，符号占 1 位，小数部分占 52 位，指数部分占 11 位，用总共 64 位表示一个实数，因所表示的实数精度较高，常常称为双精度浮点数，对应 C/C++中的 double 类型。

2.6.2 实数型分类

在编程实践中，实数主要用于科学计算，有关浮点数的运算算法比较复杂，时间复杂度也很高，计算机中通常有专门的硬件来处理浮点运算，一般不需要程序员深入理解浮点数在计算机内部存储和运算的机制，只需要重点关注两点：第一点，浮点数的大小范围；第二点，浮点数的精度。如果一个实数超出了浮点数的大小范围，就会发生溢出，导致不正确的结果；如果精度太小，计算结果的误差会很大，达不到实际要求。C/C++中的实数型如表 2.7 所示。

表 2.7 C/C++中的实数型

类 型	名 称	位 数	字节数	范 围	有效位数
float	单精度浮点数	32	4	$\pm 3.4 \times 10^{38}$	7 位
double	双精度浮点数	64	8	$\pm 1.8 \times 10^{308}$	16 位
long double	长双精度浮点数	80	10	$\pm 1.2 \times 10^{4932}$	19 位

2.6.3 实数的字面表示

浮点数既可以表示为定点方式（非指数方式），例如 35.623，也可以表示成科学记数法（指数方式），例如 0.35623e+02，即 0.35623 乘以 10 的 2 次方。直接写出的浮点数字面值默认为 double 型，如果要表示成 float 型，则要在浮点数后面加上字母 F 或 f。例如：

```
float f1 = 19.2f;
float f2 = 0.192e+02;          //将 double 数转换为 float
double d1 = 19.2;
double d2 = 0.192e+02f;        //将 float 数转换为 double
long double ld1 = 19.2L;
long double ld2 = 0.192e+02;   //将 double 数转换为 long double
```

2.6.4 实数型的精度和范围

计算机中只能存储实数的近似值，因此，应重点关注实数的精度和大小范围。

下面通过示例来演示实数型的精度及大小范围，代码如例 2.7 所示。

【例 2.7】 实数型的精度及大小范围。

```
#include<iostream>
#include<iomanip>
using namespace std;
void main(){
    cout << setprecision(18) << "Real  :" << "12.34567890123456789 01E20"
<< endl;
    float f = 12.3456789012345678901E20;
    cout << setprecision(18) << "float :" << f << endl;
    double d = 12.3456789012345678901E20;
    cout << setprecision(18) << "double:" << d << endl;
}
```

运行中的内存和输出结果：

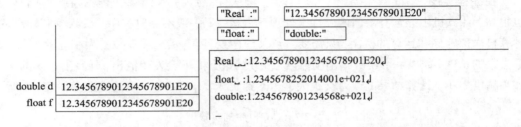

从输出结果可以看出，float 和 double 输出的都是近似值，float 类型的正确位数为 8，说明 float 类型的有效位数不超过 8 位，double 类型的正确位数为 16，说明 double 类型的有效位数不超过 16 位。

读者可修改 12.345 678 901 234 567 89 01E20 中的指数，观察各类数型的表示范围。

视频讲解

2.7 算术类型转换

在数学中，运算是定义在一个特定数集上的，与数集及相应的记数法紧密相关，而计算机中是用数据类型区分不同的数据集合，不论变量还是值都有一个特定的数据类型。

自然数、整数和实数上都有加减乘除运算，但它们在不同数集上有不同的具体计算方法，在本质上是不同的运算。人具有很高的智力水平，往往会忽略它们之间的差别，但计算机没有这样高的智力水平，只能对相同数据类型的数据进行加减乘除运算。

为了对不同数据类型的数据进行加减乘除运算，计算机语言专门设计了一个运算来解决数据类型的相互转换问题，这个运算称为数据类型转换。

2.7.1 整数的数据类型转换

数据类型规定了数据在计算机中的内部格式和所需的二进制位数。进行四则运算时，当两个操作数的内部格式和二进制位数相同时，才能直接运算，否则需要先进行数据类型转换。

下面以 8 位有符号整数在 16 位机上进行相加为例，讨论数据类型转换。

例如：

```
signed char a = 5, b = -4, c;
c = a + b;
```

第 1 条语句，在内存中定义了 a、b、c 3 个有符号整型变量，每个变量存储一个字符，其中，变量 b 初始化为–4，变量 b 的内存中存储的是–4 的补码 1111 1100。

在 16 位机上执行第 2 条语句 c=a+b，包含 4 个步骤。第 1 步，从变量 a 的内存中取出值 00000101 到 CPU，并按照符号扩展方式扩展为 0000000000000101；第 2 步，从变量 b 的内存中取出值 11111100 到 CPU，并扩展为 1111111111111100；第 3 步，两个二进制数在 CPU 中相加得到 0000000000000001；第 4 步，将计算结果的高 8 位 00000000 扔掉（取模运算）而将低 8 位 00000001 存储到变量 c 的内存。在 16 位机上执行 c=a+b 的过程如图 2.49 所示。

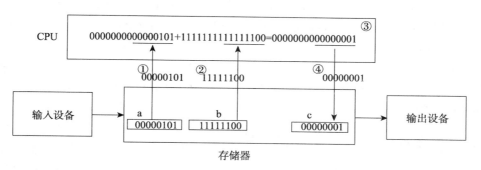

图 2.49　在 16 位机上执行 c=a+b 的过程

在 16 位机上执行 c=a+b 时，先将 8 位整数转换为 16 位整数，然后再按照 16 位整数进行加法运算，最后将计算结果中的低 8 位存储到变量 c。在计算过程中，自动进行了 3 次数据类型转换。

可编写程序，观察计算表达式 c=a+b 过程中各变量的内存存储数据，以及数据类型转换。整数的内部存储数据及数据类型转换代码如例 2.8 所示。

【例 2.8】　整数的内部存储数据及数据类型转换。

```
#include<iostream>
#include<iomanip>
using namespace std;
//测试整数运算中数据类型的转换
void main(){
    signed short a = -1, b = -5, c;
    cout << "a=0x" << hex << a << "," << "b=0x" << hex << b << endl;
    c = a + b;
    cout << "a+b=0x" << hex << a + b << ","
        << "c=0x" << hex << c << endl;
}
```

例 2.8 程序在 VS2013 的 32 位编译器下的内存状态和输出结果为：

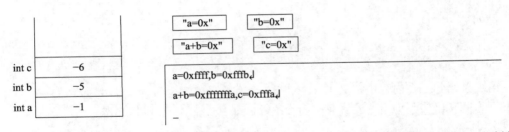

例 2.8 程序的输出结果中，a=0xffff,b=0xfffb 表明变量 a 和 b 中存储的是 16 位二进制数，a+b=0xfffffffa 表明按照 32 位二进制进行加法运算，但 c=0xfffa 表明将 a+b 的计算结果 0xfffffffa 中的低 16 位 0xfffa 存储到变量 c 的内存。

每个计算机的字长是衡量计算机处理能力的重要指标，目前主流个人计算机的字长为 32 位或 64 位，有些单片机的字长为 8 位或 16 位。不论计算机的字长是多少，每个计算机的字长一定是固定的，即 CPU 每次运算的二进制位都是固定的，不能多，也不能少。字长为 16 位的计算机，每次加法运算都是 16 个二进制位相加；字长为 32 位的计算机，每次加法运算都是 32 个二进制位相加。如果在 16 位机上进行 8 位二进制数的加法，需要先将操作数扩展到 16 位，然后再相加；如果进行 32 位加法，则需要将 32 位拆分为两个 16 位来运算。

例 2.8 所示的程序，在不同版本的编译器上编译，会有不同的输出结果，读者可以多试几种编译器，观察其输出结果，分析计算的过程，加深对计算的理解。

2.7.2　算术运算的自动类型规则

为了方便程序员编程，C/C++等计算机语言都提供自动类型转换功能，自动转换操作数的数据类型以满足运算对数据类型的要求。

自动类型转换的一般原则为，位数少的向位数多的转换，有符号向无符号转换，整型向实数转换，以尽量保证信息不丢失，同时兼顾运算的效率。

int 是 C/C++中比较特殊的整型，标准中没有具体规定其二进制位数，其二进制位数往往由编译器根据计算机的字长决定。随着计算机制造技术的发展，常用的个人计算机字长都比较长，至少是 32 位，目前常见的编译器也很多是 32 位的，也有些是 64 位的。因此，int 的长度一般都会不少于 32 位，大多数情况下都会将整型数据转换为 int 类型，这样能充分发挥计算机硬件的处理能力。

VS2013 中的 C++编译器，算术运算中数据类型的转换规则如图 2.50 所示，自动对算术运算中操作数进行数据类型转换。这种数据类型转换是隐性的，初学者往往都感觉不到它的存在，编写表达式时容易出现错误，不能计算出预期结果。

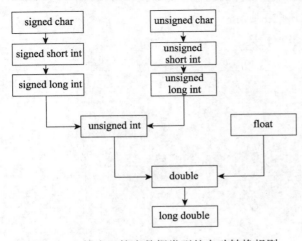

图 2.50　算术运算中数据类型的自动转换规则

例如：

```
int a = 2, b = 4;
double d = 4.0;
cout << "a/b= "<< a / b << ",b/a= "<< b / a <<",a/d= " << a / d << endl;
```

内存状态和输出结果：

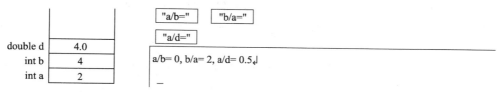

上述代码中，a/b 和 b/a 中的除法运算是整数集上的除法，因除法在整数集上是不完备的，a/b 的结果超出了整数范围，计算机输出不超过 a/b 的最大整数 0。a/d 中，因操作数 d 为 double 类型，计算机将另一外操作数 a 转换为 double 类型，按照实数上的除法进行计算，输出 0.5。

网络中传输的数据流，如图像、音频等数据，规定每个二进制位的含义，一般都用整型表示，对这类数据，应该使用固定长度的整数，甚至使用无符号的，如 char、short、long，而不应该使用 int 类型。只有进行计数或算术计算时才使用 int 类型，以充分发挥硬件的计算能力，同时提高程序的兼容性。

与整型相比，实型是一个更为复杂的数据类型，其中的运算非常复杂，时间复杂度很高，因此，在编程实践中，建议能用整型就用整型，不能用整型才用实型，即优先选用整型。

2.7.3　强制数据类型转换

C/C++计算机语言提供了数据类型转换运算，为了与类型自动转换区分，常常称为强制数据类型转换。类型转换运算( )的语法语义如表 2.8 所示。

表 2.8　类型转换运算( )的语法语义

运算符	名称	结合律	语法	语义或运算序列
( )	类型转换	从右到左	(type) exp	计算 exp 得到值 v1，将值 v1 的类型显式转换成 type 类型，得到 type 类型的值 v2

语法比较简单，在一个表达式的前面加上数据类型并用括号"( )"括起来，其语义为将表达式的值转换为指定的数据类型。类型转换的语义如图 2.51 所示。

图 2.51　类型转换的语义

如，(double)(2+3)，先计算(2+3)得到整型 5，然后再转换为 double 类型的 5.0。值得注意的是，整型 5 和 double 类型的 5.0 虽然在数学上相等，但计算机内部是用不同的二进制串表示的，是不同的两个"值"。

数据类型转换只能转换"值"，不能转换"变量"的数据类型，如前面的示例：

```
signed char a = 5,b = -4, c;
c = a + b;
```

可以在 c=a+b 前增加类型转换，改写为：

```
c = (signed char)((int)a + (int)b);
```

其语义为，从变量 a 中取出 signed char 类型的值 v1，转换为 int 类型的值 v2；从变量 b 中取出 signed char 类型的值 v3，转换为 int 类型的值 v4；int 类型的值 v2 加 int 类型的值 v4 相加得到 int 类型的值 v5；将 int 类型的值 v5 转换为 signed char 类型的值 v6，存储到 signed char 类型的变量 c。数据类型转换的过程如图 2.52 所示。

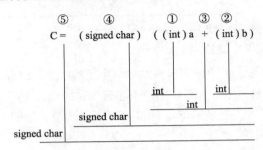

图 2.52　数据类型转换的过程

将 a 和 b 的值代入其语义，运算过程为，从变量 a 中取出 signed char 类型的值 5，转换为 int 类型的值 5；从变量 b 中取出 signed char 类型的值-4，转换为 int 类型的值-4；int 类型的值 5 加 int 类型的值-4 相加得到 int 类型的值 1；将 int 类型的值 1 转换为 signed char 类型的值 1，存储到 signed char 类型的变量 c。带类型转换的运算序列如图 2.53 所示。

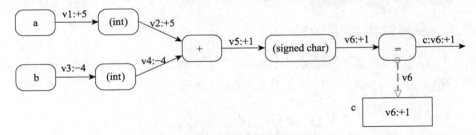

图 2.53　带类型转换的运算序列

数据类型及其转换是程序员不能回避的问题，在编写和理解表达式时要需要特别关注。

2.8　计算表达式的方法

在计算表达式过程中必须考虑数据类型。在 2.1.4 节中计算表达式的基本方法中需要增加数据类型转换，其计算步骤增加到 3 步：第 1 步，确定表达式的运算顺序；第 2 步，标注数据类型；第 3 步，计算表达式的值。

例如，带数据类型转换的表达式。

```
char c;
int i;
unsigned int u;
```

```
float f;
double d,y;
y=c * i + f * d + f / u - (i % 2 - d);
```

上面的表达式中的变量涉及几种不同的数据类型，在计算过程中需要在多种数据类型之间进行类型转换。

2.8.1 确定表达式的运算顺序

依照 2.1.4 节中学习的方法，确定表达式 y=c*i+f*d+f/u–(i%2–d)的计算顺序，如图 2.54 所示。

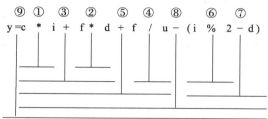

图 2.54 表达式 y=c*i+f*d+f/u–(i%2–d)的计算顺序

根据表达式 y=c*i+f*d+f/u–(i%2–d)的计算顺序，可推导出其运算序列，如图 2.55 所示。

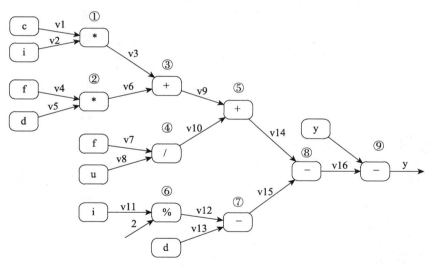

图 2.55 表达式 y=c*i+f*d+f/u–(i%2–d)的运算序列

2.8.2 标注数据类型

根据运算的语义和算术运算的**类型转换规则**，按照如图 2.54 所示的计算顺序，依次确定每个运算结果的数据类型，并标注在计算顺序图中，具体标注位置为该运算的左下角。标注数据类型后的计算顺序图如图 2.56 所示。

如图 2.56 所示，标注了各个运算结果的数据类型，根据标注的数据类型，在如图 2.55 所示的运算序列中插入需要增加的类型转换运算，如图 2.57 所示。

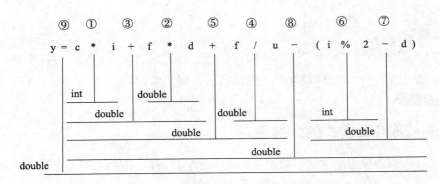

图 2.56　标注数据类型的计算顺序图

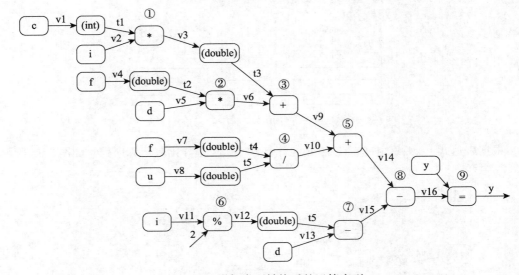

图 2.57　增加类型转换后的运算序列

2.8.3　计算表达式的值

在计算表达式 y=c*i + f*d + f / u −(i % 2 −d)前，先使用如下代码给变量赋值。

```
char c = 'A';
int i = 1;
unsigned int u = 3;
float f = 4.5;
double d = 0.5;
```

执行这些代码后，变量及其内存状态如图 2.58 所示。在这些数据上计算表达式的过程，如图 2.59 所示。最终计算的结果为 68.25，并存储在变量 y 中。

读者也可在如下数据集上计算表达式 y=c*i + f*d + f / u−(i% 2 −d)，人工执行其运算序列。

```
char c = 'b';
int i = 2;
unsigned int u = 3;
float f = 3.5;
double d = 2.0;
```

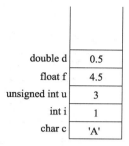

図 2.58　变量及其内存状态

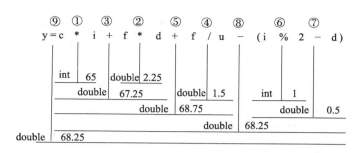

图 2.59　计算表达式的过程

实际上，很多编译器都存在没有严格实现计算机语言标准文本中规定的语义的情况，也存在适配硬件的问题，如，尽量将数据的位数调整到计算机的字长，以充分发挥计算机的性能，因此，编写表达式后必须进行调试，只有经过充分调试的程序才能实际使用。

在调试表达式时，调试器一般以表达式为粒度执行程序，不能观察到计算表达式的步骤，但可以观察到各个变量的值。可将计算顺序图中的变量值与计算机的实际结果比较，判断出表达式是否编写正确，并推导出错的计算步骤，再改正表达式。

> 在实际编程中，应编写简洁的表达式，而不能编写非常复杂的表达式，特别不能涉及大量的数据类型转换。

2.9　字符流和输出格式

视频讲解

输入输出设备是冯·诺依曼机中的逻辑部件，分别承担输入输出的任务。计算机常用的传统输出设备有显示器和打印机，输入设备有键盘。这 3 个设备成为一个计算机的标配，常常将它们称为标准输入输出设备。

显示器、打印机和键盘都属于字符设备。计算机中，使用"字符流"的方式在标准输入输出设备上输入和输出数据。

2.9.1　字符流的工作原理

字符流，顾名思义，从当前位置流过的字符序列。字符流是一种抽象概念，它将数据视为一个字符序列，这个字符序列从一个固定的位置流过，一般称这个固定位置为当前位置，因此，将从当前位置流过的字符序列称为字符流。字符流的概念如图 2.60 所示。

如，在显示器上输出数据时，先将需要输出的数据转换为一个字符序列，然后再按照字符流的方式输出这个字符序列。显示器上的光标就是当前位置，每次都在光标处输出一个字

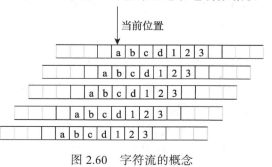

图 2.60　字符流的概念

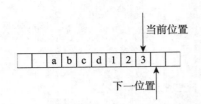

图 2.61　自动向后移动光标位置

符，相当于字符序列从光标位置流过。

为了便于人们阅读，显示器上的字符位置是固定不变的，而通过移动光标实现字符的流动，每显示一个字符就自动将光标向后移动一个位置。自动向后移动光标位置如图 2.61 所示。

与字符流相关的运算有两个：第 1 个运算从当前位置"提取"字符；第 2 个运算从当前位置"插入"字符。可通过这两个运算实现输入和输出。

前面学习的 cout 和 cin 都属于字符流。cout 用于输出，也称为输出字符流，简称输出流，主要运算是将需要输出的字符"插入"当前位置。cin 用于输入，也称为输入字符流，简称输入流，主要运算是从字符流的当前位置"提取"字符。

使用字符流输出一个数据时，一般不会一个字符一个字符地"插入"到字符流，这样太麻烦，而是每次插入一个数据的所有字符，如，一次插入表示一个整数的所有数字、一次插入表示一个实数的数字和小数点。

例如：使用字符流输出一个数据。

```
int a = 123;
cout << a;
```

cout << a 中，cout 是一个输出流。执行 cout << a 时，先将变量 a 的值 123 从内存中取出来，转换为字符串 "123"，然后将字符串 "123" 逐个插入到输出流的当前位置，同时系统将输出流中的字符显示到显示器。使用字符流输出数据的过程如图 2.62 所示。

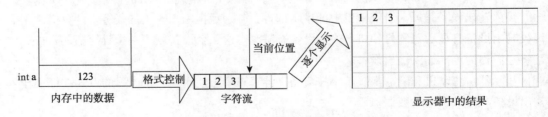

图 2.62　使用字符流输出数据

使用字符流输出一个数据，分为两步：第 1 步，从内存中取出数据并按照指定的显示格式转换为字符串；第 2 步，将字符串插入到输出流的当前位置，其中指定显示格式是编程输出数据的主要工作。

2.9.2　控制输出单元的格式

使用字符流输出数据时，每次输出一个数据，可将一个数据占用的显示区块视为一个单元，并控制这个单元的显示格式。单元的显示格式涉及显示的宽度（字符个数）、对齐方式和填充的字符。单元的显示格式控制方法如图 2.63 所示。

图 2.63　单元的显示格式控制方法

单元的显示格式控制方法与 Excel 表中单元格的控制方法类似，可以参考 Excel 中的控制方法。

在头文件 iomanip 中提供了控制输出格式的多种手段，下面举一个例子介绍控制输出格式的方法，代码如例 2.9 所示。

【例 2.9】　控制输出格式。

```cpp
#include<iostream>
#include<iomanip>
using namespace std;
void main(){
    cout << cout.fill('*') << setiosflags(ios::left)
        << setw(6) << 123 << '|'
        << resetiosflags(ios::left)
        << setw(10) << 123<<endl
        << "|abc|"
        << hex<<123<<endl;
    cout << setiosflags(ios::scientific)
        << 123.456 << ' '
        << resetiosflags(ios::scientific)
        << 123.456
        << endl;
}
```

代码中，cout.fill('*')设置填充字符，setiosflags(ios::left)设置左对齐，resetiosflags(ios::left)清除左对齐，setw(6)设置宽度，hex 设置十六进制，setiosflags(ios::scientific)设置科学记数法。

例 2.9 在 VS2013 上的输出结果如下：

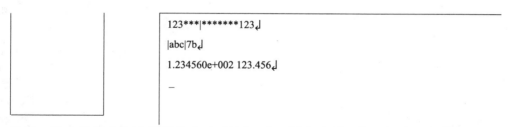

```
123***|*******123↵
|abc|7b↵
1.234560e+002 123.456↵
_
```

注意，输出结果中左边的部分表示"栈"，由于没有变量，栈空间中没有数据，所以左边区域是空白的。

控制输出格式涉及大量的计算机语言细节，也与编程环境联系紧密，学习控制输出格式最好的方法是查阅随机文档或查阅标准文本，并针对不同情况在计算机上调试。

2.10　表达式的调试与维护

在程序运行前，编译器首先对表达式进行语法检测，判断是否符合规定的语法，然后将表达式"翻译"成相应的运算序列，最后按照这个运算序列生成表达式的目标代码，并成为可执行程序的一部分。

调试表达式的目标有两个：第一个，确保表达式符合语法，即语法正确；第二个，确保表达式表达的运算序列符合预期，即语义正确或逻辑正确。

调试表达式中主要做两件事：第 1 件，发现并改正表达式的语法错误；第 2 件，发现并改正表达式的运算序列错误，即逻辑错误。

编译器能很好地发现表达式中的语法错误，但逻辑错误需要程序员来完成，并会消耗大量精力。

调试表达式逻辑错误的关键是按照 2.8 节中的方法人工计算表达式，并在调试器中对比变量的实际值，以推断表达式的正确性，纠正其中的错误。

借助编译器发现代码中的错误，能提高编程的效率，与编译器进行有效交互是调试程序的基础。

2.10.1　调试编译错误

调试表达式时的常见编译错误有：没有提前定义变量；在表达式后没有加分号“；”；运算符使用错误等。除此之外，还很容易将半角字符输出成全角字符。

例如：

```
void main(){
    int s, a, b;
    s = 4 * 1 + 2 ×(a + b)
}
```

编译时会报如下错误：

		描述	文件	行	列	项目
Error	1	error C2065: 'l' : undeclared identifier	kkk.cpp	9	1	kkk
Error	2	error C2146: syntax error : missing ';' before identifier '×(a'	kkk.cpp	9	1	kkk
Error	3	error C2065: '×(a' : undeclared identifier	kkk.cpp	9	1	kkk
Error	4	error C2065: 'b)' : undeclared identifier	kkk.cpp	9	1	kkk
	5	IntelliSense: identifier "l" is undefined	kkk.cpp	9	10	kkk
	6	IntelliSense: expected a ';'	kkk.cpp	9	16	kkk

这些错误都是因为表达式不正确而引起的，表达式应该是 s=4*1+2*(a+b)，后面还要加分号才能构成表达式语句。另一个原因是变量 l 没有定义，需要先将其定义。

将表达式修改如下：

```
void main(){
    int s, a, b,l;
    s = 4 * 1 + 2 * (a + b);
}
```

再编译会报如下错误：

		描述	文件	行	列	项目
Error	1	error C4700: uninitialized local variable 'l'	kkk.cpp	9	1	kkk

```
         used
Error  2   error C4700: uninitialized local variable 'a' kkk.cpp   9    1     kkk
         used
Error  3   error C4700: uninitialized local variable 'b' kkk.cpp   9    1     kkk
         used
```

按照表达式的计算顺序，在计算时要使用到 3 个变量 a、b 和 l 的值，必须在计算前给它们赋值。在程序中，可使用初始化、赋值运算或输入语句给这 3 个变量赋值。下面的程序就可通过编译。

```
void main(){
    int s, a=1, b=3,l=3;
    s = 4 * l + 2 * (a + b);
}
```

编译时不仅可以检测到语法错误，还可以检测到简单的逻辑错误。

从程序中还能发现，字母 l 与数学 1 很难区别，不要单独使用字母 l 作为变量名。

2.10.2 整型的溢出

数据类型对表达式的计算结果有很重要的影响，在编写和调试表达式时要高度重视，下面以整数来讨论这个问题。

计算机中整型最终都是使用固定位数二进制数，有一定的表示范围。常见整型的表示范围如表 2.9 所示。

表 2.9 常见整型的表示范围

二进制位数	有符号整数 signed	无符号整数 unsigned
1 字节 8 位 char	$-2^7 \sim 2^7-1$ [-128, 127]	$0 \sim 2^8-1$ [0, 255]
2 字节 16 位 short int	$-2^{15} \sim 2^{15}-1$ [$-32\,768$, $32\,767$]	$0 \sim 2^{16}-1$ [0, 65 535]
4 字节 32 位 long int	$-2^{31} \sim 2^{31}-1$ [$-2\,147\,483\,648$, $2\,147\,483\,647$]	$0 \sim 2^{32}-1$ [0, 4 294 967 295]

当数据超过了整型的表示范围时，会导致数据的溢出。下面通过示例来演示整型数据的溢出，代码如例 2.10 所示。

【例 2.10】 整型数据的溢出。

```
#include<iostream>
#include<iomanip>
using namespace std;
void main(){
    unsigned short us = 65535;
    us = us + 1;                    //溢出
    cout << " unsigned short:";
    cout << setw(8) << hex << us << "," << setw(8) << dec << us << endl;

    signed short ss = 32767;
```

```
ss = ss + 1;              //溢出
cout << " signed short:";
cout << setw(8) << hex << ss << "," << setw(8) << dec << ss << endl;

}
```

运行中的内存状态和输出结果：

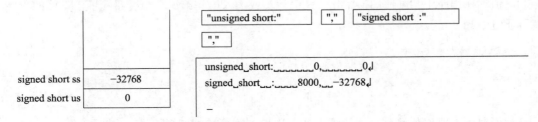

这与我们的期望一致吗？为什么会得到这样的结果？要回答这些问题，需要清楚，整数是怎样存储在变量中的，变量中存储的是什么。

运用 2.4.1 节理解整数与进制中的基本知识能解决这些问题，并建议读者自己去推导演算。

2.10.3　整数的重要性

整型是计算机语言中最重要的数据类型，是理解其他数据类型的基础。从本质上讲，整型中存储的数据就是固定位数的二进制数，即一串 0、1 数字，整型的运算是固定位数二进制数的计算，计算机在进行整型运算时，一般都假设程序员在编写程序时已保证其正确性，编译时不再增加检测逻辑的代码，以满足应用的多样性和提高程序运行的效率。

换句话讲，程序员必须理解整型的表示原理及运算的逻辑，在编写程序时运用其表示原理及运算的逻辑解决客观世界中的实际问题，并保证其正确性。

> 直接管理整型数据是一个合格程序员不可推卸的责任。

前面专门讨论自然数和整数的记数法及其运算过程，就是为了程序员理解整型的表示原理及运算的逻辑，能够承担这个责任而准备的。

在实际编程中，常常用整型表示文字、图像、语音等实际应用中的数据，表示通信、网络、物联网中传输的数据，涉及有符号整数、无符号整数，涉及 8 位、16 位、32 位整数，使得整型的应用情况非常复杂，往往需要程序员花费大量的时间和精力，反复做类似的程序调试工作，才能判断是否满足功能要求，满足预期。

2.11　本章小结

本章主要从计算角度学习了表达式和数据类型相关的知识，以及相应的编程方法。

学习了表达式及基本运算，重点学习了算术运算、赋值运算、复合赋值运算和自增自减运算在冯·诺依曼机上的语义，深入学习了表达式的计算顺序和运算序列以及编写表达式的方法，需要掌握将数学公式改写为计算机表达式的方法，掌握使用计算顺序图人工计算表达式的方法。

学习了变量的概念，重点学习了定义变量在冯·诺依曼机上的语义以及自然数、整数及其记数方法，深入学习了固定位数和负数的方法。学习了整数、字符和实数等基本数据类型，重点学习了其表示原理和存储格式以及数据类型转换及其语义，需要掌握使用变量和操纵数据的方法，能够选择适当的数据类型，并掌握使用内存图描述数据的方法。

学习了字符流，重点学习了控制输出格式的原理，需要掌握控制输出格式的方法。

学习了调试和维护表达式的基本知识，深入学习了发现逻辑错误的方法，需要掌握使用运算序列图、内存图和计算顺序图调试和维护表达式的方法。

2.12　习题

1. 下面给出了一些数学或物理公式，请根据本章所学内容完成各小问。

等差数列的通项公式：$a_n = a_1 + (n-1)d$

余弦定理：$a^2 = b^2 + c^2 - 2bc\cos A$

自由落体距离公式：$h = gt^2 / 2$

并联电阻公式：$R = R_1 R_2 / (R_1 + R_2)$

（1）只使用四则运算，能否将所有公式改写为表达式？

（2）如果能，写出其表达式，画出上面表达式的计算顺序图，给变量指定一个值并计算表达式。

（3）根据上面计算顺序图，画出表达式的运算序列图，并以文字描述其运算序列。

2. 按照 2.1.3 节和 2.8 节中的方法，使用图和文字描述下列代码在 32 位机上的计算过程、计算步骤和表达式 c=b–a 的计算序列。

```
int  a=10;
char b=107,c;
c= b-a;
```

要求在计算步骤和计算序列中增加类型转换运算。

3. 画出下列实数存储在内存中的逻辑结构。

（1）3.14165926

（2）–0.333333

（3）17000.3358

（4）–10.94623

4. 上机编程，定义一个无符号整型变量 x，并初始化为–10，分别以十六进制和十进制输出变量 x。再定义一个有符号整型变量 y，将变量 x 的值强制转换为有符号整型，再将转换结果赋值给变量 y，分别以十六进制和十进制输出变量 y。观察输出结果，并用 2.4.1 节中有关整数表示的知识解释输出结果。

5. 读下面的程序，画出表达式的计算顺序图和内存图，并分析运行结果产生的原因。

```cpp
#include<iostream>
#include<iomanip>
using namespace std;
int main()
{
    unsigned short us = 65535;
    us = us + 1;            //溢出
    cout << " unsigned short:";
    cout << setw(8) << hex << us << "," << setw(8) << dec << us << endl;

    signed short ss = 32767;
    ss = ss + 1;            //溢出
    cout << " signed short:";
    cout << setw(8) << hex << ss << "," << setw(8) << dec << ss << endl;

    return 0;
}
```

6. 以下代码中包含了两个表达式，请按要求回答下列问题。

```cpp
unsigned int k;
char x ='A';
double a = 9.0;
int y = 2,z = 1;
k=x+a%3*(float)(x+y)%2/z

double u;
int i = 2;
float a = 4;
u=i--,a*=++i
```

（1）分别画出两个表达式的计算顺序图，并计算表达式的值。

（2）根据计算顺序图，分别画出表达式的运算序列图。

（3）上机调试这两个表达式，并改写代码，以观察计算 u=i--后变量 i、u 中的值，计算 a*=++i 后变量 i、a 中的值，并与人工计算结果对比。

第 3 章

构 造 分 支

大千世界，多姿多彩，实际应用中的问题往往非常复杂，一般需要将一个复杂问题分解为多个相对简单的问题，然后再逐个解决这些相对简单的问题。

按照数学的观点，先对需要解决的问题进行层层分解，最终将问题分解为一些能够使用数学公式解决的基本问题，然后再将解决基本问题的数学公式组合起来，构成一个数学模型，最后用这个数学模型去解决实际问题。

计算机，顾名思义，就是"计算"的机器。前面学习了使用表达式和数据类型描述数学公式中的计算，后面开始学习将表达式组合起来展现计"算"艺"术"。

3.1　结构化程序设计

视频讲解

结构化程序设计思想来源于小孩玩的积木游戏。在积木游戏中，购买大量小块的积木，小孩将多个小块的积木组成较大的积木块，再将较大的积木块组成更大的积木块，最后搭建出期望的大积木。

3.1.1　3 种基本结构

1966 年，Borhra 和 Jacopini 提出了表示算法的 3 种基本结构：顺序结构、选择结构和循环结构。3 种基本结构流程如图 3.1 所示。

（1）**顺序结构**。顺序结构表示程序中的各操作是按照它们在程序中出现的先后顺序执行的。前面学习的运算和表达式，基本上都符合"第 1 步做……，第 2 步做……，第 3 步做……"这种模式，都属于顺序结构。顺序结构符合平时的习惯，且便于理解，因此是编程中使用最多的结构，也是编程者最基本的思维模式。

（2）**选择结构**。选择结构表示程序的处理步骤出现了分支，它需要根据某一特定的条

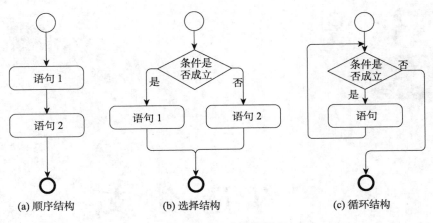

　　(a) 顺序结构　　　　　　(b) 选择结构　　　　　　(c) 循环结构

图 3.1　3 种基本结构流程

件选择其中的一个分支执行，适用于"如果……，则……，否则……"这样的思维模式。

　　（3）**循环结构**。循环结构表示程序反复执行某个或某些操作，直到某条件为假（或为真）时才可终止循环。

　　从程序流程的层面讲，顺序结构是基础，是程序功能的具体载体；选择结构是方向，决定了程序提供哪些功能；循环结构是能力，在本质上决定了程序计算能力的大小。

　　在编程中，符合这 3 种结构之一的程序块相当于一个积木，程序员将小的程序块组成较大的程序块，再将较大的程序块组成更大的程序块，最后编写出期望的程序。

　　结构化程序设计思想尽管简单，但功能强大。理论证明，目前计算机能解决的任何问题，都能用这 3 种基本结构组成的算法来解决。换句话说，用这 3 种基本结构可以描述任何一个程序的流程。

3.1.2　流程图

　　流程图是描述程序流程的主要工具之一，能够帮助初学者很好地理解程序，理解程序的执行过程，有利于培养编程的思维方式。

　　业务流程建模与标注（Business Process Model and Notation，BPMN）是 OMG（Object Management Group）组织提出的一个标准，主要目标是提供一组容易理解的符号，这组符号覆盖了业务分析、系统设计到程序的实现整个软件开发过程。BPMN 是一个图形语言，不仅可用于算法描述、程序设计，而且直观，易于理解。

　　BPMN 中定义的图标很多，有兴趣的读者可以查阅相关标准文档，也可在需求分析时学习。流程图的基本图标及语义如表 3.1 所示。

　　流程图的图标非常简单，便于理解，画出的流程图直观形象，并能体现程序的主要特征，是学习程序和编写程序的有力工具。本书使用上述图标绘制流程图，在各个层次上描述程序。

3.2　分支结构及条件

视频讲解

　　分情况解决问题是一种解决问题的基本方法，其核心思想为，先将需要解决的问题分成

表 3.1　流程图的基本图标及语义

图 标 名	图 标	语 义
开始		用于描述程序或语句块的开始，只能有一个
结束		用于描述程序或语句的结束，只能有一个
处理		用于描述程序中的语句或功能，可多个
判断		用于描述分支，需要标注条件
操作流程		连接其他图标，线上可标注数据，用于描述程序的流向及其数据

不同情况，并针对每种情况提出一个解决方案，在解决实际问题时，满足哪种情况就使用哪个解决方案。

数学上的分段函数是描述分情况解决问题的数学工具，分段函数中的条件用于描述问题的不同情况，分段函数中的公式用于描述解决问题的方案。如下面的分段函数：

$$y = \begin{cases} 0, & x \leqslant 0 \\ 3x, & 0 < x \leqslant 40 \\ 120, & x > 40 \end{cases}$$

将一个问题分解成 $x \leqslant 0$、$0 < x \leqslant 40$ 和 $x > 40$ 共 3 种情况，并针对这 3 种情况分别对应 $y=0$、$y = 3x$ 和 $y=120$ 这 3 种解决方案。分段函数的计算流程如图 3.2 所示。

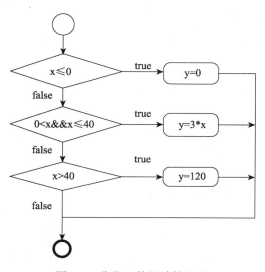

图 3.2　分段函数的计算流程

使用分段函数描述各种情况，先根据不同情况进行复杂问题分解，然后针对每种情况抽象出一个相对简单的数学公式，最后再将这些数学公式组合在一起，构成解决复杂问题的完整数学模型。

计算机语言中的逻辑运算和条件运算用于描述问题的不同情况，分支语句用于描述不同情况下问题的解决方案。下面先学习分支语句以及逻辑运算和条件运算，再学习构造分支的方法。

3.2.1　if 语句

在自然语言中，有两种常见句型可用于分情况讨论：第 1 种，如果……，则……；第 2 种，如果……，则……，否则……。

在计算机语言中，针对分段函数这种典型场景，借用自然语言中的上述两种句型，设计了 if 语句，用于描述分支结构。

if 语句的语法为：

```
if(exp)
      statStatement;
```

或

```
if(exp)
      statStatement1;
else
      statStatement2;
```

其中，exp 为表达式，exp 的结果为 true（真）或 false（假），作为执行 statStatement 的条件，一般为关系表达式或逻辑表达式。

与分段函数进行对照，exp 对应分段函数中的条件，statStatement 对应分段函数中的数学公式。

在画流程图时，为了与代码中的顺序保持一致，判断的正下方都是 false 分支，需要特别注意。if 语句语义流程如图 3.3 所示。

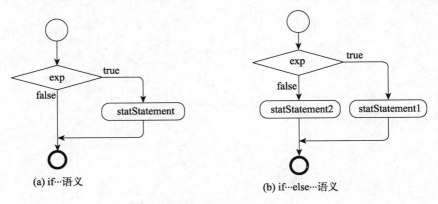

(a) if…语义　　　　　　　　(b) if…else…语义

图 3.3　if 语句语义流程

前面的分段函数是 3 个分支，可通过两条 if 语句来描述。

```
if (x <= 0)                //exp
    y = 0;                 //statStatement
else if (0 < x&&x <= 40)//exp
    y = 3 * x;             //statStatement
else if (x > 40)           //exp
    y = 120;               //statStatement
```

上面代码使用了关系运算和逻辑运算，下面学习这两种运算。

3.2.2 关系运算

关系运算有等于、不等于、大于、小于、大于或等于和小于或等于，用于比较数据的大小。这些运算都是数学中定义的，计算机语言只是直接使用了这些运算。

关系运算的语法和语义如表 3.2 所示。

表 3.2 关系运算的语法和语义

运算符	名称	结合律	语法	语义或运算序列
<=	小于或等于	从左到右	exp1<=exp2	计算 exp1 得到值 v1，计算 exp2 得到值 v2，计算 v1<=v2 得到 bool 类型的值
>=	大于或等于	从左到右	exp1>=exp2	计算 exp1 得到值 v1，计算 exp2 得到值 v2，计算 v1>=v2 得到 bool 类型的值
>	大于	从左到右	exp1>exp2	计算 exp1 得到值 v1，计算 exp2 得到值 v2，计算 v1>v2 得到 bool 类型的值
<	小于	从左到右	exp1<exp2	计算 exp1 得到值 v1，计算 exp2 得到值 v2，计算 v1<v2 得到 bool 类型的值
==	等于	从左到右	exp1==exp2	计算 exp1 得到值 v1，计算 exp2 得到值 v2，计算 v1==v2 得到 bool 类型的值
!=	不等于	从左到右	exp1!=exp2	计算 exp1 得到值 v1，计算 exp2 得到值 v2，计算 v1!=v2 得到 bool 类型的值

关系运算被分成两个优先级，大于、小于、大于或等于和小于或等于的优先级高于等于和不等于的优先级，关系运算的结果是 bool 类型，只有 true 和 false。

1. 是否相等运算

判断两个数据是否相等的运算有等于（==）和不等于（!=）两种运算，其运算结果都是 bool 类型的值。可编程观察这两个运算得到的结果和数据类型，代码如例 3.1 所示。

【例 3.1】 比较相等。

```
#include<iostream>
#include<iomanip>
using namespace std;

int main(){
    cout << "3 != 2 运算结果: "
         << (3 != 2) << endl
         << "20 == 10 运算结果: "
```

```
                << (20 == 10) << endl;
    cout << boolalpha              //显示 true 或 false
        << "3 != 2 运算结果: "
        << (3 != 2) << endl
        << "20 == 10 运算结果: "
        << (20 == 10) << endl;
}
```

例 3.1 程序的内存状态和输出结果：

"3 != 2 运算结果:"

"20 ==10 运算结果:"

3 ! = 2 运算结果: 1↵

20 == 10 运算结果: 0↵

3 ! = 2 运算结果: true↵

20 == 10 运算结果: false↵

_

2. bool 类型

bool 类型只有真和假两个值，在 C/C++中分别用 true（真）和 false（假）表示，在计算机内部分别存储为 1 和 0，可以理解为整型派生出的一个数据类型。可编程观察 bool 类型变量的内存大小和值，代码如例 3.2 所示。

【例 3.2】 bool 类型的内存大小和值。

```
#include<iostream>
#include<iomanip>
using namespace std;
void main(){
    bool t = true, f = false, b;
    int x;
    cout << "bool 类型占用字节: "
        << sizeof t              //sizeof 运算的功能取变量的大小
        << ",true=0x"
        << setw((sizeof t) * 2) << setfill('0') << hex << t
        << ",false=0x"
        << setw((sizeof f) * 2) << setfill('0') << hex << f;
    b = (x = 4);                 //将整型转换为 bool 类型
    cout << endl << "bool 类型变量 b 的值: " << b;

}
```

例 3.2 程序运行的内存状态和输出结果：

int x	4
bool b	1
bool f	0
bool t	1

"bool 类型占用字节："　"true=0x"　", false=0x"

"bool 类型变量 b 的值："

bool 类型占用字节：1,true=0x01,false=0x00↵

bool 类型变量b的值：1_

第一行输出结果，说明 bool 类型占用 1 字节，true 用 8 位整数的 1 表示，false 用 8 位整数的 0 表示。

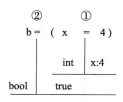

② ①
b = (x = 4)

int | x:4

bool | true

图 3.4　表达式 b =（x = 4）的语义

表达式 b =（x = 4）的语义如图 3.4 所示，将整数 4 赋值给变量 x，得到变量 x，然后从变量 x 取出 int 类型的值 4，将它转换为 bool 类型的值 true，并存储到 bool 类型的变量 b 中。

bool 类型与整型之间转换规则为，0 转换为 false，非 0 转换为 true。初学者在编写程序时容易将等于（ == ）与赋值（ = ）运算符混淆，在条件判断中将==误写为赋值（ = ），从而产生错误。

例如：

```
x = somevalue;
if (x = 0)
    cout <<"x is not 0\n";
```

表达式 x = 0 中，"="是赋值运算，计算结果为变量 x，变量 x 的值为整数 0，将整数 0 转换为 bool 类型，结果为假（false）。

上述代码中，无论 somevalue 的值是什么，cout 语句都不会被执行。

3. 比较大小运算

比较数据的大小有大于（>）、小于（<）、大于或等于（>=）和小于或等于（<=）4 种运算，运算结果都是 bool 类型的值。可编程观察比较大小运算得到的结果和数据类型，代码如例 3.3 所示。

【例 3.3】 比较大小运算。

```
#include<iostream>
#include<iomanip>
using namespace std;

void main()
{
    cout << boolalpha        //显示 ture 或 false
        << "1.23 > 1.11 运算结果: "
        << (1.23 > 1.11) << endl
        << "3.1 < 3 运算结果: "
        << (3.1 < 3) << endl
```

```
        << "'A'>'a' 运算结果: "
        << ('A'>'a') << endl;
}
```

例 3.3 程序的内存状态和输出结果：

| "1.23 > 1.11运算结果:" | | "3.1 < 3运算结果:" |

| "'A'>'a' 运算结果:" |

1.23 > 1.11运算结果: true↵

3.1 < 3运算结果: false↵

'A' > 'a' 运算结果: false↵

_

前面两行输出结果是实数和整数之间比较大小，相对比较安全，因实数存在精度问题，应避免实数参与相等运算，一般应用于比较运算。最后一行输出结果是比较两字符大小的结果，在计算机中，比较字符大小实际上是比较字符 ASCII 码的大小。

3.2.3　逻辑运算

逻辑运算有非、与和或运算，为了与位运算相区别，分别称它们为逻辑非（logical negation）、逻辑与（logical AND）和逻辑或（logical OR）运算。逻辑运算的语法和语义如表 3.3 所示。

表 3.3　逻辑运算的语法和语义

运算符	名　称	结合律	语法	语义或运算序列
!	逻辑非 (logical negation)	从右到左	!exp	计算 exp 得到 bool 类型的值 b，如果 b 等于 true，则返回 false，否则返回 true
&&	逻辑与 (logical AND)	从左到右	exp1&&exp2	计算 exp1 得到 bool 类型的值 b1，若 b1 值为 false，exp1&&exp2 的结果为 false，否则，计算 exp2 得到 bool 类型的值 b2，计算 b1&&b2 得到 bool 值 b3，exp1&&exp2 的结果为 bool 值 b3
||	逻辑或 (logical OR)	从左到右	exp1||exp2	计算 exp1 得到 bool 类型的值 b1，若 b1 值为 true，则 exp1||exp2 的结果为 true，否则，计算 exp2 得到 bool 类型的值 b2，计算 b1||b2 得到 bool 值 b3，exp1||exp2 的结果为 bool 值 b3

逻辑非、逻辑与和逻辑或运算有不同的优先级，从高到低依次为逻辑非、逻辑与和逻辑或，其中，所有操作数均为 bool 类型，运算结果也是 bool 类型。逻辑与和逻辑或规定了操作数的执行顺序，必须从左到右依次计算。

1. 逻辑运算的运算规则

逻辑非、与、或等逻辑运算的运算规则与数学中的规则相同，计算机中逻辑运算的运算规则如表 3.4 所示。

表 3.4 逻辑运算的运算规则

op1/ exp1	op2/exp2	!op1	op1&&op2	op1||op2
true	true	false	**true**	true
true	false	false	false	true
false	true	true	false	true
false	false	true	false	**false**

其中，op1 和 op2 为运算的操作数，是语法中表达式的结果，如 exp1&&exp2 中，exp1 的计算结果记为 op1，exp2 的计算结果记为 op2。

当逻辑与的两个操作数都为真时，结果才为真，否则为假；与之相反，当逻辑或的两个操作数都为假时，结果才为假，否则为真。

2. 逻辑运算的语义

逻辑非运算的语义相对简单，有!true==false 和!false==true 两个等式。逻辑与和逻辑或相对复杂一些，下面重点学习这两种运算。

逻辑与的语法为 exp1&&exp2，语义是计算 exp1 得到 bool 类型的值 b1，若 b1 值为 true，计算 exp2 得到 bool 类型的值 b2，计算 b1&&b2 得到 bool 值 b3；否则 exp1&&exp2 的结果为 false。其中规定了 exp1 和 exp2 的计算顺序，必须从左到右依次计算。

逻辑与和逻辑或类似，但运算规则不同。逻辑与(&&)与逻辑或(||)的语义如图 3.5 所示。

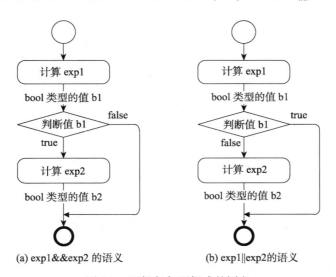

(a) exp1&&exp2 的语义   (b) exp1||exp2的语义

图 3.5 逻辑与与逻辑或的语义

数学中经常表示一个数的取值区间，如 x 的取值区间为(2,3]，用不等式表示为 $2 < x \leq 3$，其中包括了 $2 < x$ 和 $x \leq 3$ 两个不等式，应改写为逻辑表达式 2<x&&x<=3，而不能写成表达式 2<x<=3。两个表达式的语义差异如图 3.6 所示。

逻辑与和逻辑或的优先级低于关系运算，在同时使用关系运算时一般不用括号"()"，这样写出的表达式更加简明，符合平时的习惯，但也容易出现错误。

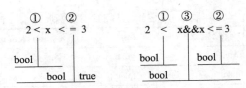

图 3.6　两个表达式的语义差异

表达式 2<x&&x<=3 的语义为，计算 2<x 得到 bool 类型的值 b1，若 b1 值为 false，则 exp1&&exp2 的结果为 false，否则，计算 x<=3 得到 bool 类型的值 b2，计算 b1&&b2 得到 bool 值 b3，exp1&&exp2 的结果为 bool 值 b3。表达式 2<x<=3 的语义为，计算 2<x 得到一个 bool 类型的值 b1；将 bool 类型的值 b1 转换为整型值 t（只可能为 0 或 1），t<3 得到肯定的 bool 类型的值 true。这个语义不符合数学算式 2<x≤3 的意思。

用流程图表示上述两个表达式的语义，更加直观，更容易理解。两个表达式的流程图如图 3.7 所示。

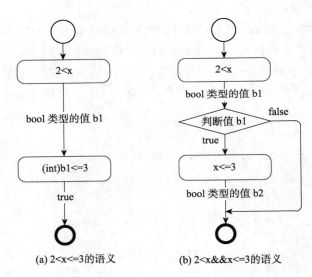

(a) 2<x<=3的语义　　　(b) 2<x&&x<=3的语义

图 3.7　两个表达式的流程图

关系运算和逻辑运算往往结合使用，并且常用在分支和循环语句中，是实现分支和循环流程的基础。

例如，温度和湿度提示的代码如下：

```
int temp = 90, humi = 80;
if (temp >= 80 && humi >= 50)
cout << "wow, it's hot! \n";
if (temp<60 || temp>80)
    cout << "the room is uncomfortable.\n";
```

通过判断房间的温度和湿度，提示舒适程度。其中，使用了两个条件表达式判断舒适程度，并给出相应提示。判断舒适程度的条件表达式的计算顺序如图 3.8 所示。

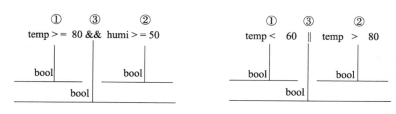

图 3.8　判断舒适程度的条件表达式的计算顺序

运行上述程序的内存状态和输出结果为：

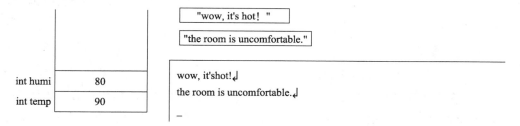

其中：

```
if (temp<60 || temp>80)
    cout << "the room is uncomfortable.\n";
```

的语义为，如果 temp>=80 && humi>=50 为真，则执行语句 cout <<"wow, it's hot! \n"，输出"wow, it's hot!"，否则，就输出结果。温度和湿度提示的流程如图 3.9(a)所示。

程序的输出结果由 temp>=80 && humi>=50 和 temp<60|| temp>80 控制，两个条件表达式的语义如图 3.9(b)所示。

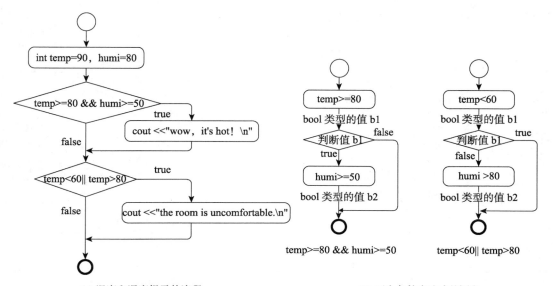

(a) 温度和湿度提示的流程　　　　　　　　(b) 两个条件表达式的语义

图 3.9　温度和湿度提示的流程及其条件表达式的语义

编写代码是一项细致的工作，不能将!=写为=!，其语义完全不同，如：

```
if ( x != 9)
      cout << "x isn't 9\n";
if ( x = !9)
      cout << "x isn't 9\n";
```

x!=9 中!=是不等于运算，x=!9 中=!是赋值运算和逻辑非运算，其语义为，将整型值 9 转换为 bool 类型的 true，进行逻辑非运算，得到 false；将 false 转换为整型值 0，存储到变量 x 中。if 语句要求表达式 x=!9 的值必须为 bool 类型，还要将变量 x 的值 0 转换为 bool 类型的值 false，因此，不可能执行语句 cout <<"x isn't 9\n"。

3. 表达式短路

逻辑与和逻辑或的流程图清楚表明，第 1 个操作数的表达式肯定会被执行，但第 2 个操作数的表达式会根据前一个表达式的结果决定是否执行。换句话说，语法中的第 2 个表达式可能会被执行，也可能不会被执行，这个特点是其他大多数运算不具备的，需要特别注意。例如：

```
int n = 3, m = 6;
if (n > 4 && m++ < 10)
      cout << "m should not changed.\n";
cout << "m=" << m << endl;
```

代码中使用了一个条件表达式，由于 n > 4 的值为 false，n>4 && m++ <10 中的 m++ <10 不会执行，m 的值只会是 6。程序员要避免使用这类表达式。表达式短路的计算顺序如图 3.10 所示。

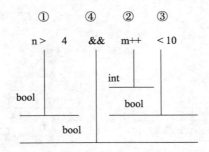

图 3.10 表达式短路的计算顺序

运行上述程序的内存状态和输出结果为：

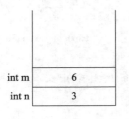

视频讲解

3.3 构造分支的典型模式

if语句使用非常灵活，可以构造出很多种分支结构。下面学习单分支、双分支、多分支和嵌套4种典型模式。

3.3.1 单分支(if…)

单分支，顾名思义只有一个分支，相当于中文的句型"如果……，就……"。

例如，比较变量 a 和 b 的大小，并根据比较结果输出"hello world"，代码为：

```cpp
int a = 7, b = 4;
if ( a > b )
    cout << "\n hello world";
```

按照 if 语句的语义，先计算表达式 a > b，从变量 a 中取出值 7，从变量 b 中取出值 4，判断条件 7>4 为真，则执行 cout << "\n hello world"，在屏幕上输出 hello world。如果定义变量 a 和 b 时，将它们的初值交换，判断条件为假，则不会执行 cout << "\n hello world"，不会输出 hello world。输出 hello world 的流程如图 3.11 所示。

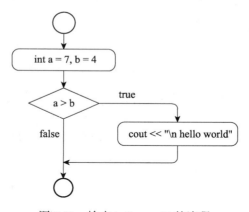

图 3.11　输出 hello world 的流程

例如，输出一个字符，如果是'b'，则响铃，代码如例 3.4 所示。

【例 3.4】 响铃程序。

```cpp
#include<iostream>
#include<conio.h>
using namespace std;
void main()
{
    cout << "please input the b key to hear a bell.\n";
    char ch = getchar();      //从标准输入设备中读取一个字符
    if (ch == 'b')            //如果是'b'，则响铃
        cout << '\a';
}
```

上述程序的 main()函数中包含两条表达式语句和一条 if 语句,计算机按照它们在程序中的顺序逐条执行这 3 条语句,构成一个顺序结构。响铃程序的流程如图 3.12 所示,流程图中非常清楚地表示出了 3 条语句的执行顺序。

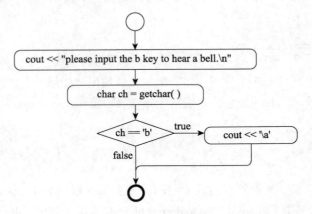

图 3.12 响铃程序的流程

先执行第 1 行语句 cout << "please input the b key to hear a bell.\n",然后执行第 2 行语句 char ch = getchar(),最后执行 if 语句。if 语句占用两行,语句 cout << '\a'是 if 语句的一部分,当输入到变量 ch 中的字符为'b'时执行。

如果将 if 语句写成一行:

```
if ((ch = getchar())== 'b')  cout << '\a';
```

其功能不变,但不能增加注释信息"如果是 'b', 则响铃",更不能体现分支结构,因此建议不要写成一行。

当在键盘上输入字符 'b' 和回车（'↵'）后,会发出声音,屏幕上的结果为:

```
please input the b key to hear a bell. ↵
b↵
_
```

再次运行程序,当在键盘上输入字符'1'（或非字符'b'）和回车键'↵'后,如果发出声音,则说明程序编写错了。

3.3.2 复合语句和空语句

if 语句的语法 if (exp) statStatement 中规定, statStatement 只能是一条语句,不能有多条语句,但在实际编程中, 常常需要有多条语句, 为了解决这个问题, 计算机语言提供了复合语句,语法非常简单,用大括号 "{}" 将多条语句括起来,将大括号中多条语句在语法上"复合"为一条语句, 其语法如下:

```
{
    statStatement1;
    statStatement2;
```

```
    ...
}
```

复合语句也称为块语句，并将复合语句中的语句称为语句块，意思为将一段程序在语法视为一条语句。如：

```
int a = 7, b = 4;
if (a > b){
        cout << "\n hello world";
        cout << "\n 我喜欢 C++编程! ";
}
```

if 语句中使用复合语句，将两个输出语句作为语句块增加到 if 语句，也将语句块的流程嵌入到 if 语句的流程中，其流程如图 3.13(b)所示。

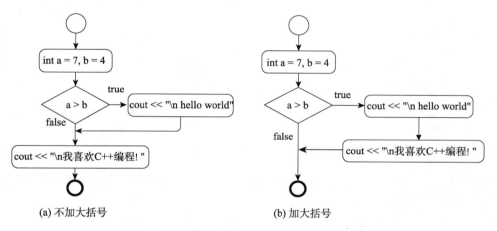

(a) 不加大括号　　　　　　　　　　　(b) 加大括号

图 3.13　使用复合语句后 if 语句的流程

运行上面的程序，内存状态和输出结果为：

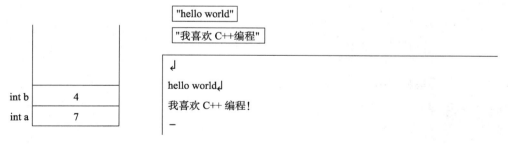

程序中条件 a > b 为真，顺序执行 if 语句中的两条 cout 语句，输出上面的结果。

如果上面的例子中删除大括号，则程序的流程完全不一样，变量 a 和 b 的初值无论是什么，一定会输出"我喜欢 C++编程!"，其流程如图 3.13（a）所示。

C/C++中，使用分号";"表示一条语句结束，分号是语句的结束标志。一般情况下，一条语句的最后都有这个结束标志，但也允许前面没有语句而只有单独的一个分号。针对这种情况下，将单独的一个分号也视为一条语句，称为**空语句**。

空语句的语法为一个分号，并且前面不能是一个完整的语句。空语句只有语法上的作用，没有任何实际操作，使用非常简单，但容易导致其他语句出现错误，如：

```
int a = 7, b = 4;
if (a > b);
        cout << "\n 我喜欢 C++编程！";
```

在 if 语句的判断条件后加上分号，编译器会将"if(a > b);"视为一条语句，从而导致语句的流程错误。空语句导致的错误流程如图 3.14（b）所示。

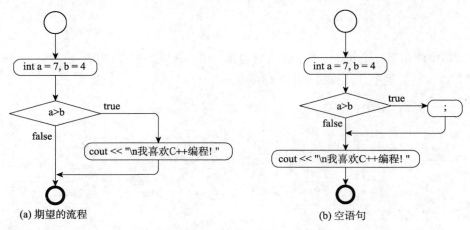

(a) 期望的流程　　　　　　　　　　　　(b) 空语句

图 3.14　空语句导致的错误流程

按照 if 语句的语法"if (exp) statStatement;"，if 语句在语句结束前应该有一条语句，但"if (a > b);"没有语句就结束了。在这种情况下，编译器将分号视为一条语句，cout << "\n 我喜欢 C++编程！" 被解释为另一条语句，导致了与期望流程不同的流程。

一条 if 语句只包含了一条语句时，也可以将这条语句视为一条复合语句，加上大括号，养成习惯后，可避免很多流程错误，会减少很多 bug（缺陷）。如：

```
int a = 7, b = 4;
if (a > b){
        cout << "\n 我喜欢 C++编程！";
}
```

因此，使用单分支编程模式时，建议按照下面的格式写代码：

```
if (判断条件) {
        语句;
        ...
}
```

或

```
if (判断条件)
{
        语句;
        ...
}
```

按照上述格式写出的代码，与图 3.13 进行比较，它们在结构上非常相似，这有助于理解代码的流程。

3.3.3　双分支（if…else…）

前面学习了单分支结构，下面学习双分支结构，实现双分支的 if 语句语法如下：

```
if (exp)
     statStatement1;
else
     statStatement2;
```

其语义为，如果 exp 的值为真，则执行 statStatement1，否则执行 statStatement2。详细执行过程为，计算 exp1，得到 bool 类型的值 v1，如果 v1 为 true，则执行 statStatement1，否则执行 statStatement2。

在下面的例子中，判断一个数 number 是正数或非正数（等于 0 或小于 0）。只需要检查 number 是否大于 0，因为任何小于或等于 0 的情况都在 else 语句中处理。

例如：

```
int number;
cin >> number;
if (number>0)
     cout << "\n number 是正数! ";
else
     cout << "\n nunber 等于 0 或小于 0! ";
cout << "\n 结束 if";
```

其中，if 语句的流程是，如果 number>0，则执行 cout << "\n number 是正数! "，否则执行 cout << "\n nunber 等于 0 或小于 0! "。两条输出语句执行且只执行一条。判断是否为正数的程序流程如图 3.15 所示。

运行程序，输入 23，内存状态和输出结果为：

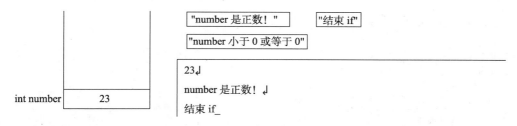

再次运行程序，输入一个负数，如−34，内存状态和输出结果：

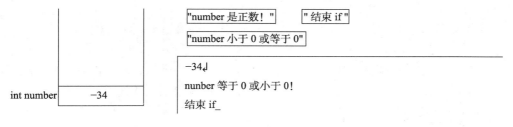

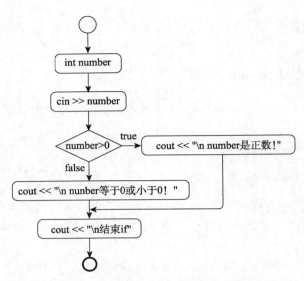

图 3.15   判断是否为正数的程序流程

读者可再次运行程序，输入 0 和↵，观察输出结果，如果和预期不符，则程序一定存在错误。也可以用大括号将 if 语句中的两条语句括起来，这样写出的程序健壮性更好。

```
int number;
cin >> number;
if(number>0) {
    cout << "\n number 是正数! ";
}
else{
    cout << "\n nunber 等于 0 或小于 0! ";
}
cout << "\n 结束 if";
```

3.3.4   if 语句嵌套

if 语句可以包含语句，当然也可以包含 if 语句，if 语句包含 if 语句称为 if 语句嵌套。代码框架如下：

```
if（条件）{              //第 1 个条件
    if（另一条件）{       //这是嵌套的 if 语句
        //语句
    }
    //其他语句
}
```

例如，编写程序判断一个数的正负。先提示用户输入一个整数，如果这个数小于或等于 0，则输出这个数；如果大于 0，则当这个数在 0~10 时才输出"并且小于或等于 10"。判断一个数的正负，代码如例 3.5 所示。

【例 3.5】 判断一个数的正负。

```cpp
#include<iostream>
using namespace std;
void main(){
    int number;
    cout << "\n请输入一个整数: ";
    cin >> number;
    if (number>0)//正数
    {
        cout << "\n输入的数大于 0" << endl;
        if (number >= 1 && number <= 10){
            cout << "~并且小于或等于 10" << endl;
        }
    }
    else{
        cout << "\n输入的数小于或等于 0" << endl;
    }
}
```

运行例 3.5 程序，输入 0 和↵，内存状态和输出结果为：

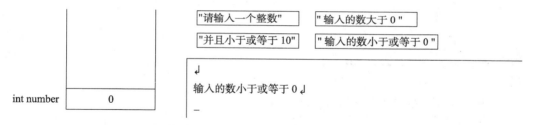

输入 5 和↵，内存状态和输出结果为：

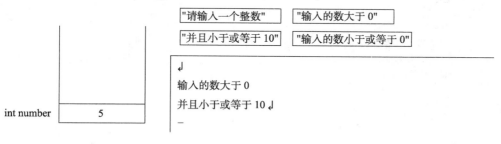

输入 20 和↵，内存状态和输出结果为：

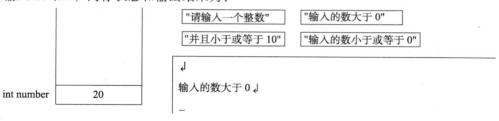

例 3.5 程序的流程如图 3.16 所示。

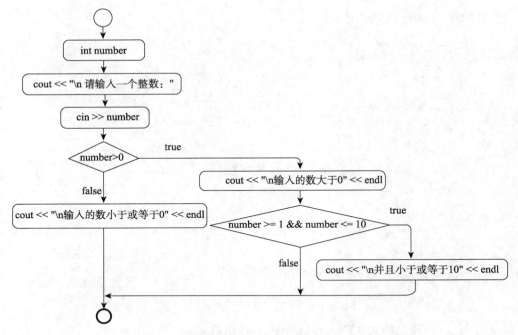

图 3.16 例 3.5 程序的流程

如图 3.16 所示，if 语句的第 1 个分支中包含了一条 if 语句，只有一个分支。if 语句的第 2 个分支中也可包含一条 if 语句。如，根据输入的字符，输出不同的内容，代码如例 3.6 所示。

【例 3.6】 根据输入的字符分情况输出。

```cpp
#include<iostream>
#include<conio.h>
using namespace std;
void main(){
    cout << "please input the b key to hear a bell, \n";
    char ch = getchar();
    if (ch == 'b'){
        cout << '\a';
    }
    else{
        if (ch == '\n')
            cout << "what a boring select on…\n";
        else
            cout << "bye!\n";
    }
}
```

例 3.6 所示的程序，等待输入一个字符，如果是'b'，则响铃，否则，如果是'↵'，则输出 "what a boring select on…"，否则，输出"bye!"。

上面这句话逻辑不清，也不符合平时的表达习惯，将它改写成如下代码：

```
cout << "please input the b key to hear a bell,\n";
char ch = getchar();
if (ch == 'b')
      cout << '\a';
else if (ch == '\n')
      cout << "what a boring select on\n";
else
      cout << "bye!\n";
```

将 else if 翻译成"如果",其语义的逻辑会更清晰,读起来就会更加通顺。如果是'b',则响铃,如果是'⏎',则输出"what a boring select on…",否则,输出"bye!"。修改后的流程如图 3.17 所示。

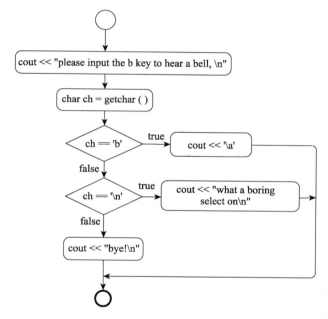

图 3.17　修改后的流程

图 3.17 所示的流程,条件为真时流向右边,为假时往下流动。

如果说表达式来自数学中的公式,那么计算机语句就来自于语文中的语句,因此,学好了语文就能编写出简洁、通顺的代码。

3.3.5　多分支(if…else if…else)

可以通过 if 语句嵌套实现多分支结构,其代码框架如下:

```
if(条件 1)
      语句 1;
else if(条件 2)
      语句 2;
...
```

```
else if(条件 n)
    语句 n;
else
    语句;
```

其流程简单清晰，依次判断条件是否为真，如果为真，就执行后面的语句并结束，如果所有条件都不满足，则执行最后一条语句。

例如，采用多分支模式实现，提示用户输入一个整数，如果这个整数在 1 和 4 之间，则输出合适的 knick-knack 信息；如果用户输入的数不在这个范围内，则输出一个错误信息。knick-knack 程序代码如例 3.7 所示。

【例 3.7】 knick-knack 程序。

```cpp
#include<iostream>
using namespace std;
void main() {
    int number;
    cout << "\n 请输入一个整数";
    cin >> number;
    cout << "\n He played knick-knack";
    if (number == 1){              //输出 knick-knack 信息
        cout << "with his thumb. \n";
    }
    else if (number == 2){
        cout << "with my shoe.   \n";
    }
    else if (number == 3){
        cout << "on his knee.    \n";
    }
    else if (number == 4){
        cout << "at the door.    \n";
    }
    else{                          //错误检查,其他数字都不合格
        cout << "\n Whoa! He doesn't play knick-knack there!\n\n";
    }
}
```

使用 if…else if…else 多分支模式，逻辑简单清晰，很容易发现程序的错误。如果使用一系列独立的 if 语句，就需要分别检查所有小于 1 和大于 4 的值，编写程序容易出现错误，可读性也非常差。knick-knack 中的多分支流程如图 3.18 所示。

图 3.18 所示的流程中，向下的分支是假，向右的分支是真。在编写程序时，如果不能达到这个要求，可使用逻辑运算！调整其分支方向。

3.4 使用 switch 语句

在数学中有一类特殊的函数，将一个范围内的数映射为一个整数，这类函数常常用于定

视频讲解

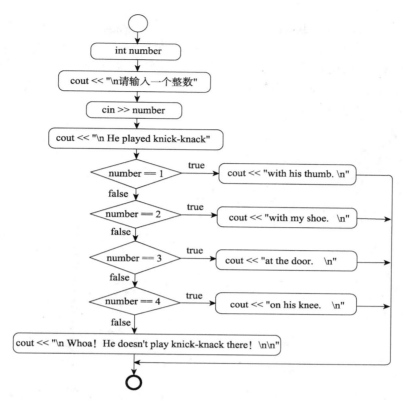

图 3.18　knick-knack 中的多分支流程

性分析，应用非常广泛。如：

$$y = \left\lceil \frac{x}{20} \right\rceil, \quad y = \begin{cases} \left\lceil \dfrac{x}{10} \right\rceil & x \geq 60 \\ 5 & x < 60 \end{cases}$$

其中，前一个公式是将百分制的课程成绩转换为 5 分制的成绩，后一个公式可将百分制的课程成绩转换为等级。常常使用类似上面的公式将课程成绩分成几个等级，然后按照等级评价学习效果或制订学习计划。

计算机语言中，除了前面学习的 if 语句外，还提供了 switch 语句用于上述特殊的分支结构。switch 的语法为：

```
switch(exp)
{
    case cexp1:语句块 1;
    case cexp2:语句块 2;
    ...
    case cexpn:语句块 n;
    default:语句块 n+1;
}
```

其中，case 后面的表达式都是整型常量表达式，如一个整数、一个字符或一个枚举型的值。switch 的语义为：计算 exp，得到整型、字符型或枚举型的值 v，然后在 case 的常量表达式中依次查找值 v，如果找到，则跳转到该 case 后面的语句，如果没有找到，则跳转到 default 后面的语句。switch 语句的流程如图 3.19 所示。

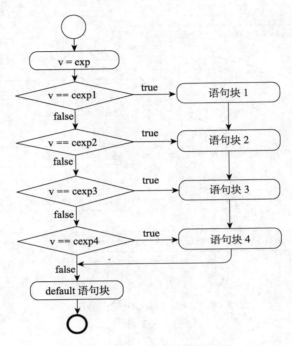

图 3.19   switch 语句的流程

在这个流程图中，首先计算 exp 得到一个值 v，然后再依次与 case 中的常量比较（常量不用计算），效率比每次计算后再比较高，这也是 switch 语句的优势。

细心的读者可以发现，在大部分情况下，我们只想执行一种情况下的语句块，而 switch 的语义显然不满足这个要求，于是，switch 常与转向语句 break 合用，在 switch 的语句块中增加 break。

例如，输入一个年份，查看该年份所处的世纪有什么著名事件。

需要将年份转换为世纪，其数学公式如下。

$$y = \left\lceil \frac{x}{100} + 1 \right\rceil$$

按照这个公式，可使用 switch 语句编写程序，代码如例 3.8 所示。

【例 3.8】 按照世纪输出著名事件。

```cpp
#include<iostream>
using namespace std;
void main(){
```

```
int year;
cout << "请输入一个年份:";
cin >> year;
//查看该年份所处的世纪有什么著名事件
switch (year / 100 + 1)  //exp 是一个表达式
{
case 15://常量
    cout << "15 世纪：哥伦布环游世界！\n";
    break;
case 18:
    cout << "18 世纪：费城公约！\n";
    break;
case 20:
    cout << "20 世纪：人类登月！\n";
    break;
default:
    cout << "\n 我不知道这个世纪有什么著名事件。\n";
}
}
```

编程的关键是用表达式 year/100+1 表示年份 year 所处的世纪，另外，每个 case 语句块的最后一条语句都是 break，用以跳过后面的 case 语句块。按照世纪输出著名事件的流程如图 3.20 所示。

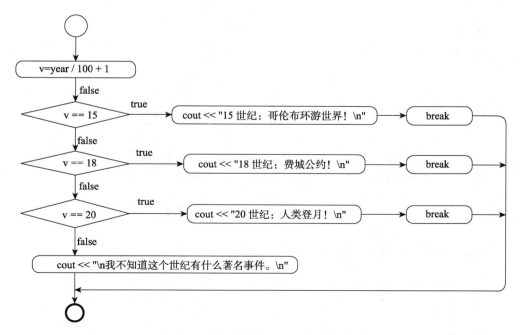

图 3.20　按照世纪输出著名事件的流程

在 switch 语句中，先计算表达式 year / 100 + 1 得到一个值 v，case 后面的都是常量，然后将得到的值 v 依次与这些常量比较，不用再计算表达式 year / 100 + 1，而 if 语句需要多次计算这个表达式，因此，switch 语句的效率比 if 语句高。

3.5　条件运算

视频讲解

一条 if 语句可以包含多个表达式，但表达式不能包含语句，这是计算机语言的规定。表达式定义的运算序列一般都是顺序执行的，不支持分支流程。为了满足这个应用需要，C/C++ 提供了一个运算，它可以根据一个条件来判断下一步需要进行哪个运算，这个运算就是条件运算。

3.5.1　条件运算的语法语义

条件运算是 C/C++ 中唯一的三目运算，运算符为"？"和"："两个单独的字符，其语法为 expf ? exp1 : exp2，用"？"和"："将 3 个操作数隔开，expf 为条件，根据 expf 的计算结果，决定计算 exp1 还是 exp2。条件运算的语义和语法如表 3.5 所示。

与其他运算相比，条件运算比较特殊，有两个"唯一"：第一个唯一是唯一一个三目运算；第二个唯一是唯一支持分支流程的运算。条件运算的流程如图 3.21 所示。

如，使用条件运算求两个数的最大值。

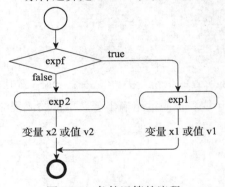

图 3.21　条件运算的流程

表 3.5　条件运算的语义和语法

运算符	名称	结合律	语法	语义或运算序列
? :	条件运算 (conditional)	从右到左	expf ? exp1 : exp2	计算 expf 得到 bool 值 b，若 b 为 true，则计算 exp1 得到变量 x1 或值 v1；若 b 为 false，则计算 exp2 得到变量 x2 或值 v2

```
int a=1, b=2, c;
c = (a > b) ? a : b;
```

其中，c = (a > b) ? a : b 是一个表达式，与使用 if 语句相比，代码更加简洁。

3.5.2　条件运算表达式举例

字母的大小写转换是常用的功能，用条件运算可以很方便地实现这个功能。下面就以大写字母转换为小写字母为例，学习条件运算。

例如：

```
char c = 'A';
```

```
c = c>='A' && c<='Z' ? c+32 : c;
```

上述表达式的功能是将变量 c 中的大写字母转换为小写字母。

表达式包含了赋值运算、条件运算、算术运算和逻辑运算，比较复杂。下面以这个表达式为例，介绍读表达式的完整步骤和方法：第 1 步，查运算表；第 2 步，标注运算的计算顺序；第 3 步，标注数据类型；第 4 步，写出运算序列；第 5 步，求表达式的值。

1. 查运算表

表达式 c = c>='A' && c<='Z' ? c+32 : c 中包含多个运算，可将这些运算从中找出来，列成一个表，以便后面使用。表达式 c = c>='A' && c<='Z' ? c+32 : c 中的运算如表 3.6 所示。

表 3.6　表达式 c = c>='A' && c<='Z' ? c+32 : c 中的运算

运算符	名称或运算	结合性	语法	语义或运算序列
+	加	从左到右	exp1+exp2	计算 exp1 得到值 v1，计算 exp2 得到值 v2，v1 加 v2 得到值 v3
<=	小于或等于	从左到右	exp1<=exp2	计算 exp1 得到值 v1，计算 exp2 得到值 v2，如果 v1<=v2 成立，得到值为 true，否则得到值为 false
>=	大于或等于	从左到右	exp1>=exp2	计算 exp1 得到值 v1，计算 exp2 得到值 v2，如果 v1>=v2 成立，得到值为 true，否则得到值为 false
&&	逻辑与	从左到右	exp1&&exp2	计算 exp1 得到 bool 类型的值 b1，若 b1 值为 true，计算 exp2 得到 bool 类型的值 b2，计算 b1&&b2 得到 bool 类型的值 b3；否则 exp1&&exp2 的结果为 false
? :	条件运算	从右到左	expf ? exp1 : exp2	计算 expf 得到 bool 类型的值 b，若 b 为 true，计算 exp1 得到变量 x1 或值 v1；若 b 为 false，计算 exp2 得到变量 x2 或值 v2
=	赋值	从右到左	expL=expR	计算 expL 得到变量 x，计算 expR 得到值 v，将值 v 转换为变量 x 的类型规定的存储格式，并存到变量 x 的内存中，得到变量 x

2. 标注运算的计算顺序

按照运算的优先级，表达式 c = c>='A' && c<='Z' ? c+32 : c 中，最后计算的运算是=，倒数第 2 个运算就是条件运算。条件运算的语义明确规定了应先计算其中的条件 c>='A' && c<='Z'，按照这个规定，在条件 c>='A' && c<='Z'中寻找最先计算的运算，找到的运算为>。寻找最先计算的运算的过程如图 3.22 所示。

如图 3.22 所示，在确定计算顺序时，用到了条件运算的语义，要特别注意。

确定了条件 c>='A' && c<='Z'中所有运算的计算顺序后，可依次确定表达式 c+32 和 c 中运算的计算顺序。整个条件表达式的计算顺序如图 3.23 所示。

3. 标注数据类型

按照表达式 c = c>='A' && c<='Z' ? c+32 : c 的计算顺序，根据附录 B 中运算的语义，依次确定每个运算结果的数据类型，并在计算顺序图上标注。标注数据类型后的计算顺序图如图 3.24 所示。

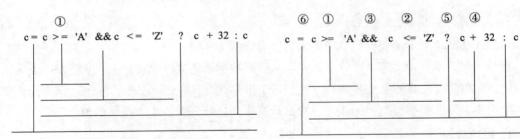

图 3.22　寻找最先计算的运算的过程　　　　图 3.23　整个条件表达式的计算顺序

如图 3.24 所示，表达式在计算过程中，不需要增加自动类型转换，非常安全。

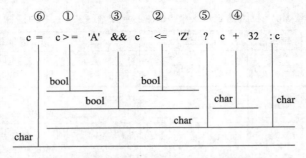

图 3.24　标注数据类型后的计算顺序

条件运算和逻辑运算的语义比较复杂，在标注数据类型过程中，可画出表达式的运算序列图，以方便计算表达式的值。条件表达式的运算序列如图 3.25 所示。

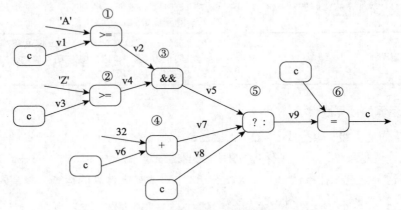

图 3.25　条件表达式的运算序列

在图 3.25 所示的运算序列中，标出了所有的运算步骤，但没有表示出&&和条件运算的语义。在计算表达式时，还需要根据具体的计算结果并结合&&和条件运算的语义，判断第②步和第④步是否执行。

4. 求表达式的值

表达式 c = c>='A' && c<='Z' ? c+32 : c 中包含了条件运算，可分 3 种不同情况选择变量 c 的值，并计算表达式，以验证其正确性。

下面讨论按照&&和条件运算的语义计算条件表达式的过程。

第 1 种情况：当 c 为'A'时的计算过程如图 3.26 所示。

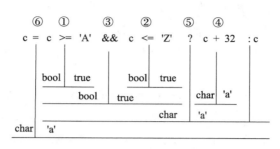

图 3.26　当 c 为'A'时的计算过程

在计算第③步&&时，因 c>='A' 结果为 true，按照&& 的语义，计算第②步中的 c<='Z'。在计算第⑤步的条件运算时，因第③步的结果为 true，按照条件运算的语义，计算第④步 c+32 而没有从变量 c 中取值。

第 2 种情况：当 c 为'c'时的计算过程如图 3.27 所示。

在计算第⑤步的条件运算时，因第③步的结果为 false，按照条件运算的语义，没有计算第④步 c+32 而从变量 c 中取值。

第 3 种情况：当 c 为'6'时的计算过程如图 3.28 所示。

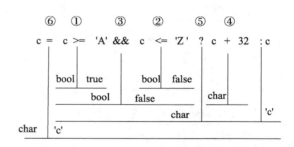

图 3.27　当 c 为'c'时的计算过程

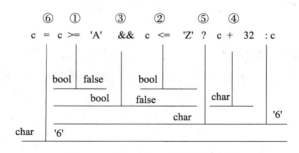

图 3.28　当 c 为'6'时的计算过程

按照&&和条件运算的语义，计算时跳过了第②步、第④步。

3.6　I/O 流及其运算

"流"是一个抽象概念，在计算机中的应用非常广泛。用流描述网络中的数据，称为数据流；描述视频、音频数据，称为视频流、音频流；描述文本数据，称为字符流；描述二进

视频讲解

制数据，称为二进制数据流。

计算机的操作系统预先定义了输入设备、输出设备、错误输出设备和日志输出设备 4 个标准输入输出设备供程序中使用。默认情况下，标准输入设备映射到键盘，标准输出设备和标准错误输出设备映射到显示器，标准日志输出设备映射到打印机。

4 个标准设备都属于字符设备，计算机中使用"字符流"的方式输入输出数据，详见 2.9 节内容。

C++在 iostream 头文件中预定义了 cout、cin、cerr 和 clog 4 个"流"对象，分别对应计算机的输出设备、输入设备、错误输出设备和日志输出设备 4 个标准输入输出设备。

为 cout、cerr 和 clog 定义了插入运算"<<"，实现输出功能，为 cin 定义了提取运算">>"，实现输入功能。插入提取运算的语法和语义如表 3.7 所示。

表 3.7　插入提取运算的语法和语义

运算符	名称或运算	结合性	语法	语义或运算序列
<<	插入运算	从左到右	cout<<exp	计算 exp，得到 T 类型的值 v1，将 v1 按照 T 类型和显示格式转换为字符串 s，在标准输出设备的当前光标处依次显示 s 中的字符，光标自动移到下一个位置，返回 cout 对象
>>	提取运算	从左到右	cin>>exp	计算表达式 exp 得到变量 x，按照变量 x 的数据类型从标准输入设备上读入字符串并转换为相应数据类型的值 v1，保存到变量 x 中，得到 cin

学习 cout 和 cin 不仅是为了输出输入数据，而且是为了使用流来进行数据交换，如文件流、字符流、二进制流等。

3.6.1　输出数据

输出数据的运算符为"<<"，语法为 cout<<exp，语义为，计算 exp，得到 T 类型的值 v，将 v 按照 T 类型和显示格式转换为字符串 s，在标准输出设备的当前光标处依次显示 s 中的字符，光标自动移到下一个位置，返回 cout 对象。插入运算<<的语义如图 3.29 所示。

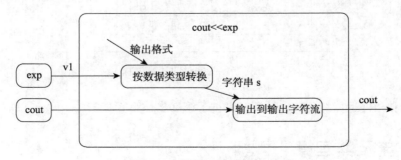

图 3.29　插入运算<<的语义

插入运算是根据字符流工作原理定义的，详见 2.9 节内容。

与其他运算一样，插入运算也有运算结果，只是运算结果为 cout 对象，而不是显示的内容。算术运算的结果是所需的功能，运算结果与功能统一，但插入运算的结果与功能分离，运算结果是 cout 对象，功能才是输出一个值的内容。

例如：

```
int x = 3;
float y = -7.5;
cout <<"In add(), received "<< x <<" and " << y << endl;
```

其中，使用插入运算实现了输出功能。输出表达式的计算顺序如图 3.30 所示。

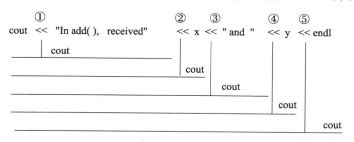

图 3.30 输出表达式的计算顺序

执行到该表达式时的内存状态如下所示。

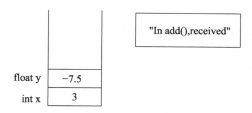

计算机按照如图 3.30 所示的计算顺序，根据插入运算<<的语义逐个执行输出表达式中的 5 个运算。执行输出表达式前，屏幕上的输出结果：

计算机屏幕上的光标在左上方，空白处的横线代表光标。

① 运行 cout << "In add(), received "。

输出的是字符串"In add(), received "，跳过前面的步骤，直接输出字符串。从当前光标处开始，一个一个地输出" In add(), received "中的字符，每显示一个字符光标自动移到下一位置。屏幕上的输出结果：

In␣add(),␣received␣␣_

② 运行 cout<<x。

输出的是变量 x，从取变量 x 的值开始执行插入运算<<的语义。首先，从 x 指定的内存单元中取出 int 类型的值 3，并按照 int 类型的默认显示格式将整数 3 转换为字符串"3"，然后从光标处开始，在屏幕上显示字符串"3"中的字符，最后返回 cout 对象。屏幕上的输出结果：

> In␣add(),␣received␣3␣

③ 运行 cout << " and "。

逐个显示字符串"␣and "中的字符，具体步骤同①。屏幕上的输出结果：

> In␣add(),␣received␣3␣and␣␣

④ 运行 cout << y。

输出 float 类型变量 y 的值，具体步骤同②。屏幕上的输出结果：

> In␣add(),␣received␣3␣and␣-7.5␣

⑤ 运行 cout << endl。

endl 是 endline 的缩写，对应 ASCII 码中的"回车符""换行"两个不可见字符，含义为将光标移到下一行的第 1 个位置。屏幕上的输出结果：

> In␣add(),␣received␣3␣and␣-7.5↵
> ␣

至此，整个表达式执行完毕，屏幕上也输出了 In add(), received 3 and -7.5，光标在下一行的第 1 个位置。

3.6.2　输入数据

输入数据的运算符为">>"，语法为 cin>>exp，其语义为，计算表达式 exp 得到变量 x，按照变量 x 的数据类型从标准输入设备上读入字符串并转换为相应数据类型的值 v1，保存到变量 x 中，得到 cin。

提取运算>>是输入，与输出插入运算<<的功能相反，两者的语义也相反，但它们的运算结果都是一个流。提取运算>>的语义如图 3.31 所示。

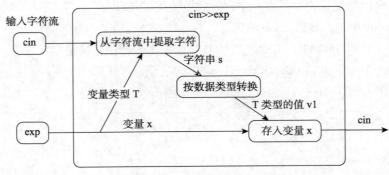

图 3.31　输入插入运算>>的语义

如图 3.31 所示，与插入运算相比，计算表达式 exp 得到变量 x，而不是一个值；其核心内容是"按照变量 x 的数据类型从标准输入设备上读入字符串并转换为相应数据类型的值

v1，保存到变量 x 中"，从键盘读入用户输入的字符串，并按照"字符流"的方式转换为相应数据类型的值 v1，然后保存到变量 x 中，最后的结果为输入流的对象 cin。

例如，输出一个整数到一个变量 a，然后输出变量 a 的值，代码如例 3.9 所示。

【例 3.9】 输入一个整数并输出。

```cpp
#include<iostream>
#include<iomanip>
using namespace std;

void main(){
    //输入整数
    int a;
    cin >> a;
    cout << a << ",0x" << hex << a << endl;
}
```

程序运行到 cin >> a 时，等待用户输入数据。用户在键盘输入"123"，此时屏幕上结果为：

123_

此时，计算机还没有将用户输入的字符串"123"送给程序，字符串还在计算机的缓冲区。

当用户再输入一个"↵"，计算机才将输入的字符串以字符流的形式送给程序。输入一个整数的字符流如图 3.32 所示，这时，字符流中的当前位置为第 1 个数字"1"。

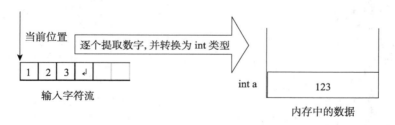

图 3.32　输入一个整数的字符流

变量 a 是 int 类型，按照整数的记数法

$$\pm d_n d_{n-1} \cdots d_1 d_0$$

只能包含符号和数字，因此，cin 从字符流中提取第 1 个字符'1'，是数字，并将当前位置移到第 2 个字符'2'；继续提取第 2 个字符'2'，是数字，并将当前位置移到第 3 个字符'3'；继续提取第 3 个字符'3'，是数字，并将当前位置移到第 4 个字符'↵'；继续提取第 4 个字符'↵'，不是数字或符号，结束从字符流中提取字符。

cin 从字符流中提取到字符串"123"，然后将字符串"123"转换为整数 123，存储到变量 a 的内存。

后面的输出语句将变量 a 中的值取出来，显示在屏幕上。内存状态和输出结果为：

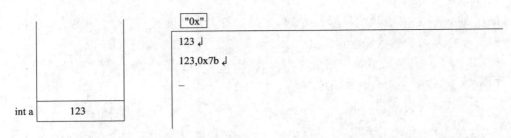

读者可分别输入"12␣3↵"（其中 ␣ 表示空格）、"12.3↵"和"12b3↵"，观察程序的输入输出情况以理解 cin 的工作原理。

例如：输入实数。

```
float b;
cin >> b;
cout << dec << b << "," << scientific << b << endl;
```

运行时输入"2.33333333333↵"，内存状态和输出结果为：

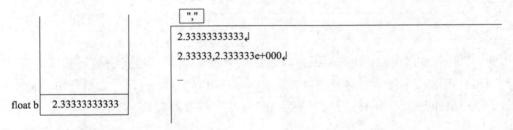

常用的实数记数法为：

$$\pm d_n d_{n-1} \cdots d_1 d_0 . d^1 d^2 \cdots d^m$$

其中，d_i、d^i 为 0~9 中的一个数字。按照这种实数的记数法，一个实数可包含符号、数字和小数点。

cin 从输入字符流中提取字符时，遇到符号、数字和小数点以外的字符，就结束提取。其过程为，cin 从"2.33333333333↵"中读取一个字符'2'，是数字，读取一个字符'.'，是实数中的小数点，读取一个字符'3'，是数字，直到读取一个字符'↵'，不是实数中的符号，结束读取字符，得到一个字符串"2.33333333333"，然后将它转换为 float 数 2.333333，存储到变量 b 中。

将"2.33333333333"转换为 float 数 2.333333 时，因实数存在精度问题，在转换时将超出 float 有效位数的部分扔掉了，只保留了 7 位有效数字（也可能是 6 位有效数字）。

读者可输入+23.45、−12.34 等带符号的实数，也可将变量 b 的数据类型改为 double，再运行程序，观察输入输出情况，理解输入流的工作原理。

实数的科学记数法，其格式如下：

$$\pm 0.d_1 d_2 \cdots d_m \times 10^{\pm e_n \cdots e_1 e_0}$$

可输入−34.56e+4 等科学记数法的实数，观察输入输出情况，理解输入流的工作原理。

例如：输入多个数。

```
int x;
```

```
double d;
cout << "输入: "<<endl;
cin >> x >> d;
cout << "输出: " << endl;
cout << x << "," << d << "," << setprecision(18) << d;
```

其中，表达式 cin >> x >> d 的计算顺序如图 3.33 所示。读者可自己写出其语义并画出程序的内存图。

第 1 次运行时，内存状态和输入输出为：

执行 cin >> x 时，用户输入第一个'↵'后，计算机将'↵'送给 cin，cin 判断接收到的是'↵'，扔掉，继续等待；用户输入"1↵"后，计算机将"1↵"送给 cin，cin 从"1↵"读入数字 1，再读入'↵'，判断出不是数字或符号，就将读到的字符'1'，转换为整数 1，并转换为二进制存储到整型变量 x 的内存。最后，返回 cin，跳转去执行 cin >> d。

执行 cin >> d 时，cin 接收到前面未处理的'↵'，判断后扔掉，继续等待；用户输入"1.12345678901234567890↵"后，计算机将其送给 cin，最终，cin 将其转换实数存储到变量 d。输入过程中字符流的 3 个状态如图 3.34 所示。

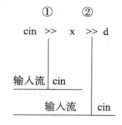

图 3.33　表达式 cin >> x >> d 的计算顺序

第 2 次运行时，内存状态和输入输出为：

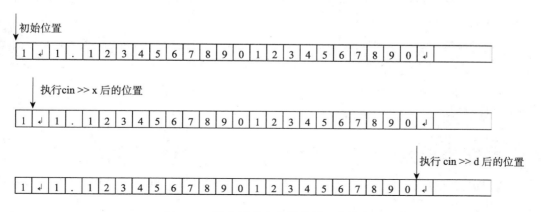

图 3.34　输入过程中字符流的 3 个状态

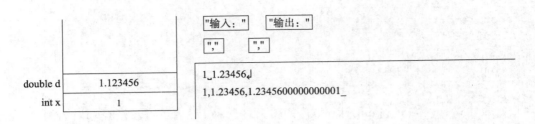

上面两次运行程序，一次用 '↵' 分隔两个数，一次用空格 '␣' 分隔两个数，都能得到预期结果。

读者可以输入"12,23.8""23a456"等使用其他字符分隔数字，观察运行时变量的值，理解输入流的工作原理。

输出流的基本特征是，每次输入一个字符，字符在光标处显示，然后光标就自动移到下一个位置；输入流的基本特征是，每次从当前位置读取一个字符，并将当前位置自动后移一个位置。不管是输出流还是输入流，都有个"当前位置"的概念，每输出或读取一个字符，"当前位置"都会自动移到下一个位置，这种处理方式中的字符如水一样不断从人的面前（当前位置）流过，所以形象地称为"流"。

"流"是编程中非常重要的模式，应用广泛，读者可通过学习输入流，培养"流"这种思维模式。

3.7　分支的调试与维护

视频讲解

分支是由分支语句实现的，应从两个层次进行调试：第一，调试分支语句的流程，判断流程是否正确；第二，判断语句中包含的表达式是否正确。前面学习了调试表达式的方法，下面重点介绍调试程序流程的方法。

3.7.1　代码格式的重要性

代码格式的书写规范性是对编写程序的基本要求，也是调试程序的基础，初学者一般意识不到它的重要意义。

目前的编程环境一般都提供了自动规范代码格式的功能，如在 VS2013 编程环境中编辑代码时，会自动调整代码的格式。如果出现语法错误，会给出错误提示，代码格式也会乱。

如例 3.7 knick-knack 程序中的代码格式，借助了 VS2013 编程环境，能反映如图 3.18 所示的多分支结构。

> 借助编程环境纠正代码中的语言细节错误，并规范代码的结构，是一个好的方法。

按照规范书写程序，在输入代码时就能发现很多语法错误，能缩短调试的时间，提高调试的效率。

代码书写规范是程序员的基本功，也能体现程序员的基本素质。

3.7.2　调试分支的逻辑错误

调试分支的主要目标是确保每种情况都是正确的，基本方法是每种情况选择一组数据，分别在这些数据组上执行程序，通过调试器观察程序执行流程及变量的值，对比人工执行流程和表达式的计算结果，判断程序是否正确。

如例 3.7 中的程序，总共分了 5 种情况，需要为 number 分别选择 1、2、3、4 共 4 个值，加上一个其他的值，至少执行程序 5 次。每次执行程序时，判断每次输入的数是否按照预期的流程执行，是否得到期望的输出结果。

如果执行流程不符合预期，一般都会人工计算条件表达式，并比较计算机中变量的值，确定缺陷的位置，再修改程序。

在跟踪调试分支代码时，总希望能从代码的结构中直接读出代码的流程，因此，要求在设计分支流程时，提前考虑，按照流程写出的代码结构能否体现的分支流程。

例如，从键盘输入一年份，判断该年份是否为闰年，并将结果打印在屏幕上。根据以往的知识知道，如果某年能被 4 整除并且不能被 100 整除，或者能被 400 整除，则该年为闰年。

很可能设计出两个非常类似的流程，其功能相同，流程结构也相同，但它们的判断条件互为"否定"，分支上真假值刚好相反。两个流程如图 3.35 和图 3.36 所示。

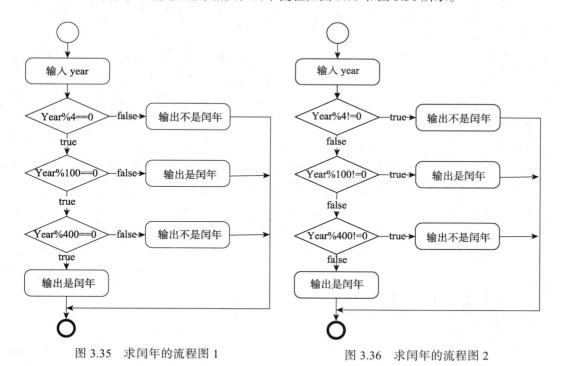

图 3.35　求闰年的流程图 1　　　　　　图 3.36　求闰年的流程图 2

编写代码时会发现，按照图 3.35 所示的流程，适合使用 if 嵌套模式描述，写出的代码结构与流程的结构相差太大，从代码中很难发现有 4 个分支，导致设计测试用例困难，增加了调试代码的难度和工作量。

而图 3.36 所示的流程，每个向下的分支都是 false，适合使用多分支模式。使用多分支模式判断是否为闰年，如例 3.10 所示。

【例 3.10】 使用多分支模式判断是否为闰年。

```cpp
#include<iostream>
using namespace std;
//该程序从键盘输入一年份,判断该年份是否为
//闰年,并将结果打印在屏幕上
//程序编号
void main()
{
    int year;                  //定义整型变量 year
    cout << "请输入年份:";
    cin >> year;               //从键盘输入年份
    if (year % 4 != 0)
        cout << year << " is not leap." << endl;
    else if (year % 100 != 0)
        cout << year << " is leap." << endl;
    else if (year % 400 != 0)
        cout << year << " is not leap." << endl;
    else
        cout << year << " is leap." << endl;
}
```

在调试程序时，直接从代码中就可很容易判断有 4 种情况，在调试程序时，为每种情况选择一个具体的年份，覆盖每条分支，如为 year 分别选择 2007、2020、1900 和 2000 共 4 个值，然后分别执行程序 4 次，并判断每次输入的数是否按照预期的流程执行，是否得到期望的输出结果。如果不符合预期，说明程序存在缺陷，需要重新修改程序，再运行调试程序，直到得到执行预期的流程并得到结果。

调试程序时，输入的数据集称为测试用例，设计出的测试用例对调试的工作量和调试质量有很大影响，因此，调试程序的关键是设计测试用例，调试分支程序的基本方法称为"分支覆盖"，即设计出的测试用例刚好覆盖每条分支。

在调试程序时，可采用单步跟踪方式观察程序的执行流程，并观察变量中的值，以判断执行流程是否符合预期、中间结果是否正确，最后通过观察程序的输出结果判断程序是否正确。

还可使用下面的条件表达式判断是否为闰年。

```cpp
(year % 4 == 0 && year % 100 != 0) || year % 400 == 0
```

使用条件表达式编写的代码比较短，但需要对条件表达式进行深入分析才能设计出测试用例，增加了调试的难度。

3.8 本章小结

本章主要学习了构造分支结构的方法和分支程序的 4 种典型编程模式、使用 I/O 流实现

输入输出的方法以及使用流程图描述程序流程的方法。

　　学习了构造分支结构的基本知识和原理,重点学习了单分支、双分支、嵌套和多分支 4 种典型编程模式以及 if 语句和 switch 语句,需要掌握使用分段函数构造分支结构的方法,能够从分支程序的 4 种典型编程模式中选择适当的编程模式,掌握使用分支语句描述分析结构的方法。

　　学习了关系运算、逻辑运算和条件运算,深入学习了使用关系运算和逻辑运算描述分支条件的方法以及使用条件运算描述分支结构的方法,需要掌握使用计算顺序图计算关系表达式和逻辑运算表达式的方法。

　　学习了输入流和输出流的工作方式、I/O 流及两个插入运算、使用 I/O 流实现输入输出的方法,为今后学习文件流、字符串打下基础。

　　学习使用流程图描述程序流程的方法,需要掌握使用流程图描述顺序结构和分支结构的方法。

　　学习了调试和维护分支程序的基本知识和基本方法,深入学习了通过分支流程发现逻辑错误的方法,需要学会通过流程图调试程序。

3.9　习题

1. 读程序并完成各问题。

```
#include<iostream>
#include<conio.h>
using namespace std;
int main()
{
    cout << "please input the b key to hear a bell,\n";
    char ch = getchar();
    if (ch == 'b'){
        cout << '\a';
    }
    else {
        if (ch == '\n')
            cout << "what a boring select on…\n";
        else
            cout << "bye!\n";
    }
}
```

　　(1)程序运行时,分别从键盘输入 a、b、↵,写出运行结果。

　　(2)将程序中的 ch == 'b'替换为 ch = 'b',程序运行时,分别从键盘输入 a、b、↵,写出运行结果。

　　(3)画出程序的流程图。

　　2. 结合 ASCII 码表编写程序,实现输入一个字符并判断输入的字符是否是英文字母(包含大小写）。

3. 编程实现输入 3 个整数，输出其中的最大值。先用 if 语句，再用条件运算编程实现。

4. 编程实现输入一个整数，判断其是否能被 2、5 整除，并输出以下信息。

（1）能被 2 整除。

（2）能被 5 整除。

（3）能被 2 和 5 同时整除。

5. 编程实现输入一个整数，判断其是否能被 4、25 整除。

6. 编程实现输入一个百分制的整数成绩，输出相应的 5 分制成绩，90 分以上为 A，80~89 分为 B，70~79 分为 C，60~69 分为 D，60 分以下为 E。

7. 编写程序求一元二次方程 $ax^2 + bx + c = 0$ 的根，并调试通过。

第 **4** 章

构 造 循 环

在大数据智能化时代，越来越多的重复性脑力劳动岗位被计算机取代，为人们做创造性更强的工作提供了更多时间。

计算机特别擅长做重复性工作，而循环是重复性工作的基础，也是强大计算能力的源泉，因此，构造循环在编程中具有非常重要的作用。

4.1　从顺序到循环

视频讲解

前面学习了表达式，学习了将数学公式改写为表达式的方法，但由于计算机语言只提供数学中基本的运算，没有提供在这些基本运算上定义的相对复杂的运算，因此，大量的数学公式不能直接用表达式表示出来，需要编程来实现，其中有很大部分需要用到循环结构。

在中学学习的开方、求对数等算术运算或初等函数，求和、求平均值等统计公式，在高

等数学中学习的极限、微分、积分等，如 a^n、$\sqrt[3]{a}$、$\log_a b$、$\sin x$、$\sum\limits_{i=1}^{n} a_i$、$\lim\limits_{x \to \infty} f(x)$、$\int_a^b f(x)\mathrm{d}x$ ，这些相

对复杂的数学运算都有明确的数学计算公式，但计算机语言没有设计这类复杂的数学运算，需要编程实现。这些数学运算可构建很多复杂的数学公式，用于解决科学研究问题或工程应用问题，例如：

$$(x+a)^n = \sum_{k=0}^{n} \binom{n}{k} x^k a^{n-k}$$

$$f(x, L) = a_0 + \sum_{n=1}^{\infty} \left(a_n \cos \frac{n\pi x}{L} + b_n \sin \frac{n\pi x}{L} \right)$$

解决实际问题的数学公式可能非常复杂，但都是由数学中的数学运算构成的。下面学习使用计算机语言描述相对复杂的数学运算，使用这些复杂数学运算解决实际问题的基本方法。

4.1.1　数列求和问题

目前，人工智能的应用进入了一个新阶段，很多专家认为，统计是人工智能的重要基础，下面以统计学中最基本的数列求和为例开始学习构造循环结构的方法。

如果有一个数列 $\{a_n\}$ 为

$$a_1, a_2, \cdots, a_i, \cdots, a_n$$

则数列中前 n 个数的和 s_n 为

$$a_1 + a_2 + \cdots + a_i + \cdots + a_n$$

记为

$$\sum_{i=1}^{n} a_i$$

当 n 从 1 开始增加到 m 时，s_n 也构成如下数列 $\{s_m\}$：

$$s_1, s_2, \cdots, s_i, \cdots, s_m$$

数列的表示方法主要有两种：第 1 种，通项公式法，用通项公式表示数列中的每一个数 a_i；第 2 种，列举法，顾名思义，就是列出数列中的数。

有些数列的数之间有规律，如等差数列、等比数列，可以用通项公式表示数列中的每个数，但有些数列的数之间没有规律，就可以用列举法表示数列中的数。

数学中有大量具有通项公式法的数列，它们在科学研究和工程计算中有非常重要的作用。先从自然数这种最简单的数列开始，讨论这类数列的求和问题。

自然数 1，2，3，… 构成一个无限数列，求前 n 项之和 s_n 的公式为

$$s_n = 1 + 2 + 3 + \cdots + n$$

这个公式很重要，为了后面表述方便，将它称为累加和公式，简称累加和。

如果在编写程序时已经知道 n 的值，而 n 的值又比较小时，很容易写出求和的算式，如

$$s_5 = 1 + 2 + 3 + 4 + 5$$

编程时直接将上面的算式改写为计算机表达式，就能求出 s_5 的值。

但当 n 非常大，或者编程时不知道 n 的值时，这个方法就不适用了，需要使用其他的方法。

自然数构成一个等差数列，可以使用数学中的等差数列求和公式计算 s_n 的值。

$$s_n = 1 + 2 + 3 + \cdots + n$$
$$= \frac{(1+n)}{2} \times n$$

根据等差数列求和公式，可编写程序计算自然数的前 n 个数之和 s_n，代码如例 4.1 所示。

【例 4.1】 等差数列求和。

```cpp
#include<iostream>
using namespace std;
void main(){
    int n;
    double s;
    cin >> n;
    s = (1 + n) / 2.0 * n;
    cout << s << endl;
}
```

使用等差数列和等比数列的求和公式可以编程计算数列的和，如果没有类似的求和公式，如何编程计算数列的和？数学归纳法提供了解决数列求和问题的基本思路和方法。

4.1.2　数学归纳法中的递推

数学归纳法（Mathematical Induction，MI）是一种数学证明方法，通常被用于证明某个给定命题在整个（或者局部）自然数范围内成立。

在中学数学中，比较系统地学习了数学归纳法。通过如下两步，能证明命题在自然数范围内都成立。

Ⅰ. 证明 $n = 1$ 时命题成立。

Ⅱ. 假设 $n = k$ 时命题成立，那么证明 $n = k + 1$ 时命题也成立。

数学归纳法与其他证明方法完全不同，它属于构造式证明方法。数学归纳法的第Ⅰ条是基础，证明了 $n = 1$ 时命题成立，然后使用第Ⅱ条证明 $n = 2$ 时命题成立，并将 k 增加 1，变成 3，再使用第Ⅱ条证明 $n = 3$ 时命题成立，以此类推，最终证明命题在自然数（$n > 1$）范围内都成立。数学归纳法的构造证明过程如图 4.1 所示。

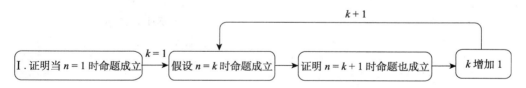

图 4.1　数学归纳法的构造证明过程

数学归纳法的构造证明过程中，无限次重复使用第Ⅱ条，构成一个无限循环，违反了"在有限时间内必须完成计算"的算法原则，但可在无限循环中增加一个结束条件。数学归纳法的算法式证明过程，其证明过程如图 4.2 所示。

图 4.2 所示的算法式证明中，使用 k 来控制循环，并将 n 的值作为判断循环是否结束的依据，能够证明命题在[1, n）范围内成立。

为了便于理解，将图 4.2 顺时针旋转 90°，并用流程图描述其证明过程，算法式证明流程如图 4.3(a)所示。

将数学归纳法中的"命题"视为数学公式，用"计算"替换图 4.3(a)中的"证明"，得到递推计算流程，如图 4.3(b)所示。

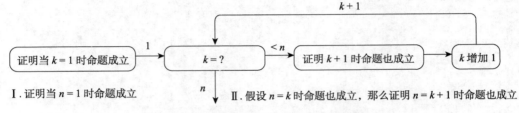

图 4.2　数学归纳法的算法式证明过程

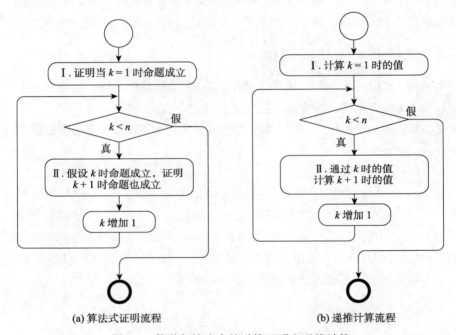

(a) 算法式证明流程　　　　　　　　　(b) 递推计算流程

图 4.3　数学归纳法中的递推证明和递推计算

图 4.3(b)所示的递推计算流程中包含 4 个步骤。

第 1 步，根据数学归纳法的第Ⅰ条，先计算 k=1 时的值。

第 2 步，判断 k 是否小于 n，如果 k 小于 n，则跳转到第 3 步，否则，已经计算出 n 时的值，结束计算。

第 3 步，根据数学归纳法的第Ⅱ条，通过 k 时的值计算 k+1 时的值。

第 4 步，k 增加 1，跳转到第 2 步继续计算。

在计算过程中，不断重复第 2 步到第 4 步，每重复一次 k 的值就增加 1，k 的值沿着 x 坐标轴向前推进，所以这种构造方法被形象地称为递推。其中，"递"代表重复、循环，"推"指方向，每次重复都向前推进一点。

按照如图 4.3(b)所示的递推计算流程，每次循环都能计算出一个值，显然，所有计算出的值构成了一个数列 $\{a_k\}$，其中，a_k 为第 k 次计算出的值。

按照上面的讨论，递推计算就是在数列上进行计算，递推计算中的核心计算问题也从怎样"通过 k 时的值计算 $k+1$ 时的值"转换为怎样"通过 a_k 计算 a_{k+1}"。

> 数学归纳法是循环结构的理论基础，数学归纳法中的递推是构造循环的基本方法。

下面通过两个示例学习使用递推构造循环的方法。

4.2　使用递推构造循环

下面以累加和、调和级数为例，学习使用递推构造循环的基本方法。

4.2.1　累加和

按照累加和的数学定义，累加和本身就是对自然数构成的数列 $\{i\}$ 进行求和，计算结果自然构成数列 $\{s_k\}$

$$s_0, s_1, s_2, \cdots, s_k, \cdots, s_n$$

其中，$s_0 = 0$，其他元素的通项公式为

$$s_k = 1 + 2 + 3 + \cdots + k = \sum_{i=1}^{k} i$$

通项公式是用数列 $\{i\}$ 中的元素计算出数列 $\{s_n\}$ 中的元素，对通项公式做如下变换

$$s_k = \sum_{i=1}^{k} i = \sum_{i=1}^{k-1} i + k = s_{k-1} + k$$

得到通过数列 $\{s_k\}$ 中前一个元素 s_{k-1} 计算后一个元素 s_k 的公式

$$s_k = s_{k-1} + k$$

这个公式被称为数列 $\{s_k\}$ 的递推公式。

图 4.3(b) 所示的递推计算流程中，通过 k 时的值计算 $k+1$ 时的值，当 $k=n-1$ 时，已经计算出 $n-1$ 时的值，但数列 $\{s_k\}$ 的递推公式中，通过 s_{k-1} 计算 s_k，当 $k=n-1$ 时，只计算出 s_{n-1}，没有计算出 s_n，因此，需要调整如图 4.3(b) 所示的递推计算流程中的循环条件，将循环条件修改为 $k \leqslant n$，增加一次循环。调整后的递推计算流程，如图 4.4(a) 所示。

在图 4.4(a) 所示的递推计算流程中，用计算第 1 个元素 s_0 的公式和递推公式 $s_k = s_{k-1} + k$ 替换相应的内容，得到构造计算累加和的递推算法流程，如图 4.4(b) 所示。

按照如图 4.4(b) 所示的计算累加和的递推算法流程计算 s_5，总共循环了 5 次。计算 s_5 的过程如表 4.1 所示。

在表 4.1 所示的计算过程中，进入循环前，先将 s_0 设置为 0，然后进入循环，按照递推公式 $s_k = s_{k-1} + k$ 依次计算 $s_1 = s_0 + 1$，$s_2 = s_1 + 2$，$s_3 = s_2 + 3$，$s_4 = s_3 + 4$，$s_5 = s_4 + 5$，每次循环后对 k 增加 1，当 $k=5$ 时，计算出 s_5，当 $k=6$ 时，退出循环，没有计算出 s_6。

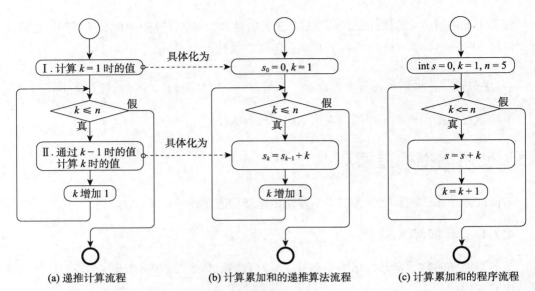

图 4.4　构造计算累加和的递推算法流程

表 4.1　计算 s_5 的过程

	初始	第1次循环	第2次循环	第3次循环	第4次循环	第5次循环	第6次循环
下标 k	1	1	2	3	4	5	6
s_k	0	1	3	6	10	15	

每次循环都使用递推公式 $s_k=s_{k-1}+k$ 计算 s_k，但在计算时，只使用到 s_{k-1} 和 k 的值，因此，可定义变量 s 储存计算出的 s_k，并将递推公式 $s_k=s_{k-1}+k$ 转换为表达式 $s=s+k$。

　　将递推公式改写为表达式非常简单，原理是用一个变量存储数列的当前计算元…，用一个变量存储数列的下标，目的是去掉递推公式中的下标。

在图 4.4(b)所示的算法流程图中，将递推公式替换为表达式，并增加定义变量、选择数据类型等计算机语言方面的细节内容，可设计出计算累加和的程序流程，如图 4.4(c)所示。

按照图 4.4(c)所示的计算累加和的程序流程编写程序，代码如例 4.2 所示。

【例 4.2】　计算累加和程序。

```cpp
#include<iostream>
using namespace std;
void main(){
    int s = 0, k = 1, n;
    cin >> n;
    while (k <= n){
        s = s + k;
        k++;
    }
    cout << s;
}
```

输入输出结果：

```
5 ↵
15 ↵
_
```

程序运行过程和结果与数学上的完全相同，也请读者自己调试程序。如当输入 10 时，记录 k 和 s 值的变化，并与数学上的计算过程和结果对比。

例 4.2 中将递推公式 $s_k = s_{k-1} + k$ 改写为表达式 $s = s + k$，但有经验的程序员更喜欢使用表达式 $s\ += k$ 描述递推公式 $s_k = s_{k-1} + k$，如果再去掉例 4.2 中输入输出语句等非核心代码，计算累加和的代码可简化为：

```
int s = 0, k = 1, n=10;
while (k <= n){
    s += k;
    k++;
}
```

计算累加和的代码只有几条语句，很简单，但编写程序的思路非常重要。其编程思路为，根据数学归纳法中递推思想，使用数列推导出一个递推公式，并用递推公式构造一个循环。

4.2.2　调和级数

累加和是计算自然数列的前 n 项的和，而调和级数是计算数列 $\left\{\dfrac{1}{n}\right\}$ 的前 n 项的和，其计算公式为

$$H(n) = 1 + \frac{1}{2} + \frac{1}{3} + \cdots + \frac{1}{n} = \sum_{i=1}^{n} \frac{1}{i}$$

对公式进行推导

$$H(n) = \sum_{i=1}^{n} \frac{1}{i} = \sum_{i=1}^{n-1} \frac{1}{i} + \frac{1}{n} = H(n-1) + \frac{1}{n}$$

变形得到其递推公式

$$s_i = s_{i-1} + \frac{1}{i}$$

按照计算累加和的思路，参照图 4.4 可设计出计算调和级数的程序流程如图 4.5 所示。

按照如图 4.5 所示的流程，可编写计算调和级数的程序，代码如例 4.3 所示。

【例 4.3】　计算调和级数。

```
#include<iostream>
using namespace std;
void main(){
    float s = 0;        //进行累加时，需要设置为 0
```

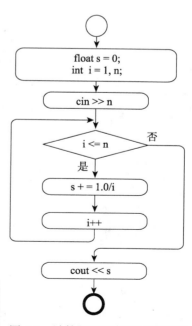

图 4.5　计算调和级数的程序流程

```
    int i = 1, n;
    cin >> n;
    while (i <= n){
        s + = 1.0 / i;//是实数1.0，不是整数1
        i++;
        cout << s << endl;
}
    cout << s;
}
```

从编程方法上讲，编写计算调和级数的程序与编写累加和程序在本质上是一样的，都是使用递推计算一个数列的前 n 项之和，区别仅仅在于，一个是自然数构成的数列，一个是 $1/n$ 构成的数列。因此，使用递推能够计算任意一个数列的连续 n 项之和。

> 数列求和问题可以简化为累加和，然后再将累加和的方法推广到级数的计算。

4.2.3　while 语句

数学归纳法中的递推有两个要点：一是构造一个循环；二是这个循环要向前推进。计算机语言设计了一些语句，专门用于描述计算过程中的循环，这种语句称为循环语句。

while 语句是一条循环语句，可直接用于描述递推中的循环结构，其语法和语义清晰。while 语句的语法为：

```
while (exp)
    statStatement;    //语句
```

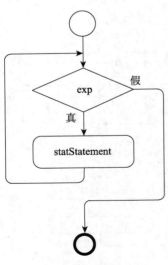

图 4.6　while 语句的语义

其中，exp 是一个表达式，规定其计算结果应为 bool 类型，称为循环条件；statStatement 是一条语句，很多时候为复合语句，称为循环体。当循环体中含有多条语句时，要用大括号将循环体中的语句括起来，否则编译器仅默认循环体的第一行语句为循环体。

while 语句的语义如图 4.6 所示。计算表达式 exp 得到 bool 类型的值 v1，如果值 v1 为假（false），则结束 while 语句，如果值 v1 为真（true），则执行语句 statStatement。语句 statStatement 执行结束后，继续计算并判断表达式 exp 的值，直到表达式 exp 的值为假。

while 语句首先计算循环条件，再根据计算结果，判断是执行循环体还是退出循环。while 语句有两个特点：一是循环条件至少计算一次；二是必须在有限次循环后退出，不能无限循环。

例 4.2 和例 4.3 的代码中，都使用 while 语句描述递推计算流程，但也可以使用 while 语句描述重复性的事情，如，将 hello world 在屏幕上输出 50 遍，使用 while 语句可很容易地编出程序，代码如例 4.4 所示。

【例 4.4】 输出 50 遍 hello world。

```cpp
#include<iostream>
using namespace std;
void main(){
    int count = 0;          //设置初始条件，不可缺少
    while (count < 50)       //循环条件用于判断是否结束循环
    {
        cout << "\n hello world";
        count++;             //修改循环计数
    }
}
```

例 4.4 的代码中，循环了 50 次，每次循环 count 都增加 1 并输出一行 hello world，将总共在屏幕上输出 50 遍 hello world。

例 4.4 中，只有递推计算中的"递推"，没有递推计算中的"计算"，功能非常简单，没有解决什么实际问题，但其中的代码包含了使用"递推"构造循环的 3 个要点：初始条件、循环条件和循环计数。初始条件和循环条件用于控制循环的进入和退出，循环计数用于控制循环中的"递推"。可通过改变初始条件、循环条件、循环计数构造出各种各样的循环流程。

> 递推计算中的"递推"用于构造循环流程，递推计算中的"计算"用于实现程序功能。

循环语句只是描述循环结构的工具，关键是掌握构造循环的方法。

4.2.4　逗号运算

在前面求数列的累加和示例中，使用递推公式 $s_i = s_{i-1} + i$ 构造了计算数列 s 中各个数的计算序列

$$s_0, s_1 = s_0 + 1, s_2 = s_1 + 2, s_3 = s_2 + 3, \cdots, s_n = s_{n-1} + n$$

在上述计算序列中，用逗号","分隔计算序列中的计算，并以从左到右的次序计算其中的计算。

C/C++语言也提供逗号","运算，语法为"exp1，exp2"。它是一个二目运算，语义为，先计算 exp1，再计算 exp2，运算的计算结果为右边表达式 exp2 的计算结果。结合性为从左到右，优先级是所有运算中最低的。逗号运算的语法和语义如表 4.2 所示。

表 4.2　逗号运算的语法和语义

运算符	名称	结合律	语法	语义或运算序列
,	Comma	从左到右	exp1，exp2	先计算 exp1 得到变量 x1 或值 v1，再计算 exp2 得到变量 x2 或值 v2，最后的计算结果为变量 x2 或值 v2

例如，交换两个变量 a 和 b 的值，可用如下代码。

```cpp
int a = 1, b = 2, t;
t = a, a = b, b = t;
```

其中，表达式"t = a, a = b, b = t"被视为一个整体，实现两个变量 a 和 b 值的交换，其语义为，从变量 a 中取出值，赋值给中间变量 t，然后将变量 b 的值赋值给变量 a，最后将中间变量 t 的值赋值给变量 b。如果不用中间变量，写成"a = b, b = a"，其语义为，将变量 b 的值赋值给变量 a，再将变量 a 的值赋值给变量 b。当执行"将变量 b 的值赋值给变量 a"时，变量 a 的值已经被覆盖了，所以交换两个变量的值必须使用一个中间变量，而且次序必须正确。

如果将"t = a, a = b, b = t"改写为"t = a;a = b; b = t"，则构成 3 条语句，实现的功能完全不变，但违反了一行不能超过一条语句的规范，因此，不能放在一行上，需要用 3 行，这样很难将它们视为一个整体。

4.3　循环变量模式

视频讲解

计算累加和程序非常简单，有编程经验的程序员不用思考就能编写出来，但前面花了大量篇幅讨论其编程方法，有什么意义？

计算累加和程序具有两个特点：一是在数列上进行递推计算；二是通过数列的下标来控制循环。将具有上述两个特点的循环结构称为循环变量模式。

循环变量模式是最基本的循环结构，也是最常用的循环模式。

4.3.1　循环变量模式的流程框架

递推计算是解决复杂计算问题的重要方法，递推计算中包含"递推"和"计算"。"递推"用于构造循环流程，是递推计算中的基础，相对稳定；而"计算"用于实现程序功能，与解决的实际问题紧密相关，千变万化。针对递推计算的上述特点，将"递推"和"计算"分开考虑，一方面专注于用"递推"构造循环的方法，另一方面专注于解决实际问题。

循环变量模式是在编写实践中总结出来的，主要解决实际应用中的构造循环问题，包含算法流程框架、程序流程框架和代码框架。

算法流程框架和程序流程框架刻画循环流程及主要步骤。算法流程框架从算法角度描述循环流程中的主要步骤，主要使用数学公式等数学语言；程序流程框架从程序角度描述循环流程中的主要步骤，加入了相关的计算机知识，主要使用计算机中的术语。一般使用流程图描述循环变量模式的流程框架，如图 4.7 所示。

代码框架使用计算机语言描述程序流程框架，更加接近于最终编写的程序。

图 4.7(a)所示的算法流程框架描述了递推计算的循环流程及其中的 4 个主要步骤，图 4.7(b)所示的数列 $\{s_k\}$ 描述了递推计算中的数据，两者构成了一个完整的递推计算算法。

图 4.7(c)所示的程序流程框架包含 5 个主要步骤，增加了一个循环变量，强调了使用这个循环变量来控制循环。

第 1 步，计算数列 $\{s\}$ 的第 1 元素。

第 2 步，将数列元素的下标定义为循环变量并赋初始值。

第 3 步，判断是否为数列中的最后一个元素。

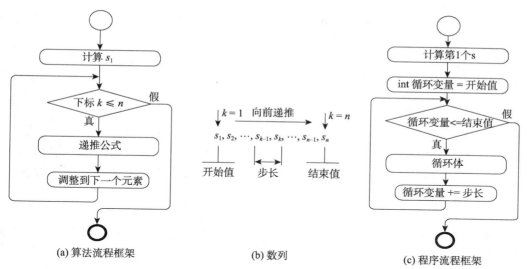

图 4.7 循环变量模式的流程框架

第 4 步，在循环体中使用递推公式计算数列的下一个元素。

第 5 步，对循环变量增加一个步长，并返回第 3 步继续计算。

循环变量模式通过循环变量的初始值和结束值控制循环的次数，在循环开始前需要设置循环变量初始值，每次循环时循环变量都要增加一个步长，为下次循环做准备。

循环变量用于标识数列中的数，其数据类型一般为整数，初始值标识数列中的第 1 个数，结束值标识最后的数，每次循环后循环变量的值增加一个固定值，这个固定值称为步长，其含义是每走一步的长度。

4.3.2 循环变量模式的代码框架

按照图 4.7(c)描述的程序流程框架，使用 while 语句可写出循环变量模式流程的代码框架。

```
//计算数列的第 1 个元素
//int 循环变量=开始值
while (循环变量<=结束值){
    //递推公式
    //循环变量+=步长
}
```

在实际编程中，有经验的程序员一般都会根据图 4.7(a)所描述的算法流程框架，"套用"上面的代码框架直接写出程序。

如，计算公式：

$$\sum_{i=m}^{n} i$$

参考累加和程序，"套用"循环变量模式的流程图，并写出如下程序。

```
int m=3, n=10;
//从 m 累加到 n
```

```
int s = 0;
int i = m;
while (i <= n){
    s += i;
    i++;
}
cout << s;
```

上述程序与累加和程序相比，主要将循环变量 i 的初值修改为 m。

有经验的程序员头脑中仍然按图 4.7 描述的思维过程进行推导，只是省略了画出图 4.7(a) 和图 4.7(c)所示的流程框架，因此，建议初学者不要省略其中的步骤，这样有利于提高自己的编程能力。

看得到的是代码填空，看不到的是别人的思维过程。

4.3.3　数列求积问题

数列 $\{a_n\}$ 的累乘积公式为

$$\prod_{i=1}^{n} a_i$$

当数列为自然数时，其积就是阶乘 $n!$。

$$n! = 1 \times 2 \times 3 \times \cdots \times n = \prod_{i=1}^{n} i$$

根据上面的公式，推导出递推公式

$$n! = \prod_{i=1}^{n} i = n \times \prod_{i=1}^{n-1} i = n \times (n-1)!$$

根据递推公式，设计出累乘积的算法流程，并根据算法流程设计出其程序流程，如图 4.8 所示。

图 4.8(a)所示的算法流程中，使用数学公式描述递推计算的步骤；图 4.1(b)所示的程序流程中，使用计算机表达式描述。需要注意的是，循环变量 s 的初始值是 1，而不是 0。

根据图 4.8 所示的流程，可编写出累乘积程序，如例 4.5 所示。

【例 4.5】　累乘积程序。

```
#include<iostream>
using namespace std;
void main(){
    int s = 1, i = 1, n;
    cin >> n;
    while (i <= n){
        s *= i;
        i++;
    }
    cout << s;
}
```

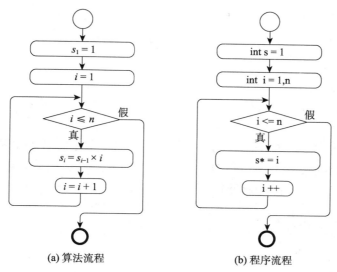

(a) 算法流程　　　　(b) 程序流程

图 4.8　累乘的算法流程和程序流程

与累加和相比，计算累乘积的流程和程序只修改了两个地方：一是变量 s 的初始值是 1，而不是 0；二是递推公式 s*=i 中是乘法，而不是加法。

掌握了上述特点后，可以将计算累加和的代码直接修改为计算累乘积的代码，从而省略了前面的分析步骤，以提高编程效率。

在实际编程中，很多程序员也是这样做的，但需要说明的是，只有在非常熟悉程序流程的情况下才能直接修改代码。

> 看得见的是修改代码，看不见的是调整程序流程。

求阶乘的方法也可以推广到求数列的积。具体方法也是用数列的通项公式（或数）替换递推公式 s*=i 中的变量 i，其他不变。

4.4　嵌套循环编程模式

嵌套循环编程模式也是构造循环的常用模式，其主要思路是分别构造多个循环，然后再采用嵌套的方式将构造的循环组合起来，形成一个完整的流程。

如计算阶乘的累加和

$$1+2!+3!+\cdots+n!$$

将公式变形为

$$s_k = \sum_{i=1}^{k}\prod_{j=1}^{i} j$$

其中，包含数列上求和与求积两个数学运算。令

$$t_i = \prod_{j=1}^{i} j$$

将其代入求和公式得到

$$s_k = \sum_{i=1}^{k} t_i$$

上述两个公式分别构造了 $\{t_i\}$ 和 $\{s_k\}$ 两个数列，其中，s_k 是数列 $\{t_i\}$ 的和。

按照循环变量模式中的方法，在构造的两个数列上分别推导出递推公式，分别设计它们的流程，然后将计算 t 流程嵌套到计算 s 的流程中，构成一个嵌套的循环流程，如图 4.9 所示。

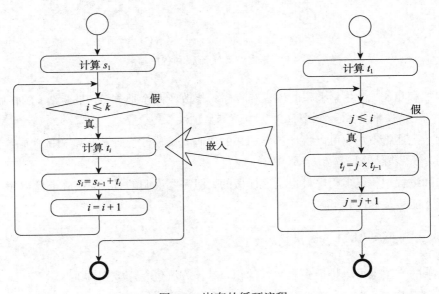

图 4.9　嵌套的循环流程

如图 4.9 所示，将求积的流程替换求和中的"计算 t_i"，可得到计算阶乘累加和的完整流程。

在嵌套流程时，有两个关键点：一是嵌套的位置；二是变量的值。递推公式 $s_i = s_{i-1} + t_i$ 决定了求积的流程嵌套到求和的流程，嵌套位置在递推公式的前面；递推公式中的下标决定了计算数列中哪一项，下标很重要，因此，在流程图中直接使用数学公式来表示。

设计出流程后，可按照"自顶向下，逐步求精"的方法编写程序。

第 1 步，按照"自顶向下"，先写出求和的代码。

```
int i = 1, s = 0;
int k = 10;
while (i <= k){
    //计算 ti
    s += t;
    i++;
```

```
    }
```

其中，注释"//计算 t_i"相当于占位符，以便插入其代码。

第 2 步，按照"逐步求精"的方法，在嵌套位置处写出求积的代码。

```
int i = 1, s = 0;
int k = 10;
while (i <= k){
    //计算 ti
    int j = 1, t = 1;
    while (j <= i) {
        t *= j;
        j++;
    }
    s += t;
    i++;
}
```

最后，增加输入输出、#include 等语言方面的细节，编程写出计算阶乘的累加和的程序，代码如例 4.6 所示。

【例 4.6】 计算阶乘的累加和。

```
#include<iostream>
using namespace std;
int main(){
    //计算阶乘的累加和
    int i = 1, s = 0;
    int k = 10;
    while (i <= k){
        //求阶乘 i!
        int j = 1, t = 1;
        while (j <= i)
        {
            t *= j;          //阶乘递推公式
            j++;
        }

        s += t;              //累加递推公式
        i++;
    }
    cout << s;
}
```

例 4.6 的程序中，一条循环语句包含了另一条完整的循环语句，构成两重循环。

"自顶向下，逐步求精"是结构化程序设计的基本方法，在构造多重循环时，应按照从外到内的顺序构造循环和编写代码。这与平时的"自底向上"的思路刚好相反，需要在编程中不断培养。

4.5　循环语句

在递推计算中，有两个时间点可判断循环结束：第一个时间点，在本次递推计算前判断递推是否结束，这就是 4.4 节讨论的循环框架中采用的方式；第二个时间点，在本次递推计算后立即判断递推是否结束。

从逻辑上讲，在两个时间点判断递推是否结束，其作用完全相同，但在具体实现上有一定区别，应用场景也有所不同，属于循环的两种不同形式。在本次计算前判断循环是否结束，称为当型循环。在本次计算后立即判断循环是否结束，称为直到型循环。

前面学习的 while 语句是当型循环，下面学习直到型循环 do…while 语句。为了方便编程，计算机语言还提供了 for 语句以及跳转语句。

4.5.1　do…while 语句

计算机语言提供了称为 do…while 的循环结构，用于描述直到型循环，以实现"先执行后判断"的逻辑。

do…while 语句的语法为：

```
do{
    //循环体
    statStatement;      //语句
} while (exp);          //注意，有语句结束符";"
```

其中，exp 是一个表达式，规定其计算结果应为 bool 类型，称为循环条件；statStatement 是一条语句，很多时候为复合语句。

do…while 语句的语义为：先执行语句 statStatement，再计算 exp 得到 bool 类型的值 v，如果 v 为真，则返回执行语句 statStatement，否则跳出循环，执行后面的语句。do…while 语句的语义如图 4.10 所示。

do…while 语句符合"先执行后判断"的逻辑，因此至少执行一次循环中的语句 statStatement。而 while 语句可能不会执行循环中的语句 statStatement。

图 4.10　do…while 语句的语义

从原理上讲，当型循环和直到型循环是一样的，因此，构造循环的方法非常类似。使用直到型循环时，仍然通过 4 个步骤构造循环，前两步与前面学习的当型循环完全相同，但在第 3 步构造流程时，需要将循环判断调整到本次计算后进行，并在第 4 步中也对代码进行相应调整。直到型循环的流程框架，如图 4.11 所示。

直到型循环适合"先做事后判断"的应用场景。

例如，从键盘读入一串数字，要做的事情是读入一个字符，再判断其是否为数字，符合"先做事再判断"的逻辑，适合使用 do…while 语句，代码如例 4.7 所示。

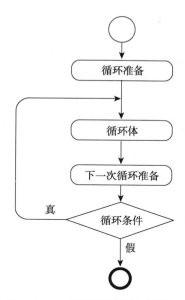

图 4.11　直到型循环的流程框架

【例 4.7】　从键盘读入一串数字。

```
#include<iostream>
using namespace std;
void main(){
    char c;                            //循环准备
    int num = 0;                       //字符位置
    do{
        c = getchar();                 //要做的事情：读入一个字符
        cout << c;                     //处理这个字符，今后可扩展
        num++;                         //字符位置向后移动
    } while (c >= '0' && c <= '9'); //判断是否为数字
    num--;                             //多读了一个字符，退回一个字符
    cout << endl << num;
}
```

程序中的 getchar()函数是 C/C++的标准函数，其功能为从标准输入流中读取一个字符，能够读入包括空格、回车符、Tab 等特殊字符。

为了理解例 4.7 的流程，可在调试器单步执行程序，先根据执行步骤画出程序的流程图，并用代码中的表达式描述其中的步骤，然后参考代码中的注释调整流程图中的步骤及其描述，最后设计出从键盘读入一串数字的流程图，如图 4.12 所示。

例 4.7 程序的输入输出结果为：

123456b78 ↵ #
123456b ↵
6

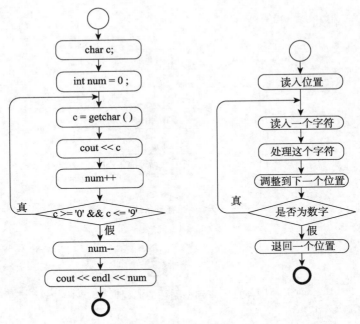

图 4.12　从键盘读入一串数字的流程

getchar()函数从标准输入流中读入字符，如果输入流没有字符，getchar()函数会处于等待状态，等待用户输入字符。

用户输入 123456b78，这些字符仍然存储在键盘缓存区，当用户输入回车符之后，操作系统才将 123456b78 和回车符以字符流的方式送给程序，其输入字符流如图 4.13 所示。

图 4.13　输入字符流

程序调用 getchar()函数，从输入字符流中依次读入一个字符，当读入字符'b'时，退出循环。退出循环时，字符流中的当前位置是字符'7'，多读了一个字符'b'，因此，需要退回一个字符，执行 num--。

4.5.2　for 语句

for 语句是计算机语言提供的一种循环语句，其语法为：

```
for (exp1; exp2; exp3){  //exp1,2,3 为表达式
    //循环体
    statStatement;         //语句
}
```

for 语句的语义如图 4.14 所示。先计算表达式 exp1，再计算表达式 exp2 并判断它的值，

如果为 false，则退出循环，否则执行语句 statStatement；然后计算表达式 exp3，再计算表达式 exp2 并判断它的值，直到表达式 exp2 的值为 false。

将 for 语句的语义与如图 4.15 所示的循环变量模式流程框架比较，两者非常类似，for 语句好像是专门为循环变量模式设计的（实际上就是专门为此设计的），因此，使用 for 语句描述循环变量模式的程序是一个很适合的选择。

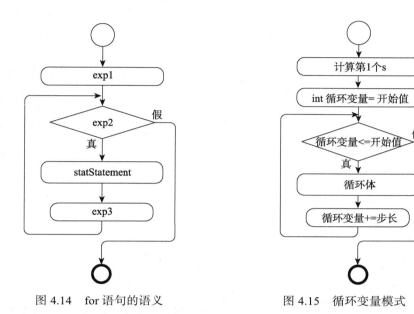

图 4.14　for 语句的语义　　　　　图 4.15　循环变量模式

如，使用 for 语句描述计算累加和的流程，就能很容易地编写出计算累加和的程序，代码如例 4.8 所示。

【例 4.8】　使用 for 语句计算累加和。

```cpp
#include<iostream>
using namespace std;
    int main(){
    int s = 0, n;
    cin >> n;
    for (int i = 1; i <= n; i++)
        s += i;
    cout << s << endl;
}
```

读者可使用 for 语句描述累乘积、阶乘累加和的流程图，编写出程序。

for 语句的语法较为灵活，语法中的 3 个表达式 exp1、exp2、exp3 都可以省略，也可以将 statStatemen 省略为一个空语句。

while、do…whlie 和 for 语句是计算机语言中常用的循环语句，while 语句描述的逻辑是“先判断后做事”，而 do…whlie 语句描述的逻辑是“先做事后判断”，两者的先后顺序刚好相反，可根据应用场景中存在的逻辑，选择使用 while 还是 do…whlie 语句，但先判断相对安全一些，因此，建议优先使用 while 语句。

使用 for 语句编写的程序代码相对较短，受到初学者或经验较少的程序员的喜爱，因其逻辑相对复杂、不够简明，写出的程序代码可读性较差。但将其用于循环变量模式的场景，反而逻辑清晰，也很符合平时的思维习惯。

4.5.3　转向语句

为了增加编程的灵活性，计算机语言中还提供了转向语句，主要有 goto、break、continue 语句。这些语句可在比较特殊的情况下使用。

1. goto 语句

goto 语句，顾名思义，就是跳转，其语法为

```
//...
goto label;
//...
label:
//...
```

其中，"label:" 称为标号，表示程序代码的一个位置，goto 语句的语义为，跳转到 label 这个位置继续执行。

goto 语句的语法简单，语义明确，也好理解，但这条语句被认为是违反结构化程序设计思想的罪魁祸首，在编程中一般不会使用，但可以帮助理解后面两条跳转语句的语义。

2. break 语句

break 语句只能用在 while、do…while、for 等循环语句和 switch 语句（3.4 节介绍）中，其语法为

```
break;
```

其语义是中断循环语句或 switch 语句的执行。在嵌套循环时中断直接包含它的循环语句。下面以 while 语句为例，说明 break 语句的语义。

```
while (exp1){
    // ...
    while (exp2){
        //...
        break;              //goto  breakLabel
        //...
    }
    breakLabel:             //break 中断后跳到这里
    //...
}
```

break 语句等价于 goto breakLabel，即跳转到 breakLabel 这个位置，继续执行 breakLabel 后面的语句。

3. continue 语句

continue 语句只能用在循环语句中，作用为结束本次循环，即跳过循环体中尚未执行的

语句，接着进入下一次循环。

例如，下面的代码输出 100~200 中不能被 3 整除的数：

```
for (int n = 100; n <= 200; n++)
{
    if (n % 3 == 0)
        continue;
    cout << n << endl;
    //...
    continueLabel:
}
```

continue 语句等价于 goto continueLabel，即跳转到 continueLabel 的位置，继续执行 continueLabel 后面的语句。

continue 语句和 break 语句的区别是，continue 语句只是结束本次循环，而不是终止整个循环的执行；而 break 语句则是终止整个循环，跳转到下一条语句。continue 与 break 语句在 for 和 while 语句中的跳转流程如图 4.16 所示。

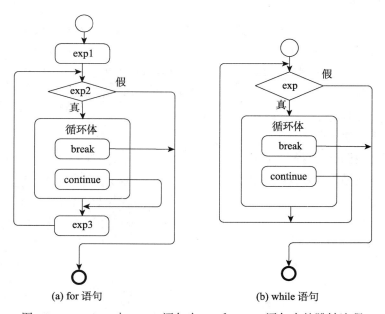

图 4.16　continue 与 break 语句在 for 和 while 语句中的跳转流程

从图 4.16 中也会发现 for 语句语义比较复杂，容易出现逻辑不清晰的情况。

例如，下面的程序会跳过 n++，出现死循环。

```
int n = 100;
while (n <= 200){
    if (n % 3 == 0)
        continue;//goto continueLabel
    cout << n << endl;
    //...
```

```
    n++;
continueLabel:
}
```

goto 语句实际上是计算机的一条机器指令，主要由编译器使用，因它不符合结构化程序设计思想，程序员在实际应用中一般不使用它。

使用 continue 和 break 语句编程，会导致程序的语义变得更加复杂，影响程序的可读性，建议尽可能不使用。

4.6　应用举例

开发软件的一般步骤为：先对复杂问题进行分解，找出其中的关键问题，并建立相应的数学模型，然后根据数学模型设计相应的软件模型，最后编程实现设计的软件模型。

下面就从经典的数学问题开始学习编写解决实际问题的程序。

4.6.1　计算阶乘的累加和

4.4 节使用了嵌套的方式计算阶乘的累加和，下面使用另一种方式实现。阶乘的累加和涉及累加和累乘，有较强的代表性。

应用循环变量模式编程的主要工作是针对具体的问题构造数列，并设计数列的递推公式，然后套用循环变量模式的流程，并写出相应代码。其一般步骤为：

第 1 步，构造数列。

第 2 步，设计递推公式。

第 3 步，套用循环变量模式流程。

第 4 步，套用循环变量模式的代码。

阶乘的累加和可表示为

$$1!+2!+\cdots+(k-1)!+k!+\cdots+n!$$

第 1 步，构造数列。

按照 n 的取值来构造数列 $\{s\}$：

$$s_1, s_2, \cdots, s_{k-1}, s_k, \cdots, s_{n-1}, s_n$$

其通项公式为

$$s_k = \sum_{i=1}^{k} i!$$

第 2 步，设计递推公式。

通项公式比较复杂，为了设计出递推公式，做如下变换

$$s_k = \sum_{i=1}^{k} i! = (k-1)! \times k + \sum_{i=1}^{k-1} i! = s_{k-1} + (k-1)! \times k$$

令 $t_{k-1} = (k-1)!$，得到数列 $\{s_k\}$ 的递推公式

$$s_k = s_{k-1} + t_{k-1} \times k$$

当 k 从 1 递增到 n 时，$t_{k-1} = (k-1)!$ 作为通项公式定义了一个数列 $\{t_k\}$，其递推公式为

$$t_k = t_{k-1} \times k$$

将数列 $\{t_k\}$ 的递推公式再代入数列 $\{s_k\}$ 的递推公式，得

$$s_k = s_{k-1} + t_k$$

在上面的推导过程中，总共构造了两个数列 $\{s_k\}$ 和 $\{t_k\}$，它们的递推公式分别为

$$t_k = t_{k-1} \times k, \ s_k = s_{k-1} + t_k$$

将数列 $\{t_k\}$ 的递推公式再代入数列 $\{s_k\}$ 的递推公式，决定了两递推公式计算的先后顺序，数列 $\{t_k\}$ 的递推公式在前，数列 $\{s_k\}$ 的递推公式在后，不能交换。#

在解决复杂问题时，常常需要构建多个数列，并经过多次数学推导才能找到其递推公式。递推公式往往不是一个简单的数学公式，而是由多个公式组成的一个计算序列。

第 3 步，套用循环变量模式的流程。

数列 $\{s_k\}$ 中第一个数的下标作为循环变量的初始值，最后一个数的下标作为结束值，并套用数学归纳法的递推计算流程，设计出计算阶乘累加和的算法流程，如图 4.17(a) 所示。

在用流程图表示出算法后，用 s 和 t 两个变量分别存储 $\{s_k\}$ 和 $\{t_k\}$ 数列中的数，增加定义变量的语句，用加法的元数 0 初始化变量 s，用乘法的元数 1 初始化变量 t，增加相应的输入和输出，最后将所有数学公式改写为表达式，设计出计算阶乘累加和的程序流程，如图 4.17(b) 所示。

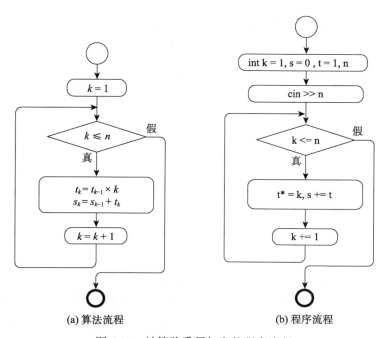

图 4.17　计算阶乘累加和的程序流程

如果不能把所有的数学公式改写为表达式，则说明前面推导的递推公式不正确，需要重新推导。另外，将数学公式改写为表达式是合格程序员必须具备的技能，这个技能包括两点：一是判断一个数学公式能否改写为表达式的能力；二是将一个数学公式改写为表达式的能力。培养这个技能是第 2 章的主要任务之一，如果读者在这方面还没有信心，可再学习第 2 章的内容，并按照要求进行训练。

第 4 步，套用循环变量模式的代码。

按照图 4.17(b)所示的程序流程图，可使用 while 语句写出计算阶乘累加和的程序，代码如例 4.9 所示。

【例 4.9】 使用 while 语句计算阶乘累加和。

```cpp
#include<iostream>
using namespace std;
void main()
{
    int k = 1, s = 0, t = 1, n;
    cin >> n;
    cout << "k" << "\t" << "t" << "\t" << "s" << endl;
    while (k <= n){
        t *= k;            //阶乘
        s += t;            //累加
        cout << k << "\t" << t << "\t" << s << endl;
        k++;
    }
    cout << s;
}
```

上面的代码没有多少行，结构也非常简洁，但用到了比较复杂的数学推导，编程难度不小，如果不熟悉累加和与累乘积的编写方法，很难理解这个程序的编程思路，更不要说自己编写了。

运行程序，输入 5，输出结果：

```
5↵
k        t        s↵
1        1        1↵
2        2        3↵
3        6        9↵
4        24       33↵
5        120      153↵
153
```

采用循环变量模式编程，总共有 4 个步骤。后面两个步骤为套用流程和代码，比较简单，只需多加练习就能掌握，但前两个步骤需要针对具体问题抽象出数列，并推导出递推公式，涉及抽象和推理，相对比较困难，因此，建议读者复习相关的数学知识，并对照数学公式理解程序运行过程，理解递推公式在递推计算中的作用和功能。

4.6.2　程序的运行效率

4.4 节和 4.6.1 节分别使用了嵌套和非嵌套两种方式计算阶乘的累加和,两个程序的运行时间差别很大。读者可以参照书中的程序,分别输出这两种方法的运行时间。运行时会发现,随着 n 的增加,它们相差的时间会越来越大。

程序运行时间与循环次数紧密相关,可以说,循环次数决定了程序的运行时间。随着 n 的增加,非嵌套方式的循环次数为 n,嵌套方式的循环次数为 $n(n+1)/2$。阶乘累加和的循环次数如表 4.3 所示。

表 4.3　阶乘累加和的循环次数

	$n=10$	$n=500$	$n=1000$	n
非嵌套	10	500	1000	n 次
嵌套	55	125 250	500 500	n^2 次

当 n 为 100 万时,两者的运行时间相差近 100/2 万倍,当 n 为 10 亿时,两者的运行时间相差近 10/2 亿倍,从中可以分析出影响运行时间的最主要因素(没有之一)就是循环次数,因此,在计算机中一般用 n 的多少次方来估计程序的运行时间,并用下面的形式表示:

$$O(n^a)$$

其中,n 表示循环次数,a 表示 n 的次方,O 表示约等于。$O(n^a)$ 的含义是运行时间约等于 n 的 a 次方。

在 $O(n^a)$ 中的 n 和 a 往往与程序的复杂性相关,因此,将 $O(n^a)$ 称为时间复杂度。

上面的几个示例中,累加和、累乘积的时间复杂度为 $O(n)$,程序的时间复杂度低。采用嵌套方式的阶乘累加和程序,它的时间复杂度为 $O(n^2)$,而非嵌套方式程序的时间复杂度为 $O(n)$,采用嵌套方式比采用非嵌套方式慢很多。可以说,采用嵌套方式的程序是一个非常差的程序,而采用非嵌套方式的程序是一个非常好的程序。

> 在满足功能的前提下,可选择效率比较高的算法。

4.6.3　计算 ln2

前面以累乘积、累加和为例,详细讨论了在数列上使用递推构造循环的方法,这个方法是编程实现数学中很多复杂运算的基础,如求和、求极限等。

在初等数学中,有一个等于 ln2 的级数:

$$1-\frac{1}{2}+\frac{1}{3}-\frac{1}{4}+\cdots \approx \ln 2$$

可用这个级数求 ln2 的近似值。读者可思考,为什么求的是近似值,而不求精确值,精确值不是更好吗?

第 1 步，分解出数列。

可将这个级数视为一个数列 $\{a_i\}$ 的和，从中寻找规律，找到数列 $\{a_i\}$ 的通项公式为

$$a_i = (-1)^{i+1}\frac{1}{i}$$

发现规律，找到数列 $\{a_i\}$ 的通项公式，这点很重要。通项公式是后面计算的基础，如果找不到通项公式，就表示不出数列 $\{a_i\}$ 中前 k 个数的和。

用数列 $\{a_i\}$ 的通项公式表示数列 $\{a_i\}$ 中前 k 个数的和：

$$s_k = \sum_{i=1}^{k}(-1)^{i+1}\frac{1}{i}$$

当 k 从 1 到 ∞ 时，构成以上述公式为通项公式的数列 s，当 $k\to\infty$ 时，$s_k\to\ln2$，即

$$\ln2 = \lim_{k\to\infty}\sum_{i=1}^{k}(-1)^{i+1}\frac{1}{i}$$

现在已构造出一个数列 $\{s_i\}$，计算机可从 s_1 开始计算，但不能计算无穷次，需要一个结束条件。

显然，数列 $\{s_i\}$ 中的数是实数，实数就有精度的问题，在计算时需要满足一定的精度。在数学中，提供了估算精度的方法，其基本思路是用一个无穷小量来估算。

$$\ln2 = \sum_{i=1}^{n}(-1)^{i+1}\frac{1}{i} + \lim_{k\to\infty}\sum_{i=n+1}^{k}(-1)^{i+1}\frac{1}{i} = \sum_{i=1}^{n}(-1)^{i+1}\frac{1}{i} + O(n)$$

其中，$O(n)$ 为一个无穷小量，当 n 足够大时

$$\ln2 \approx \sum_{i=1}^{n}(-1)^{i+1}\frac{1}{i}$$

这时的计算误差为 $O(n)$。

可通过估计 $O(n)$ 的大小来估计计算的精度。估计 $O(n)$ 的方法有很多种，其中最简单的方法是使用第 n 项的绝对值来估计。如选择数列 $\{a_i\}$ 的第 n 项的绝对值来估计计算精度，即

$$|a_i| = \left|(-1)^{i+1}\frac{1}{i}\right| = \frac{1}{i}$$

当 $|a_i|$ 小于一个很小的数时，就结束循环。如果计算精度想达到小数点后 5 位，可将循环的结束条件设置为

$$|a_i| = \frac{1}{i} \leqslant 10^{-5}$$

使用上面的公式作循环结束的条件，我们只知道循环次数越多精度越高，但不知道会循环多少次，甚至不知道计算结果的精度达到多少位，能否达到精确到小数点后 5 位的要求。这些问题需要通过严格的数学推导来回答，通过工程实践来验证。

第 2 步，设计递推公式。

将 $k+1$ 代入数列 s 的通项公式，并进行变换，推导出数列 s 的递推公式。

$$s_{k+1} = \sum_{i=1}^{k+1}(-1)^{i+1}\frac{1}{i} = (-1)^{k+2}\frac{1}{k+1} + \sum_{i=1}^{k}(-1)^{i+1}\frac{1}{i} = (-1)^{k+2}\frac{1}{k+1} + s_k$$

但其中有一个幂运算 $(-1)^{k+2}$，需要将它化简为四则运算。

令 $t_k = (-1)^{k+1}$，构造数列 $\{t_k\}$，其递推公式为

$$t_{k+1} = (-1)\times(-1)^{k+1} = (-1)\times t_k$$

代入数列 $\{s_k\}$ 的递推公式，得到

$$s_{k+1} = (-1)\times t_k\frac{1}{k+1} + s_k$$

最终推导出如下两个递推公式：

$$t_{k+1} = (-1)\times t_k$$

$$s_{k+1} = t_{k+1}\frac{1}{k+1} + s_k$$

在上面的递推公式中，仅包含四则运算，实际上就是数列上的求和与求积，也就是前面花很大篇幅讨论的累乘积与累加和。

第 3 步，设计算法流程。

按照递推计算的思想，设计出计算 ln2 的算法流程，如图 4.18 所示。

在图 4.18 中，先计算当 $k=1$ 时的和 s_1，即 $s_1 = 1$；再假设已计算出 s_k，使用其两个递推公式计算 s_{k+1}，经过不断递推（循环），直到不满足循环条件 $1/(k+1)<10^{-5}$ 为止，并将最终计算出的 s_k 作为 ln2 的近似值。

循环条件没有直接判断循环变量 k 的次数，而是使用了一个包含循环变量 k 的条件表达式来控制循环。

与循环变量模式不同，使用一个条件表达式来判断是否结束循环时，常常没有办法预测出具体循环次数。本示例中，多循环几次或少循环几次对计算结果没有多少影响，而循环变量模式中，对循环次数的要求非常高，不能多一次，也不能少一次。

第 4 步，编写程序。

图 4.18 所示的计算 ln2 的算法流程，将其中的 3 个数学变量改为 3 个计算机中的变量，并为这 3 个计算机变量选择适当的数据类型，然后将递推公式改写为表达式，最终设计出计算 ln2 的程序流程，如图 4.19 所示。

图 4.19 中，变量 s 表示数列 $\{s_i\}$ 中的元素，存储 ln2 的一个近似值，考虑到精度问题，选用了 double 类型。k 表示数列的一个下标，t 表示 a_i 的符号，因此，这两个变量都设置为 int 类型。

按照图 4.19 中的流程，使用 while 语句写出计算 ln2 的程序，代码如例 4.10 所示。

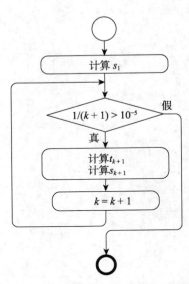

图 4.18　计算 ln2 的算法流程

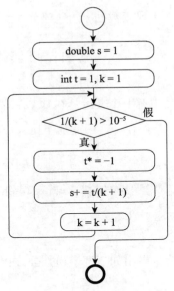

图 4.19　计算 ln2 的程序流程

【例 4.10】　计算 ln2。

```cpp
#include<iostream>
using namespace std;
void main()
{
    double s = 1;
    int k = 1, t = 1;
    while (1.0 / (k + 1) > 1e-5)
    {
        t *= -1;
        s += t / (double)(k + 1);
        k++;
    }
    cout << s << endl;
    system("pause");
}
```

需要注意的是，在计算 $1/(k+1)$ 时，必须使用数据类型转换运算将 int 转换为 double 类型，否则，计算出的结果会是一个整数，无论循环多少次都不能达到精度要求。

使用级数进行科学计算和工程计算是一种常用的方法。前面学习了使用级数计算 ln2 的一种方法，但计算一个级数的方法可能有多种。

如，对计算 ln2 的级数进行不同的分解，就会有不同的计算思路，也就会有不同的程序代码。

$$\ln 2 = 1 - \frac{1}{2} + \frac{1}{3} - \frac{1}{4} + \cdots = \left(1 + \frac{1}{3} + \frac{1}{5} + \cdots\right) - \left(\frac{1}{2} + \frac{1}{4} + \frac{1}{6} + \cdots\right)$$

分解为两个级数之差，先分别计算这两个级数的值，再相减。

$$\ln 2 = 1 - \frac{1}{2} + \frac{1}{3} - \frac{1}{4} + \cdots = \left(1 - \frac{1}{2}\right) + \left(\frac{1}{3} - \frac{1}{4}\right) + \cdots$$

从级数中分解数列，其通项公式为

$$\left(\frac{1}{i} - \frac{1}{i+1}\right)$$

其中，$i = 1, 3, 5, \cdots$。

读者可按照上述不同的分解思路进行编程练习，此处不再详细讨论。

再进一步深入思考，在高等数学中，使用极限的思想定义积分、微分、导数，由此，用求极限的方法能够计算积分、微分和导数，但构造出的数列必须收敛，并且数列的收敛速度越快，循环次数越少，计算效率越高。

4.6.4　判断素数

前面主要讨论使用递推计算构造循环、编写程序的方法，但实际应用中，很多计算问题只需要循环，但设计不出递推公式，也没有明显的递推过程。

在编程实践中，针对上述情况产生了一个更通用的循环模式，提出了通用循环模式的流程框架，如图 4.20 所示。

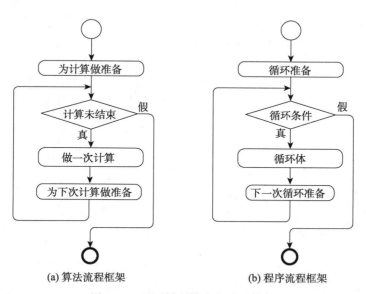

(a) 算法流程框架　　　　　(b) 程序流程框架

图 4.20　通用循环模式的流程框架

通用循环模式是对循环变量模式的一般化，应用范围更广泛。

下面以判断素数和图形输出为例，讨论通用循环流程框架的使用方法。

一个正整数，如果只有 1 和它本身两个因数，则称为素数或质数。有"几何之父"（father of geometry）美誉的古希腊数学家欧几里得（Euclid）在《几何原本》（*Elements*）中陈述并证明了素数有无穷多个。

　　密码是计算机安全的基石，而找到一个足够大的素数对提高密码的安全性有至关重要的作用。

　　前面给出的素数定义比较抽象，人能够理解，但计算机不能理解，需要转换为计算机能理解的语言。

　　可用数学的方法描述为，给定一个正整数 n，用[2, n–1]中的整数依次去除整数 n，如果有一个余数为 0，则整数 n 不是素数，如果都不能整除，则是素数。

　　按照数学的描述，可将[2, n–1]中的整数视为一个数列，如图 4.21 所示。很容易在这个数列上构造一个循环，设计出判断素数的流程，如图 4.22 所示。

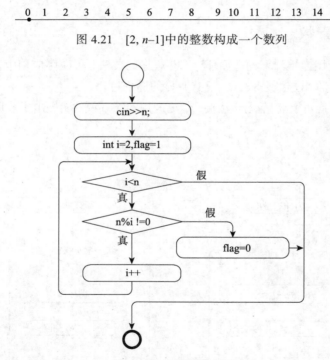

图 4.21　[2, n–1]中的整数构成一个数列

图 4.22　判断素数的流程

　　其中，用一个变量 flag 表示是否为素数。使用 for 语句描述如图 4.22 所示的流程，并增加输出等语句，编写出判断一个正整数是否为素数的程序，代码如例 4.11 所示。

　　【例 4.11】　判断一个正整数是否为素数。

```
#include<iostream>
using namespace std;
void main(){
    //输入
    int n;
```

```
    cout << "please input a number:\n";
    cin >> n;
    //处理
    bool flag = true;
    for (int i = 2; i < n; i++){              //找 n 的因数
        if (n%i == 0){
            flag = false;
            break;
        }
    }
    //输出
    cout << n << (flag ? "是素数" : "不是素数");
}
```

程序分为输入、处理和输出，结构清晰，逻辑简洁，变量 flag 在其中起了很大作用。

上面的程序循环次数约为 n，时间复杂度为 $O(n)$，当给定的 n 很大时，运算量也很大，能否改进一下算法，使计算量明显减少？

该程序是直接按照其数学定义编写的。只要稍微思考一下，就会排除两种情况：第 1 种，偶数肯定不是素数；第 2 种，($\sqrt{n}$，$n-1$] 中不可能有 n 的因数，范围可缩小到 $[2, \sqrt{n}]$。按照上面的思路，可优化判断素数的程序，代码如例 4.12 所示。

【例 4.12】　判断素数的优化程序。

```
#include<iostream>
#include<math.h>
using namespace std;
void main() {
    //输入
    int n;
    cout << "please input a number:\n";
    cin >> n;
    //处理
    bool flag = true;
    if (n % 2 == 0)
        flag = false;
    else{
        for (int i = 2; i <=sqrt(n); i++){      //找 n 的因数
            if (n%i == 0){
                flag = false;
                break;
            }
        }
    }//输出
    cout << n << (flag ? "是素数" : "不是素数");
}
```

在 for 语句的循环条件 i <= sqrt(n) 中，sqrt() 是标准函数，它的功能是求平方根。优化后的程序的时间复杂度为 $O(\sqrt[2]{n})$，运行速度有明显提高，这是因为优化后的程序明显缩小了判

断素数的范围。优化前后的判断范围比较如图 4.23 所示。

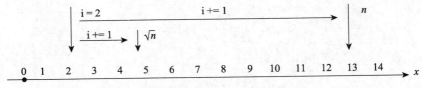

图 4.23　优化前后的判断范围比较

按照 for 语句的语义，每次循环都要调用 sqrt() 函数求 n 的平方根，sqrt() 的时间复杂度比较高，很多编译器都会优化，将它移到循环之前，先调用一次 sqrt() 函数求出 n 的平方根，并存储到一个临时变量，循环中直接使用这个变量而不再重新计算。

使用嵌套循环编程模式，可编写在一个范围内查找素数的程序，代码如例 4.13 所示。

【例 4.13】 在一个范围内查找素数。

```cpp
#include<iostream>
#include<math.h>
using namespace std;
void main(){
    //输入
    long a, b;
    cout << "请输入范围:\n";
    cin >> a >> b;
    cout << "从 " << a << " 到 " << b << " 范围内的素数有:\n";
    //处理
    int sqrtm;
    bool flag;
    if (a % 2 == 0)      //若为偶数，则增1
        a++;
    for (int n = a; n <= b; n += 2){    //步长为2
        sqrtm = sqrt(n);
        //处理
        flag = true;
        for (int i = 2; i <<= sqrtm; i++){//找 n 的因数
            if (n%i == 0){
                flag = false;
                break;
            }
        }
        //输出
        if (flag)
            cout << "," << n;
    }
}
```

例 4.13 中，在 a 到 b 范围内逐个判断其中的奇数是否为素数，判断过程如图 4.24 所示。因为偶数不是素数，循环步长为 2，但循环前要先判断第一个数是否为偶数。

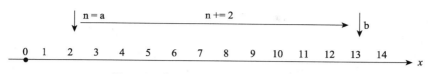

图 4.24　从 a 到 b 逐个判断是否为素数

程序员也可采用上面介绍的方法优化程序，但通过编程技巧来优化程序效果比较有限，更重要的是从方法上优化，效果才更加明显。

例 4.13 的程序中，查找一个范围内素数，做了很多重复的判断，效率不高，读者可查阅资料，找到效率更高的算法。

4.6.5　输出图形

图形由点、线、面构成，在输出图形时，一般要使用到几何中的基本知识。如，输出如图 4.25 所示的等腰三角形。

图 4.25 中，屏幕上的图形是由平面中的点构成的，可将屏幕视为一个平面，并使用直角坐标系表示其中每个点的位置。为了方便，将屏幕的左上角作为直角坐标系的圆点，x 轴方向仍然从左到右，但 y 轴方向与数学中常见的方向相反，设置为从上到下。

这样，可用坐标（x,y）标识屏幕上的每一个点，其中，坐标（x,y）中的 x 和 y 是自然数，通常将 x 称为屏幕上的列，将 y 称为屏幕上的行。

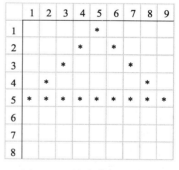

图 4.25　输出等腰三角形

等腰三角形由三条直线围成，可通过直线方程判断每个点是否在直线上。直线方程的一般形式为

$$y=kx+b$$

如果等腰三角形的高为 n 行数，可将等腰三角形的顶点（$n,1$）、（$1,n$）、（$2n-1, n$）代入直线方程的一般形式，分别求出三条直线的方程

$$y=n$$
$$y=x-n+1$$
$$y=-x+n+1$$

在方程中，等号"="表示相等，因此，将这三条直线的方程作为判断一个点是否在等腰三角形上的条件，其表达式为

```
y == n || y == x-(n-1) || y == -x+n+1
```

在显示一个图形时，可构造一个双重循环逐个输出屏幕上每个点（x,y）的符号。按照"自顶向下，逐步求精"的方法，先在行（y）上从 1 到 n 构造外循环，然后在列（x）上从 1 到 $2n-1$ 构造内循环，遍历屏幕上的点。在屏幕上遍历点的思路如图 4.26 所示。

按照在屏幕上遍历点的思路，设计出输出等腰三角形的流程，如图 4.27 所示。

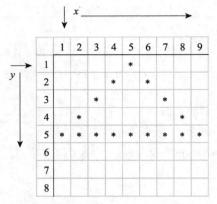

图 4.26 在屏幕上遍历点的思路

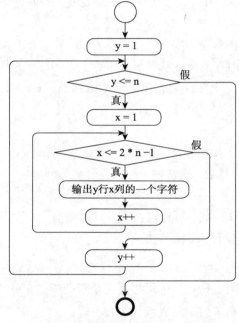

图 4.27 屏幕上输出点的流程

按照如图 4.27 所示的流程，将是否在等腰三角形上作为条件，控制每个点上的输出符号，编写出输出等腰三角形的程序，代码如例 4.14 所示。

【例 4.14】 输出等腰三角形。

```cpp
#include<iostream>
using namespace std;
void main(){
    int n;
    char ch;
    cin >> n >> ch;

    //输出所有行
```

```
for (int y = 1; y <= n; y++){
    //输出一行中的所有列
    for (int x = 1; x <= 2 * n - 1; x++){
        //输出每列中的一个字符
        if (y == n || y == x - (n - 1) || y == -x + n + 1)
            cout << ch;
        else
            cout << ' ';
    }
    cout << endl;
}
```

如果要填充三角形，可将三条直线的方程改为不等式方程：

$$y \leqslant n$$

$$y \geqslant x-n+1$$

$$y \geqslant -x+n+1$$

其中，$y \leqslant n$ 表示三角形在直线 $y=n$ 的上方，$y \geqslant x-n+1$ 表示三角形在直线 $y=x-n+1$ 的下方，$y \geqslant -x+n+1$ 表示三角形在直线 $y=-x+n+1$ 的下方。

三条直线围成的范围可用如下表达式判断：

```
(y <= n) && (y >= x - (n - 1)) && (y >= -x + n + 1)
```

参照如图 4.27 所示的流程，使用上述条件控制每个点上的输出符号，编写出输出填充等腰三角形的程序，代码如例 4.15 所示。

【例 4.15】 输出填充等腰三角形。

```
#include<iostream>
using namespace std;
void main(){
    int n = 6;
    char ch = '*';
    cin >> n >> ch;

    //输出所有行
    for (int y = 1; y <= n; y++){
        //输出一行中的所有列
        for (int x = 1; x <= 2 * n - 1; x++){
            //输出每列中的一个字符
            if ((y <= n) && (y >= x - (n - 1)) && (y >= -x + n + 1))
                cout << ch;
            else
                cout << ' ';
        }
        cout << endl;
    }
}
```

例 4.15 的程序输出实心等腰三角形，如图 4.28 所示。

	1	2	3	4	5	6	7	8	9
1					*				
2			*	*	*				
3		*	*	*	*	*			
4	*	*	*	*	*	*	*		
5	*	*	*	*	*	*	*	*	*
6									
7									
8									
9									

图 4.28　实心等腰三角形

4.7　循环的调试与维护

视频讲解

按照一般人的想法，调试循环好像很简单，编写好程序后直接运行程序，如果能得到正确的计算结果，就可认为程序没有问题。但实际上，很多时候不能事先知道所谓的正确结果，即使知道了正确结果，如果与程序的运行结果不同，也要去查找出错的原因。

因此，调试循环的目标是保证程序的循环流程与设计时完全相同，基本方法是比较两者的流程及每次循环的计算结果。调试循环的要点有三点：第一，进入循环是否正确，是否为第一次循环做好了准备；第二，每次循环的递推过程是否正确，是否能为下次循环做好准备；第三，退出循环是否正确，是否循环了预期次数，并能得到所期望的结果。

4.7.1　调试循环的基本方法

以累乘积为例讨论调试循环代码的基本方法。

```
int n=100;
int s=1, k=1;
    while (k<=n){
    s*=k;
    k++;
}
cout<<s;
```

调试程序的基本方法是人工运行程序，比较算法和计算机的运行过程，判断两者是否一致。

实际应用中，循环次数往往很大，人工难以完成所有的循环，因此，将调试的重点集中在进入循环、递推计算和退出循环 3 个环节。调试循环的 3 个关键环节如图 4.29 所示。

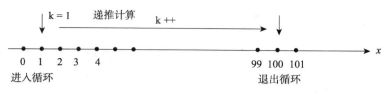

图 4.29 调试循环的 3 个关键环节

1. 检查进入循环和递推计算

首先，检查循环准备。应检查进入循环前相关变量的值，以判断是否为循环做好准备。如调试累乘积代码时，进入循环和递推计算前的变量状态，如图 4.30 所示。

其次，人工执行前 3 次循环。在前 3 次循环人工执行时，关注两点：第一，第 1 次循环时，循环变量 k 的初始值及其增加值是否正确，累乘变量 s 的初始值和计算结果是否正确；第二，第 2 次、第 3 次循环是否符合递推计算预期。

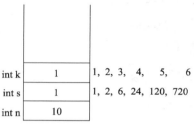

最后，推测递推计算是否正确。重点检查 s *= k 和 k++构成的计算序列与递推公式的计算过程是否相同。如果执行了前 3 次循环后，仍然不能推断递推计算的正确性，就多执行几次循环，直到能推断为止。

图 4.30 进入循环和递推计算

在调试器中调试程序时，要不断与算法比较，也要与计算机的运行结果比较，以判断算法的正确性和代码的正确性。

有经验的程序员，一般经过 3 次循环就能发现递推或退出循环时的错误，因此，建议进入循环时至少人工运行 3 次，退出循环时也人工运行至少 3 次。

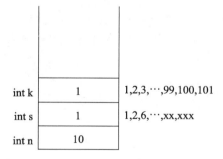

图 4.31 最后 3 次循环及退出时的内存状态

2. 检查最后 3 次循环

通过观察最后 3 次循环的情况，判断退出循环是否正确。其主要思路是，观察最后 3 次循环的执行流程及内存状态，判断循环次数是否符合预期，退出后变量状态是否符合预期。

如调试累乘积代码中，最后 3 次循环及退出时的变量值如图 4.31 所示。需要重点检查循环条件 k<=n，观察循环变量 k 为 99、100、101 时的运行情况，判断 100 是否累乘到变量 s，累加是否正确，当 k=101 时，能否退出循环，是否累乘到变量 s。

读者可以思考，如果 n 的值为 1000 时，需不需要人工计算 1000 次？会不会发生溢出？如果循环次数不可预知，如 4.6.3 节中计算 ln2 的程序，怎样判断循环正确？

在实际应用中，调试所有循环，工作量巨大，也没有必要，甚至不可能完成，这时就只能依靠程序员的逻辑思维能力和编程经验来推断递推计算的正确性。

4.7.2　维护循环代码

程序是按照代码的语义运行的，代码的结构是否简洁、语句的语义是否清晰，对调试程序的工作量和难度都有很大影响，因此，编写循环代码时需要选择适合的循环语句，以提高代码质量。

while、do … while 和 for 3 种循环语句都有自己适合的应用场景。如 for 语句，代码简洁但语义不够清晰，适合用于描述循环变量模式，一般不用于非循环变量模式；do … while 语句先执行循环体再进行条件判断，使用时要特别当心；while 语句语义清晰、明确，使用场景广泛，但代码不够简洁，循环变量模式中就尽量使用 for 语句。

循环条件的作用是控制循环，循环语句中的条件表达应专注于控制循环，尽量简单，一般不要承担循环体中的功能。

在循环中使用了 break 或 continue 语句时，退出情况就会变得复杂，明显增加调试的难度和工作量，尽量不要使用。

> 代码简洁是评价程序代码质量的重要指标。

在设计程序时，主要采用"自顶向下，逐步求精"的思想，而调试程序时，更多用到"自底向上"的思维模式，以验证设计的程序是否正确。

前面分表达式、分支和循环 3 种情况讨论了调试程序的基本方法，但在实际编程过程中，这 3 种情况总是交织在一起的，特别是分支和循环混合后，会导致调试程序的工作量呈级数增长，因此，高效地调试程序是对合格程序员最基本的要求，调试程序也是一个程序员的基本能力。按照分而治之的思想，综合运用各种调试程序的基本方法，经过长期艰苦的训练，才能不断培养调试程序的能力。

> 不断重复是人生的常态，但正因为常见，反而使我们没有意识到人生中的"重复"，没有意识到重复总有结束的时候，就像学生需要不断听课、不断读书、不断做练习，周而复始，这使得许多同学感觉生活太过平淡，反而没有意识到不断学习的重要性，到毕业时后悔莫及。

4.8　本章小结

本章主要学习了构造循环的基本知识和基本原理、按照递推思想构造循环的步骤和方法、深入学习了循环的两种基本模式，最后学习了调试和维护循环程序的步骤和方法。

从数学归纳法中引入了递推的概念，学习了构造循环的基本知识和基本原理，深入学习了使用递推构造循环的方法，举例说明了构造数列和设计递推公式的思路，需要掌握使用递推公式构造循环的步骤和方法。

学习了 while 语句、do … while 语句和 for 语句等循环语句的语法与语义，以及相关的计算机语言知识，需要掌握使用循环语句描述循环结构的方法。

学习了循环变量模式和嵌套循环模式，深入学习了循环变量模式的流程框架和代码框架，举例说明了使用循环变量模式描述循环的方法以及嵌套循环模式，需要掌握使用这两种编程模式编写循环结构程序的步骤和方法。

学习了循环结构的通用流程框架，举例说明了直接通过计算构造循环的编程步骤和方法。

学习了调试循环的基本方法，介绍了维护循环代码的基本知识。

4.9　习题

1. 使用 for 语句改写和 4.3.3 节 4.4 节中的程序，并上机调试通过。

2. 编程输出下面 3 个图案中的一个。

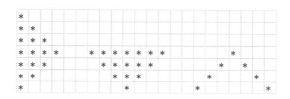

要求用户输入一个符号和行数（1~20）。如果用户输入无效行数，则发出信息并询问用户是否想重新输入。如果获得肯定回答，则让用户重新输入符号和行数，否则退出程序。

3. 编写一个程序，依次输入一系列正整数，如果遇到的整数为 0，则不再输入整数，然后输出已输入数中的最大整数，再输出其余整数中的最大整数。

4. 输入一个不超过 10^9 的正整数，从低位到高位输出各个位上的数，最后输出它的位数。例如输入 12735，输出 53721 和位数是 5。

5. 如果一个正整数 a 是某一个整数 b 的平方，那么这个正整数 a 叫作完全平方数。零也可称为完全平方数。

（1）写出通过递推方式求 200 以内的完全平方数的程序。

（2）写出只使用加法求完全平方数的程序。

6. 若 3 位数 ABC 满足 ABC=A^3+B^3+C^3，则称其为水仙花数（daffodil）。例如 153=1^3+5^3+3^3，所以 153 是水仙花数。编写程序，输出 100~999 中的所有水仙花数。

7. 输入两个正整数 n,m，满足 $n<m<10^6$，输出 $\dfrac{1}{n^2}+\dfrac{1}{(n+1)^2}+\cdots+\dfrac{1}{m^2}$，保留 5 位小数。

8. 排序组合是概率的基础，编程实现下面的排列组合公式。

$$A_n^m = \frac{n!}{(n-m)!} \qquad C_n^m = \frac{n!}{(n-m)! \times m!}$$

9. 级数在工程实践中有很重要的作用，编程计算下面的级数。

$$\frac{1}{1 \times 2} + \frac{1}{2 \times 3} + \cdots + \frac{1}{(n-1) \times n}$$

$$\frac{1}{1}+\frac{1}{7}+\frac{1}{49}+\cdots+\left(\frac{1}{7}\right)^{n}$$

$$1+\frac{1}{3}+\frac{1}{5}+\frac{1}{7}+\cdots+\frac{1}{2n-1}$$

$$1-\frac{1}{4}+\frac{1}{7}-\frac{1}{10}+\cdots+(-1)\frac{1}{3n-2}$$

10. 使用下面的级数编写程序求π的近似值，有效位保留小数点后 7 位。

$$1-\frac{1}{3}+\frac{1}{5}-\frac{1}{7}+\cdots=\frac{\pi}{4}$$

第 5 章

函 数

随着计算机应用的深入，计算机能够解决的实际问题越来越复杂，程序也越来越长，常见的程序一般都有成千上万行代码，如操作系统这类程序，会达到几百万行甚至上千万行的代码，怎样组织和管理程序就成为非常重要的问题。

数学中的函数提供了解决这个问题的基本思路和方法，可按照函数的思想组织和管理程序，编写程序。

5.1 数学函数与黑盒思维

函数在数学中是一种对应关系，是从非空数集 A 到非空数集 B 的对应，其定义为：设 A 是一个非空集合，B 是一个非空数集，若对 A 中的每个 x，B 中存在唯一的一个元素 y 与之对应，则称对应关系是 A 上的一个函数，记作

$$y=f(x)$$

其中，x 称为自变量，y 称为因变量，习惯上也说 y 是 x 的函数。

实际上，函数 f 定义了从非空数集 A 到非空数集 B 的一种函数映射关系，如图 5.1 所示。

除了 $y=f(x)$ 的形式外，还可以用图形方式表示函数，函数的图形表示如图 5.2 所示。

如图 5.2 所示，函数 f 将 x 的值映射为 y 的值。箭头方向表示映射方向，这与平时从左到右的生活习惯非常符合，非常直观，很容易理解。

函数的更一般的形式为

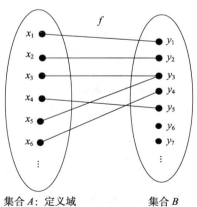

图 5.1 函数映射关系

$$y = f(x_1, x_2, \cdots, x_n)$$

函数 f 将多个数映射到一个数，有多个自变量，其图形表示如图 5.3 所示。

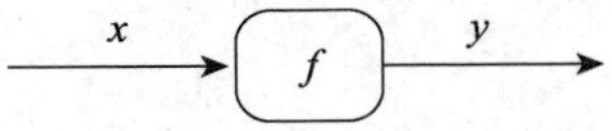

图 5.2　函数的图形表示 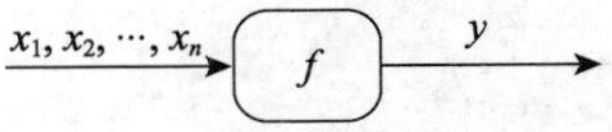　　　　　　图 5.3　多自变量的函数

多对多这种对应关系在计算机中很重要，但为什么要把它排除在函数以外呢？为了搞清楚这个问题，需讨论函数的计算。

求梯形面积的公式为

$$s = \frac{a+b}{2}h$$

如果一个梯形上底为 2，下底为 4，高为 5，先按照表达式中讨论的方法，将它们分别代入公式，再进行四则运算，得到梯形的面积 15。

$$s = \frac{a+b}{2}h = \frac{2+4}{2} \times 5 = 15$$

可将梯形面积的公式理解为一个函数 f，函数 f 是从向量 (a,b,h) 构成的集合到实数集的映射，是多对一映射，即

$$f(a,b,h) = \frac{a+b}{2}h$$

在计算梯形面积的过程中，先将上底 2、下底 4、高 5 分别代入函数，即

$$s = f(2,4,5)$$

然后再根据梯形面积公式计算函数 f 的值，即

$$f(2,4,5) = \frac{a+b}{2}h = \frac{2+4}{2} \times 5 = 15$$

最后得到梯形的面积 15，即

$$f(2,4,5)=15$$

使用梯形面积的公式会不会计算出多个值呢？从来没有过，这是常识。所以，将多对一或一对一类型的映射定义为函数，是为了保证计算的唯一性。

如果将函数视为"处理"，那么，代入函数自变量的值就是处理的"输入"，函数值就是处理的"输出"，这就是计算机中最基础的"输入—处理—输出"模型，如图 5.4 所示。

按照"输入—处理—输出"模型，有助于从计算的角度重新理解函数的作用。如，可将 $f(2,4,5)=15$ 理解为函数 f 的一次计算，这次计算的输入为 2、4、5 三个数，输出为 15，如图 5.5 所示。

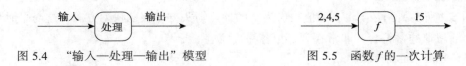

图 5.4　"输入—处理—输出"模型　　　　　图 5.5　函数 f 的一次计算

计算机中"输入—处理—输出"模型虽然非常简单但很重要，是理解"计算"的基础。下面以求两个梯形的面积之和为例，讨论其在计算中的作用和意义。

如果一个梯形上底为 2，下底为 4，高为 5，另一个梯形上底为 3，下底为 7，高为 2，用函数将这两个梯形的面积之和表示为

$$f(2,4,5)+f(3,7,2)$$

可用"输入—处理—输出"模型分别表示 $f(2,4,5)$ 和 $f(3,7,2)$，并将加法运算视为一个函数，也用"输入—处理—输出"模型表示出来，然后，按照计算的顺序将它们串在一起，构成一个描述 $f(2,4,5)+f(3,7,2)$ 计算步骤的图形，如图 5.6 所示。

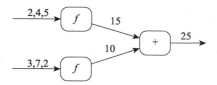

图 5.6　$f(2,4,5)+f(3,7,2)$ 的计算步骤

图 5.6 中，将梯形面积公式 $f(a,b,h)$ 视为一个整体，没有包含求 $f(a,b,h)$ 的具体计算步骤。使用梯形面积公式的运算序列图分别描述 $f(2,4,5)$ 和 $f(3,7,2)$ 的计算过程，并增加到如图 5.6 所示的计算步骤中，分两个层次描述 $f(2,4,5)+f(3,7,2)$ 的计算步骤，如图 5.7 所示。

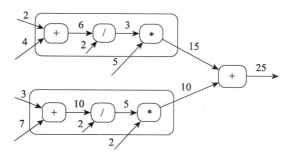

图 5.7　分两个层次描述 $f(2,4,5)+f(3,7,2)$ 的计算步骤

图 5.6 中，将梯形面积公式 $f(a,b,h)$ 视为一个整体，就像一个黑盒子一样，不关心梯形面积公式 $f(a,b,h)$ 的计算步骤，这种处理问题的思维方式称为**黑盒思维**，并将图 5.6 中的 $f(a,b,h)$ 称为**黑盒**，与黑盒相对，将图 5.7 中的 $f(a,b,h)$ 称为**白盒**。

为了加深对黑盒和白盒的理解，将 $f(a,b,h)$ 从图中提取出来单独进行比较，如图 5.8 所示。显然，黑盒比白盒简单得多。

黑盒思维是一种重要的思维方式，能够降低处理事情的复杂程度。

如，将计算两个梯形的面积视为两件事。第一件事，怎样计算两个梯形的面积，将关注重点放在"两个"上，只需考虑将两个图形面积相加，即 $f(2,4,5)+f(3,7,2)=15+10=25$。

第二件事，怎样计算梯形的面积，将关注重点放在"梯形"上，只需考虑使用梯形面积公式计算一个梯形的面积。

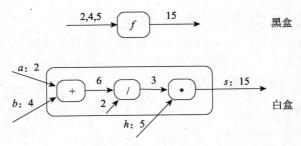

图 5.8　黑盒与白盒的比较

做的两件事情，明显比原来的一件事情简单很多，特别是第一件事中将 $f(2,4,5)$ 和 $f(3,7,2)$ 视为黑盒，处理起来非常简单，明显降低了做事情的复杂程度。

进一步思考会发现，无论计算什么样的图形面积之和，只要图形有求面积的公式，都可以按照黑盒思维，将它分解为两件事情：第一件事，计算图形的面积之和；第二件事，使用求面积的公式计算各种图形的面积。

黑盒思维是一种基本的思维方式，被广泛应用于解决各种实际问题。

5.2　计算机函数

视频讲解

在实际生活中经常需要求梯形面积，因此可将梯形面积的公式定义为一个函数，并使用这个函数计算多个梯形面积之和。如使用函数计算两个梯形面积之和，代码如例 5.1 所示。

【例 5.1】　使用函数计算两个梯形面积之和。

```cpp
#include<iostream>
using namespace std;
//将梯形面积公式定义为计算机函数
double  f(double a, double b, double h)  //数学函数 f(a,b,h)
{
    return (a + b) / 2 * h;              //梯形面积公式
}
int main(){
    int s;
    s = f(2, 4, 5) + f(3, 7, 2);        //求两个梯形的面积之和
    cout << s;
    return 0;
}
```

例 5.1 中，定义了 main( ) 和 f( ) 两个计算机函数。计算机函数 f( ) 使用梯形面积公式计算一个梯形的面积，其代码为：

```cpp
double  f(double a,double b,double h) //数学函数 f(a,b,h)
{
    return (a + b) / 2 * h;           //梯形面积公式
}
```

其中，double f（double a,double b,double h）表示定义一个计算机函数；(a + b) / 2 * h 是梯形的面积公式改写的表达式；return 表示(a + b) / 2 * h 的值作为函数返回（return）。

计算机从 main( )函数开始执行例 5.1 所示的程序，在 main( )函数中通过表达式 s=f(2, 4, 5) + f(3, 7, 2)调用（使用）计算机函数 f( )，总共调用两次，每次调用计算一个梯形的面积。

在表达方面，double f(double a,double b,double h)与数学函数 $f(a,b,h)$ 非常相似，计算机函数中，只增加了变量的数据类型 double。计算机函数与数学函数在表达上的对比如图 5.9 所示。

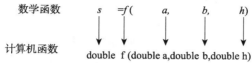

图 5.9　计算机函数与数学函数在表达上的对比

在数学中，用函数解决实际问题时，分为定义函数和使用函数两个步骤，同样，计算机语言中，也分为定义函数和调用函数两个步骤。

5.2.1　定义函数

计算机语言中，定义函数的语法如下：

返回类型　函数名(数据类型　参数 1，数据类型　参数 2，…，数据类型　参数 n) //函数头
{
　　//函数体
}

函数定义包括函数头和函数体两部分。**函数体**包含实现函数功能的代码，在调用函数时执行这些代码。

函数头的语法，除了增加数据类型的表述外，与数学函数的记法非常类似。数学函数与计算机函数的对应关系如图 5.10 所示。

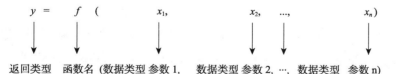

图 5.10　数学函数与计算机函数的对应关系

函数名是一个标识符，用于区分不同的函数。数学中的 f、f_1 这类符号，抽象程度太高，在编程中，一般不使用类似符号命名函数。函数名一定要"见名知义"，通过函数名就能知道函数的功能，如，将取两个数中最大数的函数命名为 max，将取两个数中最小数的函数命名为 min。

函数的参数可以有多个，用逗号分隔，形成一个参数列表。每个参数都由数据类型和参数名构成，参数名用于区分函数中的参数，一般不用比较长的名称而用比较简短的名称，必

须明确指定每个参数的数据类型。

在定义函数和调用函数时都涉及参数，为了便于交流，一般将定义时的参数称为**形参**，调用时的参数值称为**实参**。"参数"这个术语源于数学中的函数，在定义函数时，参数的作用是表示参数的位置，即占位，与使用什么名称没有多大关系，是形式上的，因此，称为形参；在调用函数时，要将参数的实际值传递给函数，参与实际计算，因此，将它称为实参。

函数的数据类型指函数值的数据类型，可以是前面学习的各种基本数据类型，如 int、float 或 double，如果不返回函数值，则用 void 表示，其语义是函数值的数据类型为 void。

下面以幂函数为例，更直观地讨论定义函数的方法。

$$power(x,n)=x^n$$

定义一个计算机函数实现数学中的幂函数，其代码结构如图 5.11 所示。

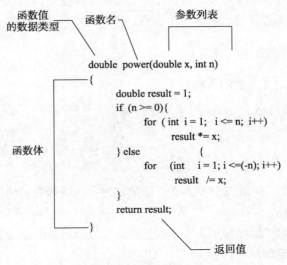

图 5.11　幂函数的代码结构

如图 5.11 所示，幂函数的代码包括函数头和函数体两部分。函数头中规定，函数名为 power，函数值的数据类型为 double，有 x 和 n 两个参数，其数据类型分别为 double 和 int。

函数体中包含了计算 x^n 的代码，以及返回计算结果的 return 语句。

计算 x^n 的代码是根据如下分段函数编写的。

$$power(x,n)=x^n=\begin{cases} x^n, & n \geq 0 \\ \dfrac{1}{x^{-n}}, & n < 0 \end{cases}$$

5.2.2　函数的调用

计算机语言中都提供了函数调用的功能，C/C++中，函数调用被当作一种运算。函数调用的语法和语义如表 5.1 所示。

表 5.1　函数调用的语法和语义

运算符	名称	结合性	语法	语义或运算序列
( )	函数调用 Function call	从左到右	expf(exp1,exp2,…, expn)	调用进入：调用略。 执行函数体：从函数体中第一行语句开始执行函数体；通过 return 语句将返回值赋值给临时变量 R，并跳转到函数返回。 退出返回：略。 执行完包含函数调用的语句时，回收临时变量 R

函数调用的语法为

```
expf(exp1,exp2,…,expn)
```

其中，expf 为函数名，括号中的表达式 exp1，exp2，…，expn 组成了实参列表。

函数调用包含进入函数调用、执行函数体和退出返回三个步骤，并规定每个步骤的语义，比较复杂。下面先以求两个数的最大值为例，介绍函数调用的三个步骤，如图 5.12 所示。

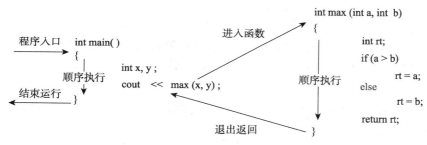

图 5.12　函数调用的三个步骤

执行程序时，不是按照源程序中定义函数的前后顺序执行的，无论函数定义的前后顺序怎样，程序总是从 main( )函数开始执行的。

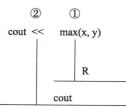

图 5.13　cout << max(x, y)的计算顺序

如图 5.12 所示，main( )函数使用 cout << max(x, y)调用 max( )函数。当执行到 cout << max (x, y)时，先调用 max( )函数，再执行<<运算。cout << max(x, y)的执行顺序如图 5.13 所示。

调用 max( )函数时，先将变量 x 和 y 中的值传递给变量 a 和 b，然后执行函数体中的语句，最后执行 return 语句返回 a 和 b 中的最大值。函数调用执行结束后，继续执行 cout << max(x, y) 中的<<运算，输出 max(x, y)函数返回的值。

执行程序时，操作系统（OS）将程序装入内存，并调用 main( )函数，执行 main( )函数中的代码；当执行到 cout << max(x, y)时，调用 max( )函数，进入函数调用并传递参数，执行 max( )函数中的代码，退出 max( )并返回函数值，继续执行 cout << max(x, y)中的<<运算，输出 max(x, y)函数返回的值；退出 main( )函数，返回到操作系统。运行程序时的调用过程如图 5.14 所示。

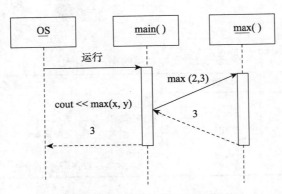

图 5.14　运行程序时的函数调用过程

函数调用的过程是按照数学中的计算方法设计的，但在计算机中需要解决的主要问题是怎样实现参数的"代入"，怎样将计算结果返回给调用语句。

函数调用的三个步骤中，进入函数和退出返回是计算机自动实现的，除了在执行函数体中使用 return 退出并返回函数值外，程序员不需要做什么事情。

5.2.3　函数调用的内部机制

在计算机中使用一种称为"栈"的机制实现函数调用的语法和语义，"栈"的工作原理就像在子弹匣中压子弹一样，最先压入的子弹最后才发射出去，最后压入的子弹则先发射出去。

下面仍然以求两个数的最大值为例，讨论函数调用的内部机制，完整代码如例 5.2 所示。

【例 5.2】　求两个数的最大值。

```cpp
#include<iostream>
using namespace std;
int max(int a, int b){
    int rt;
    if (a > b)
        rt = a;
    else
        rt = b;
    return rt;
}
void main()
{
    int x = 2, y = 3;
    cout << max(x, y);
}
```

1. 执行 main( )函数中的代码

main( )函数中只有两条语句，第 1 条语句"int x=2, y=3;"在"栈"中为变量 x 和 y 分配存储空间，并进行了初始化。调用 max( )函数前的内存状态如图 5.15 所示。

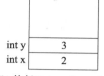

(a) 进入 main () 函数时　　　(b) 执行"int x = 2, y = 3;" 后

图 5.15　调用 max( ) 函数前的内存状态

第 2 条语句"cout << max(x, y);"是表达式语句，表达式中包含了<<和函数调用两个运算，执行顺序为先调用 max(x, y)再执行<<。

2. 调用 max( )函数

按照函数调用的语义，调用 max(x, y)分为进入函数调用、执行函数体、退出返回三个阶段。

第 1 阶段：进入 max( )函数调用"{"。

执行 max( )函数中的语句前，需要做一些准备工作，可理解为，执行 max( )函数的"{"。

为返回值分配存储空间。为 int max(int a,int b)函数的返回值预先分配 int 类型的存储空间，这个存储空间是系统自动管理的，不需要程序员来管理，但为交流方便，给它取一个名称 R，并称它为临时变量 R，如图 5.16(a)所示。

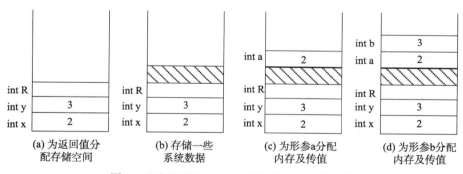

(a) 为返回值分　　　(b) 存储一些　　　(c) 为形参a分配　　　(d) 为形参b分配
　配存储空间　　　　系统数据　　　　内存及传值　　　　内存及传值

图 5.16　调用进入 max( )函数的内存变化过程

保护现场。存储一些系统数据，以便函数调用后能够返回去执行语句"cout << max(x, y);"中的<<运算。在内存图中用带阴影的内存块示意，如图 5.16(b)所示，

依次传递参数。依次为 int max(int a,int b)中的形参 a 和 b 分配存储空间，并将 max(x, y)中实参 x 和 y 的值依次赋值给形参 a 和 b。传递参数过程如图 5.16(c)和图 5.16(d)所示。

调用进入 max( )函数后的内存状态如图 5.16(d)所示，为执行函数体做好了准备。

第 2 阶段：执行 max( )函数体。

依次执行函数体中语句，其中，"return rt;"是一条语句。return 语句的语法为

```
return exp;
```

其语义为，计算 exp 并将计算的值存入临时变量 R，并跳转到函数返回阶段，可理解为，跳转到函数的"}"。

语句"return rt;"的语义为，从变量 rt 中取出值 3，并存入临时内存空间 R，以便将函数值 3 返回到函数 main( )，然后跳转到函数的"}"，进入调用返回阶段。将 max 的函数值 3 返回到函数 main( )的过程如图 5.17 所示。

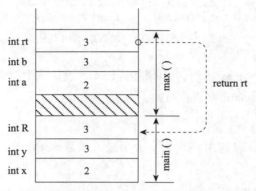

图 5.17　将 max 的函数值 3 返回到函数 main( )的过程

在程序实际运行时，函数调用一般是先分配返回值的内存，再分配形参的内存，最后保护现场，考虑到函数调用是自动实现的，对程序员透明，因此在图 5.17 所示的内存状态中特意交换了分配形参内存和保护现场的顺序，以便调用函数的逻辑更清晰，更容易理解。

第 3 阶段：退出 max( )函数返回 main( )函数"}"。

按照退出返回的语义，先回收 max( )中的变量 rt，再回收变量 b，然后回收变量 a，最后恢复现场，退出 max( )返回到 main( )函数中的调用点，去执行"cout << max(x, y);"中的<<。

从 max( )返回 main( )函数的过程中的内存变化情况如图 5.18 所示。

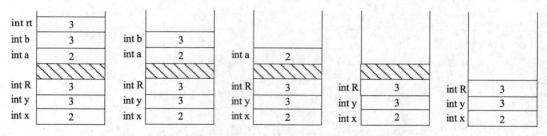

图 5.18　从 max( )返回 main( )函数的过程中的内存变化情况

其中，存储 max( )函数返回值的临时变量 R 没有回收，这样就能够在 main( )函数中访问临时变量 R 中的值，保证了返回值从 max( )函数返回 main( )函数。

3. 继续执行 main( )函数中的代码

调用 max(x, y)结束后，继续执行"cout << max(x, y);"中的<<。

继续执行"cout << max(x, y);"中的插入运算<<时，max(x, y)的计算结果为临时变量 R，相当于执行"cout <<R;"，输出 R 中的值 3。

按照 C++的规定，变量 R 是"cout << max(x, y);"语句中的临时变量，只能在这条语句中使用，因此，执行"cout << max(x, y);"语句后，才回收存储 max( )函数返回值的临时变

量 R。回收临时变量 R 后，内存的状态应与该调用 max( )前的内存状态完全一样。

退出 main( )函数前，与定义变量相反的顺序回收 main( )函数的变量 y 和 x，清空"栈"中所有的变量。

4. 管理变量的"栈"机制

在函数调用过程中，计算机内部使用"栈"机制管理内存中的变量。按照定义变量的顺序，在"栈"中"自底向上"为变量分配内存，退出返回时，按照相反的顺序在"栈"中"自顶向下"回收变量内存，并保证了函数调用前后"栈"中的变量相同。管理变量的"栈"机制如图 5.19 所示。

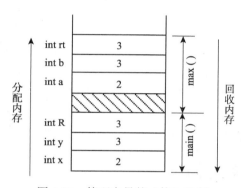

图 5.19　管理变量的"栈"机制

从逻辑上讲，"栈"采用的是"先进后出"的策略。根据管理变量的"栈"机制，函数调用三个步骤的语义如下。

进入函数调用：为返回值创建 type 类型长度的临时存储空间 R；保护现场，将返回地址等重要参数压入栈中保存；传递参数，在栈区依次为形参（变量）s1，s2，…，sn 分配指定类型的存储空间，并将实参 exp1，exp2，…，expn 的计算结果分别传递给形参。

执行函数体：从函数体中第一行语句开始执行函数体；通过 return 语句将返回值赋值给临时变量 R，并跳转到退出返回。

退出返回：按照分配时的相反顺序回收形参（变量），即先回收形参 sn，最后回收形参 s1，恢复现场，重新读取被保存的返回地址等参数，回收这部分内存空间，并返回到调用点继续执行。

返回到调用函数后，从调用点继续执行，即从临时变量 R 中取出函数的返回值，继续执行完包含函数调用的语句，执行完这条语句后，再回收临时变量 R。

5.2.4　函数的原型

数学函数的表示形式

$$y = f(x_1, x_2, \cdots, x_n)$$

非常重要。如 max( )函数，无论在 max( )函数的定义还是调用中，都涉及函数的表示形式，并据此写出如下代码：

```
int max(int a,int b);
```

这段代码的语义说明了三件事情：第一，函数的函数名为 max；第二，有 a,b 两个参数，参数的数据类型都为 int；第三，函数返回一个 int 类型的值。

无论在定义 max( )函数时，还是在调用 max( )函数时，都必须符合 int max(int a,int b)规定的语义，因此，将 int max(int a,int b)称为 max( )函数的原型，简称 max( )的函数原型。

在 C/C++语言中，提供了一条语句来声明函数的原型，其语法为

```
返回类型 函数名（参数表）；
```

这个语法与定义函数时函数头的语法完全相同，但可以省略形参名，如下面两条语句声明的是同一个函数的原型。

```
int max(int a,int b);
int max(int,int );
```

为什么可以省略形参名称？这是因为在函数调用时不需要形参的名称，只需要知道每个参数的位置及数据类型，因此，在声明函数原型时可以省略形参名称。

计算机语言具有声明函数原型的能力后，就可以将定义函数和使用函数分离，一些程序员负责定义函数，如开发语言的专业公司负责编写 sin( )、cos( )等计算机语言函数库中的函数，而一些程序员则负责使用这些函数解决实际问题，如应用工程师直接调用计算机语言中的库函数。

标准库函数的函数原型以头文件的方式提供，在程序中，用#include 命令引入头文件后就可以调用头文件中声明的函数。

计算机语言中的函数对数学函数进行了扩展，不仅能表示数学中的函数，而且可以没有输入参数，也可以没有返回值。

例如：没有返回值。

```
void delay(long a)
{
    for (int i = 1; i <= a; i++);//延迟一个小的时间片
}
```

其中，void 是一种数据类型，其含义是"没有"，也称为"空"，这里表示 delay( )函数不需要用 return 语句返回任何值，如果在 delay( )函数体内增加 return 语句，也只能是不返回值的 return 形式，不能是 return exp 形式。

例如：没有输入参数。

```
int geti()                        //从键盘上获取一个整型数
{
    int x;
    cout << "please input a integer:\n";
    cin >> x;
    return x;
}
```

例如：没有参数，也不返回值。

```
void message()                  //在屏幕上显示一条消息
{
    cout << "This is a message.\n";
}
```

在 C/C++ 语言中，需要区分"声明"和"定义"两个术语，它们的含义不完全相同。"定义"包含了创建、分配等含义。如，定义一个变量 a，表示需要在内存中创建变量 a，要为这个变量分配内存；再如，定义一个函数 f( )，编译器需要为函数 f( )生成目标代码，在代码段为生成的目标代码分配内存。而"声明"只表示"有"什么，如，声明函数 f( )，表示有这个 f( )函数，可以调用它，但不会生成目标代码，也不会分配内存。"定义"的含义包含了"声明"的含义，反过来就不（一定）正确。

5.3 变量管理

视频讲解

一个程序在运行时，操作系统为程序分配了代码区、全局数据区、栈区和堆区 4 个内存区域，用于存储代码、全局数据、局部数据和动态数据。程序的内存区域如图 5.20 所示。

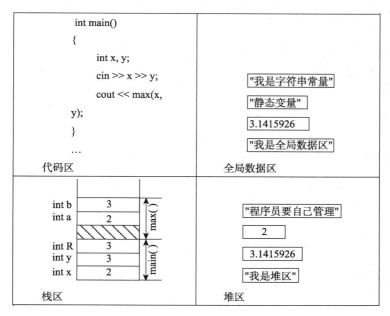

图 5.20　程序的内存区域

程序的 4 个内存区域是分开的，并采用不同的管理方式。**代码区**存储程序的可执行代码，受到操作系统监控，不允许修改，以提高程序的安全性。**全局数据区**存储全局变量和字符串常量等全局数据。**栈区**存储程序的局部数据，使用栈来管理其中的数据。前面 3 个内存区域都是由系统自动管理的，但**堆区**比较特别，它是为程序员准备的内存区域，由程序员根据需要动态管理。

（microcourse video edition）

5.3.1　局部变量、全局变量

在计算机言语中，主要有全局变量、局部变量，局部变量又分为动态局部变量和静态局部变量两种变量，它们在编程中的作用也不一样，使用场景也有所不同。

全局变量指在函数外定义的变量，存放在全局数据区。当一个程序运行时，系统已为这类变量分配了存储空间，理论上程序中的所有函数都能使用这些变量，当程序运行结束后，系统回收这类变量。

局部变量指函数中定义的变量，其中动态局部变量存放在栈区。系统采用栈机制管理函数内定义的动态局部变量。每次调用一个函数，都要先给动态局部变量分配存储空间，然后才能使用这些变量，结束函数调用后，系统会回收这些变量的存储空间，回收后不能再使用。

在局部变量前加上 static 关键字，就成了静态局部变量。静态局部变量存储在全局数据区，并采用与全局变量相同的方法来管理，这与全局变量相似；但只能在定义它的函数中使用，这点与局部变量非常相似。静态局部变量的初始化与全局变量类似，如果没有初始化，则 C/C++语言自动将其初始化为 0。

但是，以显式的方式初始化所有的变量是一个良好的编程习惯。实际编程中，动态局部变量使用非常频繁，常常将其简称为局部变量。

下面通过示例介绍变量管理的机制，代码如例 5.3 所示。

【例 5.3】　变量管理的机制。

```cpp
#include<iostream>
using namespace std;
void func();
int n = 1;                  //全局变量
void main(){
    static int a;           //静态局部变量
    int b = -10;            //局部变量
    cout << "a:" << a
       << "  b:" << b
       << "  n:" << n << endl;
    b += 4;
    func();
    cout << "a:" << a
       << "  b:" << b
       << "  n:" << n << endl;
    n += 10;
    func();
}
void func(){
    static int a = 2;  //静态局部变量
    int b = 5;              //局部变量
    a += 2;
    n += 12;
    b += 5;
    cout << "a:" << a
```

```
            << " b:" << b
            << " n:" << n << endl;
}
```

执行 main( ) 函数的第 1 条语句前，操作系统已经为全局变量、静态局部变量、字符串常量等全局数据区中的变量分配了存储空间，并进行了初始化。在以后的运行过程中，不会再对这些变量分配存储空间，也不会初始化。

例 5.3 中，定义了一个全局变量 n 和两个名为 a 的静态局部变量，这 3 个变量都存储在全局数据区。换句话说，全局数据区有一个全局变量 n 和两个名为 a 的静态局部变量。main( ) 和 func( ) 两个函数中都可以访问全局变量 n，但 main( ) 函数中只能访问 main( ) 函数内定义的静态局部变量 a，func( ) 函数中只能访问 func( ) 函数内定义的静态局部变量 a，不能交叉访问。

main( ) 函数中第 1 次输出时的内存状态和输出结果如图 5.21 所示。

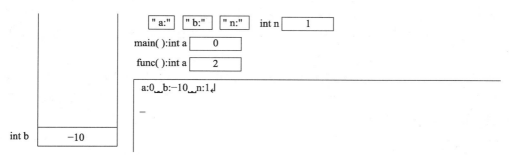

图 5.21　main( ) 函数中第 1 次输出

语句"static int a;"的语义为，定义一个 int 类型的静态局部变量 a，编译器在全局数据区为它规划了存储空间，并在程序运行前，操作系统已为它分配了内存并进行了初始化，因此，这条语句不再执行。

语句"int b = -10;"定义一个局部变量，在栈中为它分配存储空间，并初始化为-10。

输出变量 a。在栈中没有找到变量 a，然后在 main( ) 函数的静态变量中找到变量 a，因此，输出静态变量 a 的值 0。

输出变量 b。在栈中找到变量 b，因此，输出它的值-10。

输出变量 n。在栈中没有找到变量 n，然后在 main( ) 函数的静态变量中也没有找到变量 n，最后在全局变量中找到变量 n，因此，输出全局变量 n 的值 1。

同样，b += 4 中的变量 b 也是栈中的变量 b，加 4 后变成-6。

func( ) 函数中第 1 次输出时内存状态和输出结果如图 5.22 所示。

func( ) 函数体中，语句"static int a = 2;"已执行，不再重复执行。

语句"int b = 5;"定义一个局部变量 b，在栈中为其分配存储空间，并初始化为 5。这个变量虽然与 main( ) 函数中的变量 b 同名，但它是 func( ) 的局部变量，不会出现二义性，因此，这样的语句符合语法。

在图 5.22 中，两个变量 b 被保护现场的斜纹矩形分开，斜纹矩形下面的是 main( ) 函数的变量 b，上面的是 func( )函数的变量 b。语句"b += 5;"中，从上到下在栈中找变量 b，找到的就是 func( )的变量 b。

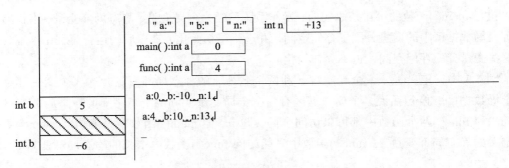

图 5.22　func( )函数中第 1 次输出

需要注意的是，在栈中找变量时，不会跨越保护现场的斜纹矩形，只会在从上到下第 1 个斜纹矩形的上面找局部变量，如果没有找到，就认为局部变量中没有这个变量。这就是内存图中将为函数参数的分配内存与保护现场进行交换的原因。

语句"a += 2;"修改 **func( )** 的静态变量 a，语句"n += 12;"修改的是全局变量 n。

读者可按照上面的方法，画出 main( )函数中第 2 次输出和 func( )函数中第 2 次输出时的内存图，并得到下面的输出结果。

```
a:0␣␣b:-10␣␣n:1 ↵
a:4␣␣b:10␣␣n:13 ↵
a:0␣␣b:-6␣␣n:13 ↵
a:6␣␣b:10␣␣n:35 ↵
_
```

对比两次调用函数 func( )时函数的输出结果可以发现，局部变量 b 的输出相同，而静态局部变量 a 的输出不同。这是因为局部变量的内存空间分配在栈中，每次调用结束后该部分内存会被回收，所以每次调用函数，局部变量值的变化过程相同，输出结果当然也相同，而静态变量的内存空间分配在全局数据区，再次调用时会沿用上次退出时保存的值，所以每次调用函数时，该变量的值自然和上次调用时不同，输出结果也就不同。

局部变量一般用于存储函数中处理的数据，使用最频繁，也最安全。全局变量一般用于存储有关程序全局性的公共数据，并可以实现函数之间的数据传递，也最不安全。静态局部变量一般用于存储调用函数中的公共数据，并可以在不同调用之间传递数据，安全性在局部变量和全局变量之间。

例如，在函数中声明一个静态变量，用于计数。

```cpp
void nextInteger(){
    static int count = 1;
    cout << count++ << endl;
}
```

这个函数在显示静态变量 count 的当前值后，递增它的值。第一次调用函数时，该变量显示值为 1。第二次调用时，则显示值为 2。每次调用函数时，都会显示一个比上一次调用大 1 的值。

> 建议在没有充分理由的情况不要使用全局变量。静态变量使用场景相对多些，但也不能滥用。

5.3.2　复合语句的语义

复合语句的作用是，在语法上将多条语句视为一条语句，语法如下：

```
{           //开始标志
    语句列表；
}           //回收变量
```

除了语法上的作用外，复合语句还有实际语义。在退出语句块时，需要回收语句块中定义的变量。回收变量有两种含义：针对局部变量，回收存储空间；针对静态局部变量，虽然不回收存储空间，但不能访问这个变量，从逻辑上讲，这个变量就不存在了，相当于逻辑上回收了这个变量。下面通过示例介绍复合语句中的变量管理，代码如例 5.4 所示。

【例 5.4】　复合语句中的变量管理。

```cpp
#include<iostream>
using namespace std;
void main(){
    int i;
    char ch;
    i = 3;
    //复合语句
    {
        double i;    //定义 double 变量 i
        i = 3.0e3;   //访问 double i，不能访问 int i
        ch = 'A';    //可访问 char ch
    }                //回收 dounle i
    i += 1;          //可访问 int i
}
```

在复合语句中，定义了 double 类型变量 i，结束复合语句时，系统会回收复合语句中定义的变量 i。复合语句结束前和结束后栈中的变量如图 5.23 所示。

在栈中按照从上到下的顺序查找同名的变量，找到第 1 个变量，就访问这个变量。在语句 "i = 3.0e3" 中，栈中有两个名为 i 的变量，按照从上到下的顺序，找到的第 1 个变量是最近刚定义的 double 类型变量 i，因此，就对这个变量 i 赋值。

下面的代码在 for 语句中定义了循环变量 i，同样地，结束 for 语句后，系统会回收变量 i，回收后变量就不存在了，不能再访问。

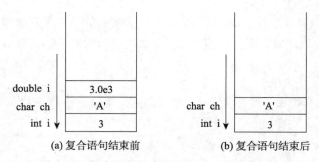

(a) 复合语句结束前   (b) 复合语句结束后

图 5.23   复合语句结束前和结束后栈中的变量

```
int s = 0, n;
cin >> n;
for (int i = 1; i <= n; i++)
    s = s + i;
cout << i;//变量 i 已回收，不能访问变量 i
cout << s;
```

上面的代码在一些编译器中仍然可能编译通过，这是因为这些编译器为了提高程序的运行效率，没有严格按照语义回收变量。但在实际应用中，应该严格按照规定的语义编写程序，否则，会出现只能在一个编译器上编译通过，在其他编译器或其他版本都不能通过编译的情况，这是非常严重的事件，会严重损害程序的可移植性和健壮性。

理解计算机中管理内存的原理，并画出其内存图，是学习编程的有效方法，有助于理解计算机语言中的变量生命周期、作用域和可见性等概念。其实，在画出内存图的情况下，可以不必了解这些概念。

5.3.3 访问变量的规则

编译器在编译变量时，首先找同名的局部变量，然后找同名的静态局部变量，最后找同名的全局变量，具体步骤如下。

第 1 步，在当前函数定义的变量中查找同名的局部变量。

第 2 步，在当前函数定义的变量中查找同名的静态局部变量。

第 3 步，在当前源文件中查找同名的全局变量。

下面通过示例介绍访问变量的规则，代码如例 5.5 所示。

【例 5.5】 访问变量的规则。

```
#include<iostream>
using namespace std;
int n = 10;             //全局变量
void f(){
    n++;                //全局变量加 1
    cout << "    全局变量 n=" << n << endl;
    static int n = 2;//静态局部变量
    cout << "    静态局部变量 n:" << n << endl;
```

```
    n++;//静态局部变量 n 加 1
    cout << "    静态局部变量 n 加 1 后 n:" << n << endl;
}
void main(){
    n++;//全局变量加 1
    cout << "全局变量 n=" << n << endl;
    int n = 0;
    cout << "局部变量 n=" << n << endl;
    cout << "第 1 次调用 f" << endl;
    f();
    cout << "第 2 次调用 f" << endl;
    cout << "局部变量 n=" << n << endl;
    f();
    cout << "全局变量 n=" << ::n << endl;
}
```

上面的程序中，用注释标注了访问的是哪个变量。

例 5.5 程序的内存状态和输出结果为：

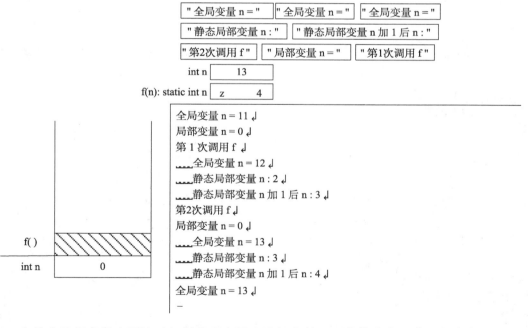

本节中的程序是为了演示怎样分配变量和访问变量，不能作为实际编程的参考。

5.4　复合函数与分层的思想

视频讲解

复合函数是分解问题的理论基础，分层是组织程序的基本方法，在编程中有很重要的指导意义。

5.4.1　复合函数

在导航系统中，常常需要在直角坐标系和极坐标系之间转换，从极坐标系转换为直角坐标系的公式为

$$x=r\cos\theta$$
$$y=r\sin\theta$$

上述公式中，包含了两个三角函数，在实际应用中，绝不是仅仅求出如 30°、45°几个特殊值就能解决问题，而需要对 θ 的任意一个值求出相应的三角函数值。计算这两个三角函数太复杂，很难求出，可将计算三角函数和其他运算分开，分成两步来计算，如

$$x=3\cos1.2$$

第 1 步，计算 $\cos1.2$ 的值 a。

第 2 步，根据计算出的值 a，计算 $3a$。

第 2 步的计算非常简单，第 1 步中的计算非常复杂，可以委托专门人员进行计算。理想的情况是，应用专家专注构建并计算第 2 步中的公式，专注于应用；计算专家专注于第 1 步中的计算，以支持应用专家解决实际问题。

支持这种分工模式的理论就是数学中的复合函数，复合函数的定义为：

实数集 X、Y、Z 上分别有两个函数

$$y=\varphi(x)$$
$$z=f(y)$$

如果函数 $y=\varphi(x)$ 的值域与 $z=f(y)$ 的定义域相等，则函数 $y=\varphi(x)$ 和 $z=f(y)$ 构成一个复合函数，记为

$$z=f(\varphi(x))$$

复合函数的映射关系如图 5.24 所示。

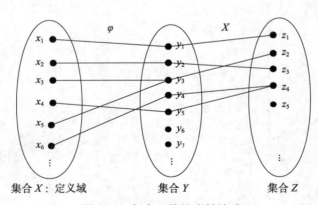

集合 X：定义域　　　　集合 Y　　　　集合 Z

图 5.24　复合函数的映射关系

复合函数的定义中，函数 $y=\varphi(x)$ 的值域与 $z=f(y)$ 的定义域相等，换句话说，对复合函数 $f(\varphi(x))$ 定义域中的每个数都能计算出唯一的值，保证了计算的唯一性。

复合函数 $z=f(\varphi(x))$ 先将 x 映射到 y，再将 y 映射到 z，经过这两次映射，完成了将 x 映射到 z。在计算时，也要通过如图 5.25 所示的两步来完成：第 1 步，计算 $y=\varphi(x)$；第 2 步，计算 $z=f(y)$。复合函数 $z=f(\varphi(x))$ 的计算步骤如图 5.25(a)所示。

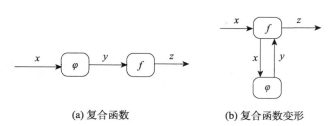

(a) 复合函数　　　　　　(b) 复合函数变形

图 5.25　复合函数 $z=f(\varphi(x))$ 的分层

在计算复合函数 $z=f(\varphi(x))$ 时，如果要得到 z 的值，不仅要计算函数 f，还必须计算函数 φ，具有"要计算函数 f，先计算函数 φ"的逻辑，这不同于求两个梯形的面积之和。为了表示出这个差异，将图 5.25(a) 变形为图 5.25(b)。

计算复合函数 $z=f(\varphi(x))$ 的过程包含了计算 $f(\varphi(x))$ 和 $\varphi(x)$ 函数，但它们又是不同的函数，对于这种情况，通常称函数 f 包含了函数 φ，在画图时，习惯将函数 f 画在上面，函数 φ 画在下面。

5.4.2　数学公式中的复合函数

按照复合函数的定义，可将公式 $x = r\cos\theta$ 视为一个函数

$$x=f_x(r,\theta)=r\cos\theta$$

令 $t=\cos\theta$，得到一个复合函数

$$f_x(r,t)=rt$$

根据复合函数的定义，其计算步骤如图 5.26(a) 所示。复合函数的计算过程如图 5.26 所示。

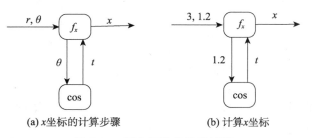

(a) x 坐标的计算步骤　　　　　　(b) 计算 x 坐标

图 5.26　复合函数的计算过程

图 5.26 所示的两个函数，分别为

$$t=\cos\theta$$
$$f_x(r,t)=rt$$

计算 $x = 3\cos 1.2$，需要分别计算

$$t=\cos 1.2$$
$$f_x(r,t)=3t$$

其中，由于 $\cos 1.2$ 的值很难由人工计算，就交给计算机计算，在这时用符号 t 代替具体的计算值。

前面几章中经常提到"数学公式"，如，推导数学公式、将数学公式改写为表达式、使用递推公式构造循环等。

现在的问题是，"数学公式"是什么？以函数的观点，本书中的"数学公式"其实就是函数，在分析和推导过程中，使用了复合函数的思想。

如 4.4 节中，设计计算阶乘累加和的算法时使用了复合函数的思想，定义了相应的函数，然后再将定义的函数复合起来。

$$1+2!+3!+\cdots+n!$$

设计算法时，在公式

$$s_k = \sum_{i=1}^{k} \prod_{j=1}^{i} j$$

中，令

$$t_i = \prod_{j=1}^{i} j$$

实际上是定义了一个函数 $t(i)$

$$t(i) = \prod_{j=1}^{i} j$$

将一个自然数 i 映射为一个整数，而公式

$$s(k) = \sum_{i=1}^{k} t_i$$

将一个自然数 k 映射为一个整数，其中的 t_i 是数列 $\{t_i\}$ 中的第 i 个元素，不是函数的自变量。

将函数 $t(i)$ 和 $s(i)$ 复合成一个函数为

$$s(k) = \sum_{i=1}^{k} t(i)$$

按照上述复合函数，设计出嵌套循环方式的算法，分别计算 $t(i)$ 和 $s(i)$，然后再用复合规则将它复合起来，最终计算出阶乘累加和。

> 深入思考才能做事简单。

强烈建议读者以函数的观点，重新理解前几章的内容。

5.4.3   分层思想

复合函数提供了分解问题的基本方法，在实际应用中，往往会按照复合函数的思想，对需要解决的实际问题进行多次分析，形成一个分层结构。

下面以计算 $x = r\cos\theta$ 为例讨论分解问题时的层次关系。可使用复合函数思想设计出计算 $x = r\cos\theta$ 的程序，代码如例 5.6 所示。

【例 5.6】　求 $x = r\cos\theta$。

```
#include<iostream>
#include<math.h>
using namespace std;
double fx(double r, double rt);

void main(){
    double x, y;
    cin >> x >> y;
    cout << fx(x, y);
}
double fx(double r, double rt){
    return r*cos(rt);
}
```

例 5.6 中，定义了 main( ) 和 fx( ) 两个函数，调用了 cos( ) 函数。fx( ) 是数学函数 $f_x(r,\theta)=r\cos\theta$，但将 f_x 换为 fx，将 θ 换为 rt；cos( ) 为数学中的 $\cos(x)$ 函数。程序中，main( ) 函数调用 fx( ) 函数，fx( ) 又调用了 cos( ) 函数，构成三个层次。求 $x=r\cos\theta$ 程序中的三个层次如图 5.27 所示。

如图 5.27 所示，main( ) 函数处于第一层次，主要关注于解决实际问题，fx( ) 函数处于第二层次，主要关注于怎样将极坐标转换为直角坐标，cos( ) 函数处于第三层次，主要关注于怎样计算 $\cos(x)$ 等常用数学函数。

按照分层的思想，库函数中提供了大量的常用函数，供程序员使用。cos( ) 函数是其中之一，在 math.h 头文件中声明了其函数原型，使用时需要通过语句"#include <math.h>"引入该头文件。

例 5.6 中只有三个函数，复合关系也比较简单，但实际应用中，函数之间的关系往往复杂。需要考虑更一般的情况。如复合函数

$$y = f_1\left(f_{11}(f_{111}(x_1), f_{112}(x_2)), f_{12}(f_{121}(f_{1211}(x_3))), f_{13}(x_4)\right)$$

其中，涉及 8 个函数，复合关系比较复杂，但可分为 4 个层次。构成的层次如图 5.28 所示。

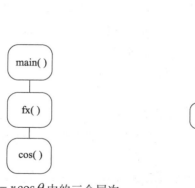

图 5.27　$x = r\cos\theta$ 中的三个层次

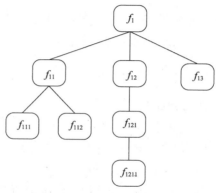

图 5.28　复合函数的层次

显然，图 5.28 就是常见的层次图，因此，应根据复合函数的思想设计和理解层次图。

5.5　函数的嵌套调用

按照复合函数的思路，一个函数可以调用另一个函数，这种方式称为函数的嵌套调用。
例如，下面的代码在主函数中调用一个函数，该函数又调用了另一个函数。

```c
int funcA(int, int);
int  funcB(int);
int main()
{
    int a = 6, b = 12, c;
    c = funcA(a,b);
}
int funcA(int aa, int bb)
{
    int n = 5;
    //...
    return funcB(n*aa*bb);
}
int funcB(int s)
{
    int x = 10;
    //...
    return s / x;
}
```

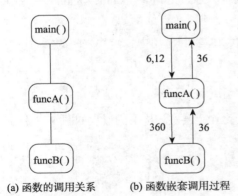

(a) 函数的调用关系　　(b) 函数嵌套调用过程

图 5.29　函数的调用关系及函数嵌套调用

main( )函数调用 funcA( )函数，funcA( )
函数调用 funcB( )函数，函数之间的调用关系
如图 5.29(a)所示。

主函数调用 funcA( )函数时将参数 a、b 传
递给 funcA( )函数，funcA( )函数调用 funcB( )
函数时，将表达式 n*aa*bb 的值 360 传递给
funcB( )函数，funcB( )函数执行完毕后返回
funcA( )函数，funcA( )函数执行完毕后返回
main( )函数，返回函数值 36。函数嵌套调用过
程如图 5.29(b)所示，调用过程的内部实现如
图 5.30 所示。

调用过程如下。

主函数 main( )中使用 funcA(a,b) 调用函数 funcA( )为返回值创建一个临时变量 R；保护
现场；先为形参 aa 分配内存，并将实参 a 的值 6 赋值给形参 aa，然后为形参 bb 分配内存，
并将实参 b 的值 12 赋给 bb。

函数 funcA( )中，使用 funcB(n*aa*bb)调用函数 funcB( )为返回值创建一个临时变量 R；
保护现场；先为形参 s 分配内存空间，并将表达式 n*aa*bb 的值 360 作为实参赋给形参 s。

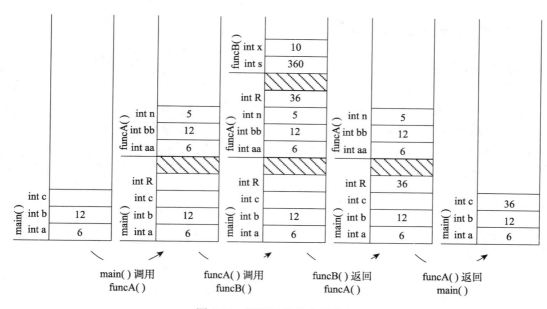

图 5.30 调用过程的内部实现

返回过程如下。

函数 funcB( ) 中，使用 return s / x 返回 funcA( ) 函数。先将表达式 s / x 的值 36 赋给 funcA( ) 函数中的临时变量 R；然后依次回收局部变量 x 和形参变量 s 的内存；恢复现场；最后返回 funcA( ) 函数继续执行。

funcA( ) 函数中，使用 return funcB(n*aa*bb) 返回 main( ) 函数。先将存储在 R 中的函数值 36 赋给 main( ) 函数中的临时变量 R；然后依次回收函数 funcA( ) 中的临时变量 R、局部变量 x 和形参 bb、aa 的内存；恢复现场；最后返回函数 funcA( ) 继续执行。

返回到 main( ) 函数，执行 c = funcA(a,b) 中的赋值运算，从临时变量 R 中读取返回值 36，并赋给变量 c。执行 c = funcA(a,b) 结束后，回收存储 funcA( ) 返回值的临时变量 R。

从图 5.30 可以看出，调用函数时，每调用一个函数，栈内存空间就减少一部分，如果一层层地调用下去，最后可能导致栈空间枯竭而引起程序运行出错。

> 另外值得说明的是，所谓内存回收，指的是释放该内存的使用权，使其可以被其他函数重新分配使用，而内存中的数据不一定会被抹去。

5.6 递归函数

递归思维与递推思维是互逆的思维过程，它是通过不断将一个问题分解为同类的子问题来解决问题，经常被用于解决复杂的问题。递归方法在计算机中广泛应用，是最重要也是最基本的方法。

视频讲解

5.6.1   数学归纳法中的递归

数学归纳法证明分为下面两步。

Ⅰ. 证明当 $n=1$ 时命题成立。

Ⅱ. 假设 $n=k$ 时命题成立，那么证明 $n=k+1$ 时命题也成立。

其中的第Ⅱ条包含"$n=k$ 时命题成立"和"$n=k+1$ 时命题成立"，如果先证明"$n=k$ 时命题成立"，再证明"$n=k+1$ 时命题成立"，这种逻辑就是递推的逻辑。

如果将构造证明过程的逻辑改成，要证明"$n=k+1$ 时命题成立"，先证明"$n=k$ 时命题成立"，按照这个逻辑构造出的证明过程，称为递归。数学归纳法的递归如图 5.31 所示。

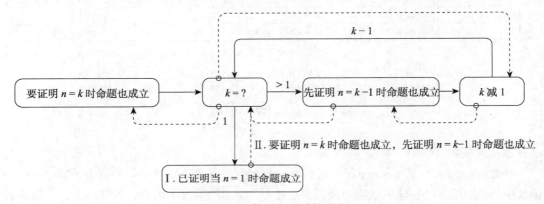

图 5.31   数学归纳法的递归

如图 5.31 所示，递归中包含"递"和"归"两个过程，实线表示"递"的过程，虚线表示"归"的过程。"递"中的步骤与递推刚好相反，"归"的步骤与递推完全相同，"递"和"归"是两个相反的过程。

"递"的证明过程为：要证明"n 时命题成立"，先证明"$n-1$ 时命题成立"；要证明"$n-1$ 时命题成立"，先证明"$n-2$ 时命题成立"；以此类推，最后落脚到第Ⅰ条"$n=1$ 时命题成立"。

"归"的证明过程与"递"的证明过程刚好相反，但与递推过程完全相同，详见 4.1.2 节。

递归是一种思维方式，其特点是，从问题出发去解决问题，目标非常明确。从需要解决的问题出发，寻找解决问题的路径，找到路径后，再从解决问题的基础开始，沿着相反的路径逐个解决问题，最后将问题全部解决。

递归在计算机中广泛应用，如按照"递"来分析表达式的计算顺序，运行时按照"归"来计算表达式的值，详见第 2 章。

针对表达式设计的计算顺序图，充分体现了递归，也准确反映了计算机处理表达式的原理和过程。使用计算顺序图分析计算表达式所使用的方法就是递归方法，经过前期的训练，相信读者已经对递归有了初步的认识，也培养了一定的递归思维。

5.6.2   递归函数举例

递归函数指自己调用自己的函数，即在函数体内部直接或间接地自己调用自己，如下面的分段函数。

$$n! = \begin{cases} 1 & n = 0,1 \\ n \times (n-1)! & n > 1 \end{cases}$$

这个函数中，有两条：第 1 条，当 $n = 0$ 或者 $n = 1$ 时，$n! = 1$；第 2 条，当 $n > 1$ 时，$n! = n \times (n-1)!$，在求 $n!$ 时，使用了 $(n-1)!$。将它表示为函数的形式，有

$$\text{fact}(n) = \begin{cases} 1 & n = 0,1 \\ n \times \text{fact}(n-1) & n > 1 \end{cases}$$

显然，在求 fact(n) 时，调用了函数 fact($n-1$)，因此，fact( ) 就是递归函数。

使用递归函数 fact( )，可编写求阶乘的程序，代码如例 5.7 所示。

【例 5.7】 使用递归函数求阶乘。

```
#include<iostream>
using namespace std;
long fact(int n){
    if (n == 0 || n == 1)          //递归结束条件
        return 1;
    return fact(n - 1)*n;          //函数自调用
}
void main(){
    int x = 5;
    cout << fact(x);
}
```

语句"return fact($n-1$)*n;"中，计算 fact(n)时调用 fact($n-1$)，自己调用自己，但要注意的是，在调用时 n 的值将减 1，否则会一直调用下去，程序不会结束。

fact(5)的递归调用过程如图 5.32 所示，总共调用 fact( )函数 5 次，调用 fact( )函数时实参依次为 5、4、3、2、1。当实参为 1 时，直接返回 1，不再继续调用 fact( )函数，而是退出本次调用，逐级返回到上级调用，返回值依次为 1、2、6、24、120，最后返回 main( )函数，输出 120。

从本质上讲，递归是自顶向下，并且不断重复自己。递归函数中通过自己调用自己的方式体现不断重复自己，实参是自顶向下传递的，体现了自顶向下的思维方式。

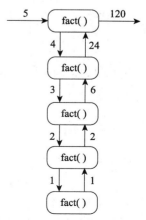

图 5.32 fact(5)的递归调用过程

5.6.3 递归调用过程的内部实现

递归调用分为函数调用（call）过程和函数返回（return）两个过程，前面可以理解"递"，后面可以理解为"归"。

1. "递"过程的内部实现

main( )主函数调用 fact(5)，fact(5)调用 fact(4)，总共调用 fact( )5 次，每次都要为形参 n 分配内存并传递实参的值，并为返回值分配内存。fact(5)函数的调用过程如图 5.33 所示。

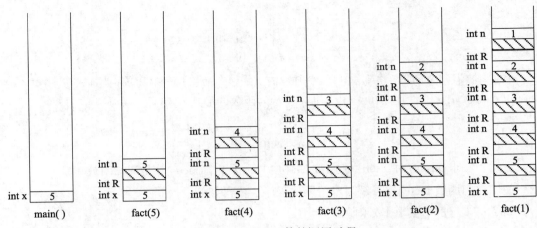

图 5.33　fact(5)函数的调用过程

2. "归"过程的内部实现

函数调用 fact(5)函数返回过程中，依次从 fact(1)返回 fact(2)、fact(3)、fact(4)、fact(5)，每次返回都要返回计算的值，并回收内存，其返回过程，如图 5.34 所示。

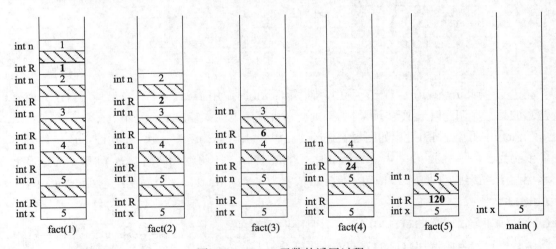

图 5.34　fact(5)函数的返回过程

从递归调用的实现中不难发现，使用递归调用实现 fact(5)的效率比使用循环低，但编写出的代码更加简洁。

5.6.4　编写递归函数的方法

使用数学归纳法编写递归函数时，将其中的两条改为：

Ⅰ. 当 $n=1$ 时，计算 $n=1$ 时的值并返回结果。

Ⅱ. 计算 $n=k$ 时的值中调用自己计算 $n=k-1$ 时的值。

只需按照上面两条编写递归函数。

例如，斐波那契（Fibonacci）数列

$$0，1，1，2，3，5，8，13，21，\cdots$$

中，每个数都是前面两个数之和，可使用递推公式定义为：

$$F_0=0, F_1=1$$
$$F_{n+2}=F_{n+1}+F_n$$

也可将斐波那契数列中的数视为 n 的函数 $F(n)$，其定义如下：

$$F(n)=\begin{cases} 0 & n=0 \\ 1 & n=1 \\ F(n-1)+F(n-2) & n>1 \end{cases}$$

在这个函数定义中，当 $n>1$ 时，用 $F(n-1)+F(n-2)$ 计算 $F(n)$ 的值，这是一个递归函数。根据这个递归函数，可编写出计算 Fibonacci 数列中任意元素的函数，代码如例 5.8 所示。

【例 5.8】　使用递归计算 Fibonacci 数列的元素。

```
long fib(int x){
    cout << x << endl;//用于观察调用过程
    //第 i 条,结束递归条件
    if (x == 0)
        return 0;
    else if (x == 1)
        return 1;
    //第 ii 条
    return fib(x - 1) + fib(x - 2); //直接递归
}
```

按照数学归纳法中两条编写程序时，其顺序不能交换，每条计算结束后都要返回计算结果。

return fib(x − 1) + fib(x − 2)中，调用了自己两次，计算过程比调用一次复杂一些。总共调用自己 15 次，构成一个树形结构。计算 fib(5)的调用过程，如图 5.35 所示。

这个递归函数的时间复杂度很高，达到 $O(2^n)$，使用内存也很多，因此，执行效率比较低。这也是递归函数存在的问题。

可根据 Fibonacci 数列的递推公式 $F_{n+2}=F_{n+1}+F_n$ 设计计算 Fibonacci 数列中任意元素的递推算法，再定义一个函数计算 Fibonacci 数列的元素如图 5.36 所示，代码如例 5.9 所示。

【例 5.9】　使用递推计算 Fibonacci 数列的元素。

```
int fib1(int n){
    //第 i 条, F0=0,F1=1
    if (n == 0)
        return 0;
    else if (n ==  1)
        return 1;
    //第 ii 条, F(n+2)=F(n+1)+F(n)
    int x = 0, y = 1, t;
    for (int i = 2; i <= n; i++){
```

```
        t = y;
        y = x + y;
        x = t;
    }
    return y;
}
```

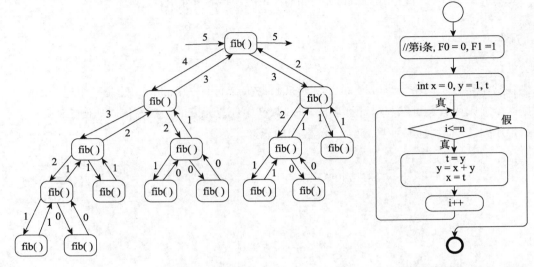

图 5.35　计算 fib(5)的调用过程　　　　　　图 5.36　计算 Fibonacci 数列
　　　　　　　　　　　　　　　　　　　　　　　　递推算法

例 5.9 的时间复杂度为 $O(n)$，显然比递归方法快得多，当然，程序也要复杂一些。

使用递归函数来构造循环，是一个重要方法。
相对递归函数中的 "="，递归是从左到右思考，递推是从右到左计算。

使用递归函数编写的程序，概念清晰，逻辑简明，易于人们理解，但多重函数调用明显增加了系统开销，程序的时间复杂度和空间复杂度都很高，因此，很少用在实际应用中，而更多应用于编程的思维层面，如用于描述问题和分析问题以及描述解决问题的方法（算法），实际应用时再改为递推方式实现。

如 4.6 节中，设计阶乘累加和的算法时，用到了递归函数的思想，并设计出递推算法。

根据阶乘累加和公式推导出

$$s_k = \sum_{i=1}^{k} i! = \sum_{i=1}^{k-1} i! + (k-1)! \times k = s_{k-1} + (k-1)! \times k$$

令 $t_{k-1} = (k-1)!$ 时，实际上是为了定义如下两个递归函数

$$t(k) = t(k-1) \times k$$

$$s(k) = s(k-1) + t_{k-1} \times k$$

其中，t_{k-1} 是数列 $\{t_i\}$ 中的第 $k-1$ 个元素。然后再将这两个递
归函数复合成一个递归函数：

$$s(k) = s(k-1) + t(k)$$

最后按照复合函数中的复合规则，设计出递推公式：

$$t_k = t_{k-1} \times k, \ \ s_k = s_{k-1} + t_k$$

最终设计出了高效的递推算法。

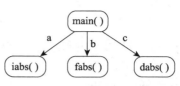

图 5.37　人工确定调用函数

5.7　重载函数与默认参数值

视频讲解

编写出简洁的代码，是程序员追求的目标，而代码重用是减少代码冗余的重要方法，重
载函数和默认参数值是实现代码重用的一种有效途径。

5.7.1　重载函数

在编写程序中，一般使用函数名来反映函数的功能，同时，也用函数名来区分函数，要
求函数名必须唯一。当程序比较小时，这不是一个问题，但当程序很大、函数很多时，取名
就成了一个大问题。

例如，求一个数的绝对值，程序中需要针对不同的数据类型编写不同的函数，需要定义
求绝对值的多个函数。如，为 int、float、double 分别定义求绝对值函数，然后根据实参的数
据类型人工确定调用哪个函数，代码如例 5.10 所示。

【例 5.10】　人工选择调用哪个求绝对值的函数。

```
int iabs(int x);
float fabs(float x);
double dabs(double x);
void main(){
    int a = -1;
    float b = 2.0;
    double c = -3.0, e;
    e = iabs(a) + fabs(b) + dabs(c);  //根据数据类型选择调用哪个函数
    cout << e << endl;
}
```

程序员在编写调用函数的表达式中时，需要根据实参的数据类型选择调用哪个函数，增
加了程序员的工作负担，如图 5.37 所示。

第 2 章中，详细讨论加减乘除四则运算中的加法运算，在编写表达式时，只考虑了运算
的功能，而不用考虑操作数的数据类型，如：

```
//整数加法
int a, b, c;
c = a + b;
//实数加法
```

```
float a, b, c;
c = a + b;
```

其中，有两个表达式 c = a + b，一个进行整数运算，一个进行实数运算，但编写的代码是一样的。

编译时，编译器根据 a、b、c 的数据类型，自动选择整数加法还是实数加法，这样就减轻了程序员负担，代码也更加简洁。

按照上面的思路，希望在求绝对值时程序员不需考虑数据的类型，将表达式

$$e = iabs(a) + fabs(b) + dabs(c)$$

写成

$$e = abs(a) + abs(b) + abs(c)$$

然后，由编译器根据实参的数据类型，选择调用求绝对值的哪个函数。

函数的重载技术就为了满足程序员的上述期望而专门设计的。使用重载技术编写函数，称为函数的重载。

例如，针对不同数据类型定义不同的 abs( )函数。

```
int abs(int x);
float abs(float x);
double abs(double x);
```

其中，三个函数的名称都是 abs，但参数的数据类型不同。编译器根据实参的数据类型选择调用哪个 abs( )函数，示例代码如下：

```
int a=-1;
float b=2.0;
double c=-3.0,e;
abs(a);//调用 int abs(int x)
abs(b);//调用 float abs(float x)
abs(c);//调用 double abs(double x)
```

函数的重载技术能够减少程序员的工作负担，也能让代码更加简洁。

5.7.2　匹配重载函数的步骤

在编译时，编译器通过函数名和参数类型来选择调用的函数，具体步骤如下。

第 1 步，按照函数名查找函数。

编译器是按照书写的前后顺序编译源程序，当编译到一个函数调用时，就在已声明的函数（函数原型）中查找同名的函数，如果找到，再进行第 2 步，如果没有找到，则报编译错误，并结束编译。

第 2 步，匹配函数的参数及数据类型。

在找到的同名函数中，按照函数参数定义的顺序逐个匹配参数及类型，如果有唯一一个函数的参数及参数类型完全匹配，则调用这个函数；如果没有函数匹配或有多个函数都能匹配，则报编译错误，并结束编译。编译器匹配一个函数的流程如图 5.38 所示。

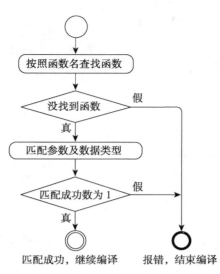

图 5.38 编译器匹配一个函数的流程

编译器通过上述两步来确定要调用的函数,找到的函数必须是唯一的,否则编译不通过。另外,在确定调用哪个函数时,没有用到返回类型,也就是说,同名函数的返回类型可以不同,但必须符合逻辑。如函数 abs( )的返回类型分别为 int、float 和 double,这是因为绝对值不能改变其数据类型,这个逻辑决定了函数 abs( )返回值的数据类型。

例如,重载函数 print( )的匹配:

```
void print(double);
void print(int);
void func(){
    print(1);              //匹配 void print(int);
    print(1.0);            //匹配 void print(double);
    print('a');            //匹配 void print(int);
    print(3.1415f);        //匹配 void print(double);
}
```

编译器在匹配时,常常涉及数据类型的转换,以提高编程的方便性和程序的简洁性,但也导致可能调用了程序员不期望的函数。为了保证调用程序员希望调用的函数,在匹配参数及参数类型时,编译器往往对数据类型进行比较严格的匹配。

实参 1 和'a'是整数,1.0 和 3.1415f 是实数,界限很清楚,编译器将它们分别识别为 int 和 double 类型,匹配函数 print( )的参数,分别调用 void print(int)和 void print(double)。但有时也会出现界限不明确的情况,编译时不通过。

例如,对于重载函数 print( )的声明,其下面的函数调用将引起错误:

```
void print(long);
void print(double);
void func(int a){
    print(a);              //error: 因为有二义性
}
```

在 VS2013 上编译，出现如下错误：

```
1 IntelliSense: more than one instance of overloaded function "print"
matches the argument list:
    function "print(long)"
    function "print(double)"
    argument types are: (int)
```

编译器在编译时，对 int 进行了隐式的数据类型转换，int 可转换为 long 或 double，匹配到 print(long)和 print(double)两个函数，出现了二义性，因此，报编译错误。

解决的办法是增加显式的数据类型转换，如 print((long)a)。

函数重载的目的是增加调用函数时的方便性，这是重载函数的出发点。在使用时，需要时刻记住，函数的名称体现函数的功能，在一个程序中不要使用同一个函数名来标识不同功能的函数，这种情况属于滥用语法。滥用语法是严重违反程序规范的行为，在实际编程经验不足的程序员中经常发生，要特别注意。

5.7.3　默认参数值

函数重载就是使用一个函数名来命名多个功能相同的函数，降低了命名函数的难度，增加了调用的简洁性，让程序员少考虑参数的类型而更关注函数的功能。

除这种方法外，还有一种"默认参数值"方法，也能够减少程序员编写和调用函数时的工作量。下面通过一个示例来演示默认参数值的作用，代码如例 5.11 所示。

【例 5.11】　默认参数值的作用。

```
#include<iostream>
using namespace std;
void delay(int loops);            //函数声明
void delay(int loops = 10000)  //参数 loops 的默认值为 10000
{
    if (loops == 0)
        return;
    for (int i = 0; i < loops; i++);
}
void main(){
    delay(2000);
    delay();                      //实际调用 delay(10000)
}
```

上述程序在定义函数时，给参数 loops 指定了默认值 10000。

当使用 delay( )调用函数时，编译器首先查找没有参数 delay( )函数，若没有找到，再根据 void delay(int loops=10000)，将 delay( )转换为 delay(10000)，然后重新查找到 delay(int)，并按照 delay(10000)调用函数。

实际上，使用函数默认参数值，是将一些事情委托编译器承担，但编译器在承担这些事情时，也提出了相应的要求：第一，不能在函数原型和定义中同时指定默认参数值，以避免出现不一致的情况；第二，必须从后面开始依次设置默认参数值，以保证编译器知道省略的是哪个实参。例如：

```
void f(int a, int b = 20, int c = 30, int d = 40);
```

在调用函数时，编译器按照从左到右的顺序用实参匹配形参，如果实参匹配完后就用默认参数值作为实参匹配，因此，其合法的调用方式有下面 4 种。

```
f(1);               //f(1,20,30,40)
f(1, 2);            //f(1,2,30,40)
f(1, 2, 3);         //f(1,2,3,40)
f(1, 2, 3, 4);      //f(1,2,3,4)
```

不允许定义为

```
void f(int a=10, int b, int c = 30, int d = 40)
```

因为通过 f(1,2)调用函数时，产生了二义性，编译器不知道按照 f(1,2,30,40)还是 f(10,1,2,40)调用函数。

使用默认参数值，可以减少定义的函数数量，增加代码的重用。

例如，只使用函数重载，不使用默认参数值，需要定义多个函数。

```
void f(int a, int b, int c, int d){
    //函数体
};
void f(int a){
    int b = 20, c = 30, d = 40;
    f(a, b, c, d);
};
void f(int a, int b){
    int c = 30, d = 40;
    f(a, b, c, d);
}
void f(int a, int b, int c){
    int  d = 40;
    f(a, b, c, d);
}
```

使用重载技术和默认参数值，能够提高代码的重用性，但应避免出现二义性。

5.8　函数模板

增加代码的重用性是编程中不断追求的目标，最理想的情况是相同功能的代码在整个程序中只出现一次。

例如，求一个数的绝对值，可以使用重载技术，定义多个函数。

```
int abs(int x){
    if (x < 0) return -x;
    return x;
}
long abs(long x){
    if (x < 0) return -x;
```

```
        return x;
    };
double abs(double x){
    if (x < 0) return -x;
    return x;
    };
```

在上述三个函数中，函数体的代码是完全一样的，为了减少程序代码的冗余，在 C/C++ 语言等语言中，增加了函数模板（function template）技术，能够消除其中的代码冗余，提高代码的重用性。

函数模板不是实际的函数，而是一个函数的"模板"，编译器根据"模板"生成一个或多个实际的函数。

例如，声明计算绝对值的函数模板。

```
template< class T> T abs(T x){
    if (x < 0) return -x;
    return x;
}
```

上述代码声明一个名为 abs 的函数模板，其中，关键字 template 表示要声明一个函数模板，<class T>声明函数模板的一个参数 T，后面的代码声明 abs( )函数，其参数 x 的数据类型为 T，返回值的数据类型也为 T。

可用一个具体的数据类型替换函数模板 abs 中的模板参数 T，生成一个实际的函数。例如：

```
int a = -1;
cout<<abs(a);//调用函数的原型为 int abs(int)
```

语句"cout<<abs(a)"中调用 abs( )函数，编译器会根据实参 a 的数据类型 int，按照原型 int abs(int x)调用函数，并将函数模板 abs( )中的模板参数 T 替换为 int，自动生成一个实际 abs( )函数。

```
int abs(int x){
    if (x < 0) return -x;
    return x;
}
```

根据函数模板生成的函数称为函数模板的实例（function template instantiation），一个实例就是一个实际的函数，也称为模板函数。如函数 int abs(int x)就是函数模板 abs 的一个实例，也是一个实际的函数，可编译为目标代码，连接到可执行程序中。

根据实参的数据类型，可生成多个模板函数。使用函数模板求绝对值代码如例 5.12 所示。

【例 5.12】　使用函数模板求绝对值。

```
#include<iostream>
template<class T> T abs(T x){
    if (x < 0) return -x;
    return x;
```

```
}
void main(){
    int a=-1;
    float b=2.0;
    double c=-3.0,e;
    //根据实参的数据类型生成相应的 abs()函数
    e = abs(a) + abs(b) + abs(c);
    cout <<e << endl;
}
```

abs(a) + abs(b) + abs(c)中，调用 abs( )函数三次，其实参的数据类型分别为 int、float 和 double，编译器针对这三种类型，函数模板 abs( )实例化出三个 abs( )函数，如图 5.39 所示。

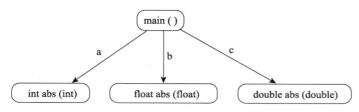

图 5.39　函数模板 abs( )实例化出三个 abs( )函数

如图 5.39 所示，例 5.12 中函数模板 abs( )实例化出三个 abs( )函数，其代码如下：

```
int abs(int x){
    if (x < 0) return -x;
    return x;
}
float abs(float x){
    if (x < 0) return -x;
    return x;
};
double abs(double x){
    if (x < 0) return -x;
    return x;
};
```

然后将三个函数 abs( )编译为目标代码，并连接到可执行文件。

随着计算机应用的深入，编译器的智能化程度也越来越高，能够按照程序员的意图生成大量代码，让程序员从细节中解脱出来，有更多精力关注程序的逻辑，关注程序的功能，编程效率明显提高，因此，作为一个合格的程序员，应该更深入理解编译的基本原理和基本方法，并熟练使用至少一个集成开发环境（IDE），逐步将关注重点聚集到程序的逻辑中。

5.9　应用举例

递归思维是计算思维的主要特征之一，递归函数是构建算法的基本方式。下面学习两个经典的递归算法。

5.9.1 求最大公约数

欧几里得算法提供了求解最大公约数的方法（即辗转相除法），计算两个非负整数 m 和 n 的最大公约数：如果 n 为 0，则最大公约数为 m；否则，m 除以 n 得到余数为 r，m 和 n 的最大公约数就是 n 和 r 的最大公约数。

可用如下递归函数描述为：

$$\gcd(m,n)=\begin{cases} m & n=0 \\ \gcd(n,m \bmod n) & n \neq 0 \end{cases}$$

用递归函数描述算法，简洁清楚。下面使用递归和循环两种方式编程实现欧几里得算法。

1. 使用递归求最大公约数

按照 5.6 节中的方法，很容易编写出如下函数。

```
int gcd1(int m, int n){
    if (n == 0) //n=0
        return m;
    else
        return(gcd1(n, m%n));
}
```

调用(gcd1(n, m%n))时，参数位置进行了交换，其中，后面一个参数 m%n 使用模运算（相除后取余数），所以形象地称为辗转相除法。读者可参照图 5.32 所示的 fact(5) 的调用过程，画出上面代码的递归过程，有助于理解欧几里得算法。

2. 使用循环求最大公约数

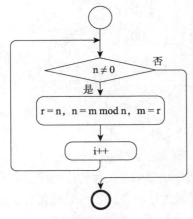

图 5.40 使用循环求最大公约数

在递归函数中，当 $n \neq 0$ 时，$\gcd(m,n)=\gcd(n,m \bmod n)$，这是递归的核心。等号两边都是函数，对比这两个函数会发现，将 $\gcd(n,m \bmod n)$ 中的 "$m \bmod n$" 代入了 $\gcd(m,n)$ 中的自变量 n，将 $\gcd(n,m \bmod n)$ 中的 n 代入了 $\gcd(m,n)$ 中的自变量 m，因此，可用赋值运算表示这个代入关系，即，$r=n$，$n=m \bmod n$，$m=r$。

将 $n \neq 0$ 作为递推条件，将 "$r=n$，$n=m \bmod n$，$m=r$" 作为递推公式构造循环，流程如图 5.40 所示。

递推公式 "$r=n$，$n=m \bmod n$，$m=r$" 中，为了交换两个变量的值，增加了一个中间变量 r。

按照如图 5.40 所示的流程，可编写出如下代码。

```
int gcd2(int m, int n){
    int r;
    while (n != 0) {
        r = n;
        n = m % n;
        m = r;
    }
```

```
      return m;
  }
```

其中，循环条件 n != 0 是来自 $m \bmod n \neq 0$，如果 n 为 0，m 就是最大公约数，因此，结束循环，直接返回 m 的值，否则，继续循环，m 除以 n 得到余数为 r，再求 n 和 r 的最大公约数。

在 main( )函数中调用数求最大公约数的递归函数，代码如例 5.13 所示。

【例 5.13】　递归函数求最大公约数。

```
#include<iostream>
using namespace std;

int gcd1(int m, int n);

int main(){
    int m, n;
    int result;
    cout << "Please enter two number:" << endl;
    cin >> m >> n;
    result = gcd1(m, n);
    cout << "Result is: " << result;
    return 0;
}
```

如果调用使用循环求最大公约数的函数，只需将例 5.13 中的函数名 gcd1 替换为 gcd2。

递归算法和递推算法都可根据递归函数设计。在设计递归算法时，"从左到右"理解递归函数的定义，先按照左边的函数形式定义函数，然后再按照右边的函数形式调用函数。在设计递推算法时，按相反的顺序"从右到左"理解递归函数，通过右边函数的值计算左边函数的值，并设计出递推公式。

上面介绍了使用递归函数设计递推算法和递归算法的方法，这个方法仅仅对递归函数定义进行了形式上的变换，非常简单。不仅如此，这个方法还可以推广到非递归函数的定义上，如复合函数，成为构造循环的一种通用方法。

5.9.2　汉诺塔问题

相传在古印度圣庙中，有一种被称为汉诺塔（Hanoi）的游戏。该游戏是在一块铜板装置上，有三根杆（编号为 A、B、C），在 A 杆自下而上、由大到小按顺序放置 64 个金盘。汉诺塔问题如图 5.41 所示。

游戏的目标：把 A 杆上的金盘全部移到 C 杆上，并仍保持原有顺序叠好。

操作规则：每次只能移动一个盘子，并且在移动过程中三根杆上始终保持大盘在下，小盘在上，操作过程中盘子可以置于 A、B、C 任一杆上。

对于这样一个问题，任何人都很难按照递推方法直接写出移动盘子的步骤，但利用递归算法很容易解决。

设移动盘子数为 n，为了将这 n 个盘子从 A 杆移动到 C 杆，可以做以下三步：

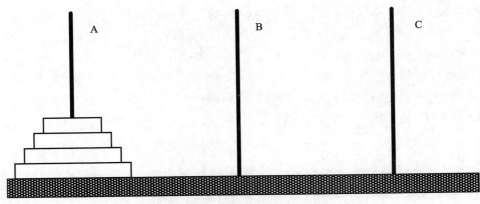

图 5.41　汉诺塔问题

（1）以 C 杆为中介，将 1~*n*–1 号盘子从 A 杆移至 B 杆；

（2）将 A 杆中剩下的第 *n* 号盘子移至 C 杆；

（3）以 A 杆为中介，将 1~*n*–1 号盘子从 B 杆移至 C 杆。

当只有一个盘子时，就可将盘子直接移至 C 杆，结束递归。

按照上面的递归算法，编写求解汉诺塔问题的程序，代码如例 5.14 所示。

【**例 5.14**】　汉诺塔问题求解。

```
int i = 1;                          //移动盘子的顺序号
//将编号为 N 的盘子由 from 塔转移到 to 塔
void moveOne(int num, char from, char to);
//汉诺塔递归函数，参数依次为：盘子数、起始塔、中转塔、目标塔
void Hanoi(int n, char A, char B, char C){
    if (n == 1)
        moveOne(n, A, C);          //只有一个盘子
    else{
        Hanoi(n - 1, A, C,B);//以 C 杆为中介，将 1~n - 1 号盘子从 A 杆移至 B 杆
        moveOne(n, A, C);          //将 A 杆中剩下的第 n 号盘子移至 C 杆
        Hanoi(n - 1, B, A, C);//以 A 杆为中介，将 1~n - 1 号盘子从 B 杆移至 C 杆
    }
}
void moveOne(int num, char from, char to){
    cout << "第"<<i++<<"步：将"<<num <<"号盘子"<< ":"
    << from << "-->" << to << endl;
}
```

建议读者编写一个主函数，调试程序，分别观察 1~10 个盘子的移动顺序，并按照输出的移动顺序人工移动盘子，总结出移动的规律，再思考循环方式实现的算法。

5.10　函数的调试与维护

按照结构化程序设计思想，函数实现了一个相对独立的功能，是构成程序的基本单元，

也是软件设计的最小单位。在函数的调试与维护过程中涉及一些单元测试的技术。

　　函数的调试和维护主要是基于白盒测试，发现函数内部可能存在的各种错误，并改正发现的错误。白盒测试是单元测试（unit testing）的基础。

5.10.1　白盒测试和黑盒测试

　　白盒测试是一种测试用例设计方法，在这里盒子指的是被测试的软件。白盒，顾名思义，盒子是可视的，可以清楚盒子内部的东西以及里面是如何运作的。因此，白盒测试需要对系统内部的结构和工作原理有一个清楚的了解，并且基于这些知识来设计测试用例。

　　白盒测试技术一般可被分为静态分析和动态分析两类。静态分析主要有控制流分析、数据流分析和信息流分析。动态分析主要有逻辑覆盖率测试（分支测试、路径测试等），以及程序插桩。

　　白盒测试的优点。迫使测试人员去仔细思考软件的实现流程；可以检测代码中的每条分支和路径；揭示隐藏在代码中的错误；对代码的测试比较彻底。

　　白盒测试的缺点。昂贵；无法检测代码中遗漏的路径和数据敏感性错误；不验证规格的正确性。

　　黑盒测试又叫功能测试，这是因为在黑盒测试中主要关注被测软件的功能实现，而不是内部逻辑。在黑盒测试中，被测对象的内部结构、运作情况对测试人员是不可见的，测试人员对被测产品的验证主要是根据其规格，验证其与规格的一致性。

　　最常见的测试有功能性测试、容量测试、安全性测试、负载测试、恢复性测试、标杆测试、稳定性测试和可靠性测试等。

　　灰盒测试是介于白盒测试和黑盒测试之间的测试。白盒测试和黑盒测试往往不是绝对分开的，一般在白盒测试中交叉使用黑盒测试的方法，在黑盒测试中交叉使用白盒测试的方法。

5.10.2　测试用例和白盒测试技术

　　测试用例（test case）是为某个特定目标而编制的一组测试输入、执行条件以及预期结果，以便测试某个执行路径或核实是否满足某个特定需求。

　　测试用例构成了设计和制定测试过程的基础。测试的“深度”与测试用例的数量成比例。由于每个测试用例反映不同的场景、条件，因此，随着测试用例数量的增加，对程序质量也就越有信心。

　　测试工作量与测试用例的数量成比例。最佳方案是为每个测试需求**至少**编制**两个**测试用例。一个测试用例用于证明该需求已经满足，通常称作正面测试用例。另一个测试用例反映某个无法接受、反常或意外的条件或数据，用于论证只有在所需条件下才能够满足该需求，这个测试用例称作负面测试用例。

　　白盒测试是结构测试，以程序的内部逻辑为基础设计测试用例。白盒测试的测试用例设计一般采用逻辑覆盖法和路径覆盖法。

　　逻辑覆盖依据程序内部的逻辑结构，要求测试人员对程序的逻辑结构有清楚的了解，可分为语句覆盖、判定覆盖、条件覆盖、判定条件覆盖。

语句覆盖：在测试时，首先设计若干测试用例，然后运行被测程序，使程序中的每个可执行语句至少执行一次。

判定覆盖：在测试时，首先设计若干测试用例，然后运行被测程序，使得程序中的每个判断的取真分支和取假分支至少经历一次，即判断的每个分支都要被测试。

条件覆盖：在测试时，首先设计若干测试用例，然后运行被测程序，要使每个判断中每个条件的可能取值至少满足一次。

判定条件覆盖：在测试时，首先设计若干测试用例，然后运行被测程序，使得判断中每个条件的所有可能至少出现一次，并且每个判断本身的判定结果至少出现一次。

语句覆盖在语句层次上对测试提出了基本要求，程序员需要分析代码中每条语句的语义以及语句之间的逻辑关系。程序中使用最多的语句是表达式语句，分析和理解表达式的计算顺序和运算序列是测试表达式语句的基础，也是测试整个程序的基础。

判定覆盖主要针对分支语句中的"分支"提出的，要求分支语句中的真和假两个分支都必须至少执行一次，而条件覆盖要求程序员还要分析分支语句中作为条件的表达式，分析出条件的所有可能取值，针对每个可能取值都要至少执行一次。判定条件覆盖将判定覆盖和条件覆盖的要求组合起来，要求程序员需要综合分析多条分支语句及条件，每个判断、每个条件的可能取值都应该至少执行一次。

判定覆盖、条件覆盖、判定条件覆盖都针对分支中的判断及判断条件对测试提出了要求，而且要求越来越高，测试的"深度"越来越深，发现的缺陷也越来越多，程序的正确性也越来越高，但测试工作量也越来越大。这就是在编程过程中大部分时间都在调试代码的原因，也要求在编写代码时，应选择适当的分支模式使得分支结构的代码简洁、结构清晰。

从本质上讲，循环结构中也包含了分支、判断及条件，因此，前面的测试方法也适用于测试循环结构的代码，但将这些测试方法直接用于测试循环结构的代码，常常会导致测试的工作量巨大，甚至出现不能完成的情况，因此，按照另外的思路提出了一种测试方法，即路径覆盖。

路径覆盖是以流程为基础的测试用例设计技术，希望设计出的一组测试用例能够覆盖程序中所有可能的路径。常用的方法有基本路径覆盖和循环路径测试。

基本路径覆盖：在流程图的基础上，通过分析控制结构的环路复杂性，导出基本可执行路径集合，然后设计测试用例。该方法把覆盖的路径数压缩到一定限度内，程序中的循环体最多执行一次。设计出的测试用例要保证在测试中，程序的每一条可执行语句至少执行一次。

循环路径测试：基本路径覆盖法将循环限制在最多一次，这样虽然大大降低了需要覆盖的路径的条数，但对循环的测试却不充分，因此还需要对循环路径进行测试。循环路径测试包含简单循环的测试和嵌套循环的测试。

每一种覆盖方法都有其优缺点。通常在设计测试用例时应该根据代码的复杂度，选择覆盖方法。代码的复杂度与测试用例设计的复杂度成正比，因此，从测试角度，希望一个函数的功能单一、代码简单，这样可明显降低设计测试用例的难度，提高测试用例的覆盖程度。

建议读者从测试角度，重新理解前面几章的编程方法，调试其中的例程代码。

5.11 本章小结

本章主要学习了函数的基本知识、使用"栈"机制管理变量和实现函数调用的原理、定义和调用函数的方法，深入学习了使用数学递归函数编写计算机递归函数和构造循环的方法，最后介绍了调试和维护函数的步骤和基本方法。

学习了局部变量、全局变量和静态局部变量等基本知识以及计算机管理变量的知识，深入学习了使用"栈"机制管理局部变量的原理，需要掌握变量的使用方法。

从数学函数引入了函数的概念，学习了黑盒和分层的思想、计算机函数的基本知识，举例说明了定义和调用函数的方法。学习了使用"栈"机制实现函数调用的原理，深入学习了使用"栈"机制分析函数内部执行过程的方法以及描述函数调用关系的方法，需要掌握根据数学函数定义编写计算机函数的方法，需要理解函数调用过程中参数传递的过程。

从数学归纳法引入递归的概念，学习了按照数学归纳中的递归思想编写递归函数和构造循环的方法、递归函数的实现机制，培养了编程所需的递归思维，需要掌握根据数学递归函数编写计算机递归函数和构造循环的方法。

以代码重用为目标，学习了函数模板以及重载函数技术，以及使用这两种技术编写函数的方法，需要掌握重载函数技术的使用方法。

最后介绍了白盒测试等基本的测试技术。

5.12 习题

1. 分析下列程序，画出程序的内存图，并写出输出结果。

```cpp
#include<iostream>
void func();
int n = 1;
int main(){
    static int x = 5;
    int y;
    y = n;
    cout << " Main -- x = " << x
        << ", y = " << y
        << ", n = " << n << endl;
    func();
    cout << " Main -- x = " << x
        << ", y = " << y
        << ", n = " << n << endl;
    func();
}
void func(){
    static int x = 4;
    int y = 10;

    x += 2;
```

```
        n += 10;
        y += n;
        cout << " Func -- x = " << x
             << ", y =" << y
             << ", n = " << n << endl;
}
```

2. 编写打印九九乘法表的程序，然后再将程序改用函数调用的形式，并定义三个函数，各个函数按照不同格式输出九九乘法表。

3. 编写程序，其中包含三个重载的 display( )函数：第一个函数输出一个 double 值，前面用字符串"A double:"引导；第二个函数输出一个 int 值，前面用字符串"A int:"引导；第三个函数输出一个 char 字符，前面用字符串"A char:"引导。在主函数中，分别用 double、float、int、char 和 short 型变量调用 display( )函数，并对结果做简要说明。

4. poly( )函数是用递归方法计算 x 的 n 阶勒让德多项式的值。已有调用语句"p(n, x);"，先采用递归方式编写 poly( )函数，然后再改写为循环方式。递归公式如下：

$poly_n(x) = 1$ $\qquad\qquad\qquad\qquad\qquad n=0$
$poly_n(x) = x$ $\qquad\qquad\qquad\qquad\qquad n=1$
$poly_n(x) = ((2n-1)*x* poly_{n-1}(x)-(n-1)* poly_{n-2}(x))/n$ $\qquad n>1$

5. 编写一个程序，计算并输出斐波那契数列中一系列相邻项之比。确定一个范围，观察输出的结果，你能够得到什么结论？这个比值的序列可能有极限吗？极限是什么？请查阅有关资料，了解有关的理论结果。

6. 用辗转相减法求最大公约数，它的基本原理是：大数减小数，直到两数相等时，即为最大公约数，可用数学公式表示为：

$$gcd(m,n) = \begin{cases} m & m = n \\ gcd(m,n-m) & m < n \\ gcd(m-n,n) & m > n \end{cases}$$

使用递归和循环方式各编写一个求最大公约数的函数。

7. 按照下面的公式编写一个求 $sin(x)$ 近似值的函数，以每项的绝对值小于 10^{-6} 作为结束条件。

$$\sin(x) = \sum_{n=0}^{\infty}(-1)^n \frac{x^{2n+1}}{(2n+1)!}$$

编写一个主函数，输入 x 的值，并调用编写的函数求 $sin(x)$ 的近似值。

8. 探讨求素数的算法，要求如下：

（1）将 4.6.4 节中判断素数的程序改为函数。

（2）通过网络查找判断素数的算法，并编写为函数。

（3）使用这些函数编写程序，分别求 1000 内的所有素数，并比较它们的运行时间。

第二部分 应 用 篇

第 **6** 章

组 织 程 序

视频讲解

完成前面的学习，虽然不可能成为程序设计专家，但在程序设计领域已经有了一个良好的开始，能够编写相对简单、有用的程序，能够读懂比较复杂的程序，为进一步学习程序设计打下了比较坚实的基础。

本章主要介绍组织程序的基本知识，学习组织程序的基本技术。

6.1 目前所处的学习阶段

经过前面几章的学习，你学习到了什么？能够编写什么样的程序？处于什么学习阶段？

前阶段，按照"自底向上"的顺序主要学习数及运算、表达式、语句和函数中涉及的计算机知识和计算原理，重点学习了编写表达式、语句和函数的方法，能够设计和编写功能比较简单的函数。前阶段学习的主要内容如图 6.1 所示。

换句话说，主要学习了使用运算来设计和编写函数的方法，能够编写程序中的函数，还需要学习怎样使用函数编写出更大的程序，解决比较复杂的问题。

按照程序的开发流程，编写程序应分为程序设计和编程实现两个阶段，编程实现的主要任务是编写程序中的函数，程序设计的主要任务是抽象和管理程序中的函数，并使用这些函数解决一个实际问题。

在编程实现阶段，更关注具体的计算和使用表达式、语句描述具体的计算过程，主要以函数的形式显现编写的代码。在程序的认识和理解上，粒度比较小，主要关注函数的内部结构，如图 6.1 所示。

程序设计阶段，解决问题的层次高于编程实现阶段的层次，一般以函数为粒度认识和理解程序，关注的重点是怎样分解程序、怎样抽象函数、怎样解决问题，而关注的重点不一定是函数的具体实现。设计程序阶段的程序视图如图 6.2 所示。

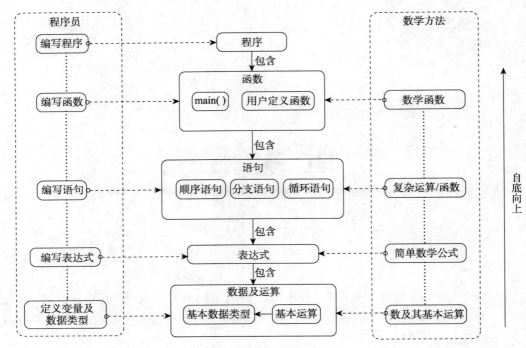

图 6.1　前阶段学习的主要内容

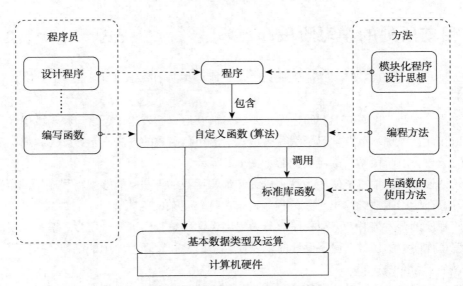

图 6.2　程序设计阶段的程序视图

　　设计程序的关注点是怎样用一系列函数解决特定的实际问题，主要工作是发现解决特定实际问题的函数并规定每个函数的功能，以及函数之间的相互调用关系。程序设计的基本思想是模块化程序设计，设计程序的基本单元是函数。

在编程实践中，程序设计和编程实现两个阶段之间的界限一般不太清晰，往往有重叠的部分，如，前面主要学习编程实现中的知识和方法，也涉及到函数分解等程序设计中的知识和方法。但由于程序设计和编程实现的任务不同，成果的主要呈现方式也不一样，程序设计的成果主要以设计图或数学公式呈现，编程实现的成果主要以代码呈现，并配以相应的说明。

> "将一件事看成两件事"是合格程序员的基本思维方式，是长期编程训练的自然结果。

如图 6.2 所示，编写函数有两个基础：第一，硬件上的基本数据类型及运算；第二，库函数。前面主要学习了在第一个基础上编写函数的方法，而库函数的使用方法相对简单（但会涉及大量非编程的知识），可采用自学方式完成。

库函数是模块化程序设计的产物，将实际应用中所需的公共功能抽象出来，编写成众多的函数并提供给程序员使用。这些函数一般统称为函数库，函数库中的函数被称为库函数。在计算机语言的标准文本中规定了库函数的功能和库函数原型，一般与编译器或开发环境一起提供。

一般不会提供库函数的源程序，只提供函数的原型和编译后的目标代码。程序员根据库函数的原型编写调用库函数的代码，编译器也按照库函数原型编译编写的代码，编译通过后再将编写的目标代码和库函数的目标代码连接成一个可执行程序。

函数库的功能非常强大，是编程的有力工具。熟练使用库函数是对程序员的基本要求，读者应该在编程训练中经常查阅函数库的使用说明，不断积累使用库函数的经验。

使用手册是编程时非常重要的参考资料，一般具有完整、详细、准确的特点，强烈建议读者在开发环境提供的随机文档中查阅库函数的使用手册，并养成查阅随机文档的习惯。

C++语言中的函数库是从 C 语言继承过来的。C 语言提供了非常丰富的函数库，为了方便使用，C 语言对库函数进行了分类管理，将功能相近的函数分成一类，并使用一个头文件提供它们的函数原型。

如，前面用到的数学计算、时间等模块中的库函数，对应的头文件分别为 math.h、time.h。后面还要用到字符串、复数等模块中的库函数，对应的头文件分别为 string.h、complex.h。

除了函数库，C++语言的标准文本中还规定了功能强大的"类库"，"类库"不是以函数的形式提供的，而是以"类"的形式提供的。如，前面经常用到的 iostream.h 是输入输出"类"的头文件。

6.2 模块化程序设计思想

在程序规模比较小的情况下，函数数量相对较少，调用关系比较简单，很容易做到如图 6.3 所示的函数调用的树形结构，编写和调试程序都比较容易。但随着程序规模的扩大，函数数量迅速增加，函数之间的调用关系往往变得非常复杂，从理论上讲，构成了如图 6.4 所示的网络结构，导致编写和调试程序的难度成倍增长，甚至使得程序难以管理，无法保证程序的质量。

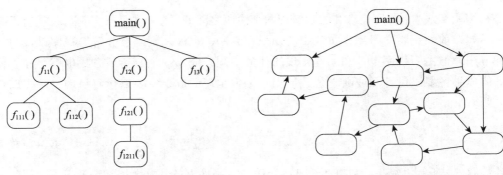

图 6.3　函数调用的树形结构　　　　图 6.4　函数调用的网状结构

可以想象一下，如果一个程序包含了 100 个函数，甚至 1000 个函数，而且不对这些函数进行分类，并允许函数之间随意调用。这样会出现什么情况？谁能管理和使用这些函数？

为了解决这个问题，从积木游戏中得到启发，产生了模块化程序设计思想。基本思路为，将一个函数视为一个积木，将多个积木组合为一个较大的积木，再将较大的积木组合成更大的积木，直到拼出所需要的积木图形为止。

但有一个问题，最后拼出来的积木是我们需要的吗？按照玩积木游戏中从小到大的顺序拼积木，谁都不能保证拼出来的积木是我们所需要的，因此，需要换一种思路。

> 先分析我们所需的积木图案，将它拆分为几个小一点的积木，然后再拆分为更小的积木，直到将所有的积木都拆分为基本积木块（不能再拆分）为止，这样，只要从积木游戏提供的积木块中找到所需的基本积木块，并按照相反的顺序拼成更大的积木，最后一定能得到所需的积木图案。

上面包含了拆分积木和拼装积木两个过程，拆分积木对应程序设计，拼装积木对应编程实现。这种思路决定了设计程序是自顶向下的，编程实现是自底向上的。前面学习编程，主要是按照自底向上的方法学习的，后面将逐步过渡到自顶向下。

如图 6.2 所示，计算机语言和集成开发平台提供了两类最小的"积木"：一类为基本数据类型及运算；另一类为库函数。程序员使用这两类基本的"积木"，编写出函数这个更大的"积木"，不断重复，直到编写出所要编写的程序，最终得到想要的"积木"。

> 思考：如果说函数就是"积木"，那么函数是数学中的函数还是计算机中的函数？

6.3　模块与多文件结构

按照模块化程序设计思想，一个程序由多个模块组成，一个模块包含多个函数。当程序规模较大时，不是使用一个源文件存储一个程序的所有代码，而是使用多个源文件来存储一个程序的代码，构成一个多源文件结构。

为了讨论方便，先给出一个模块与多源文件结构示例，其结构如图 6.5 所示。

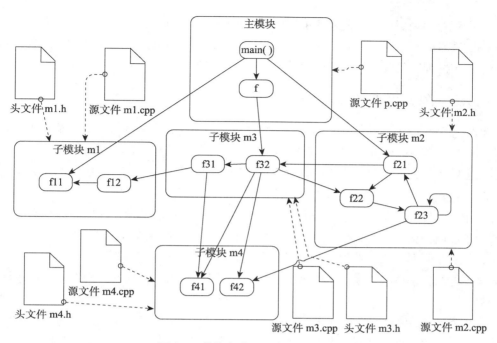

图 6.5　模块与多源文件结构示例

在设计程序阶段，完成函数的抽象和程序模块的划分；在编程实现阶段，按照模块的结构规划源文件，采用自底向上的方式，先编写函数，再编写模块，最后编写出整个程序。

图 6.5 所示的程序有一个主模块和 4 个子模块。用一个源文件存储主模块中的代码，用 4 个源文件存储子模块中的代码。

6.3.1　划分模块的原则

按照模块化程序设计思想，产生了数据流图等很多程序设计技术和方法，这些技术和方法超出了本书的范围，因此，先介绍一些划分模块的原则，后面再学习支撑模块化的编程知识和技术。

模块数量和模块之间的函数调用关系决定了程序结构的复杂程度，也决定了编写程序的难度。编写一个模块时，涉及的模块越多，模块之间的函数调用关系越复杂，编写、调试程序的难度就越大，也更容易出现错误。

模块的划分对程序的复杂性和编程的工作量有很大影响，下面简单介绍设计程序时的模块划分原则。

（1）模块独立性原则。模块应完成独立的功能，与其他模块的联系应该尽可能简单，各个模块具有相对的独立性。

（2）模块规模适当原则。模块的规模不能太大，也不能太小。如果模块的功能太强，接口就会有很多，可读性就会较差；若模块的功能太弱，模块的数量可能就会增加。

（3）模块层次性原则。在进行任务分解时，对问题进行分层次抽象。在分解前期，可以只考虑大的模块，后期再逐步进行细化，分解成较小的模块。

划分程序模块属于高层的程序设计内容，涉及很多知识，也需要有一定的编程经验。希望本书的读者聚焦于比较低层的设计，如设计数学模块、设计流程图等靠近程序实现的内容，在积累一定的编程经验后再系统性地学习程序设计的各种技术和方法。

6.3.2　源文件与头文件

函数原型描述了三件事情：第一，函数的名称；第二，输入的所有参数及其数据类型；第三，函数返回值的数据类型。函数原型规定了调用和定义函数时应共同遵守的标准，无论是定义函数还是调用函数，都必须符合函数原型规定的语义，因此常常将一个函数的函数原型称为该函数的接口，即定义函数和调用函数的接口。

一个模块中一般会定义多个函数，其中的一些函数能够被其他模块中的函数调用，这些函数的函数原型构成一个集合，这个集合称为这个模块的接口。

在编写模块时，将模块的接口从函数定义的.cpp 文件中分离，用一个头文件（.h）单独存储其他模块要使用这个模块中的函数，就先引用（include）模块的头文件，然后再调用所需函数。

在图 6.5 所示的模块与多源文件结构示例中，为 4 个子模块指定了一个同名的.cpp 文件和头文件，按照这种设计编写出的程序，源文件结构清晰，代码简洁，易于维护，其源文件结构及接口代码如图 6.6 所示。

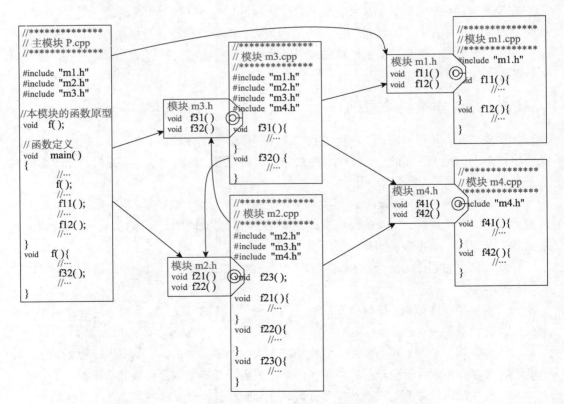

图 6.6　源文件结构及接口代码

按照图 6.6 所示的程序结构进行编程,要求程序员同时编写一个模块的接口代码(.h 文件)和实现代码(.cpp 文件),并将接口代码提供给其他模块引用。在编写.cpp 文件时,不仅要引用所调用模块的头文件,还要引用自己的头文件,以保证函数原型的一致性。

6.4　使用多文件结构

多源文件结构是支撑模块化程序的基础。使用多源文件结构管理程序的最基本方法是将一个模块的实现代码、接口代码分别存放在两个文件中。

6.4.1　IDE 功能介绍

目前大多数 IDE 都能很好地支持多文件结构,并根据软件开发流程和实际开发场景设计,其会涉及开发流程中的一些基本概念,最常用的有解决方案(solution)和项目(project)。解决方案,顾名思义,是指解决一个问题的方案,一般指为解决一个问题而建立的开发场景,有时也称为开发程序的"工作区"。在解决方案中,可以包含一个或多个(软件开发)项目,每个项目可包含一组文件,这些文件中存放了该项目的源代码,以及编译调试时所需要的工作数据。

调试程序是编程的主要工作,工作量非常大,程序员应该熟悉至少一种 IDE,熟练使用其中的主要功能,能够建立解决方案、创建项目、添加和去除程序文件等源文件管理工作,熟练使用编辑时的各种功能,能够理解常见的编译错误信息,以提高编辑代码的效率和规范性,熟悉各种跟踪调试功能,能够准确观察程序过程中的状态,快速定位 bug(缺陷),以减少调试代码的工作量,提高调试代码的效率。

建议读者在一个解决方案中调试本书中的程序,可专门为调用书中的程序建立多个解决方案,例如,为每章建立一个解决方案,每个完整示例程序作为一个项目,这样不仅能管理自己学习的程序,也能熟悉一个 IDE 的使用。调试本书例程其中的解决方案如图 6.7 所示。

图 6.7 中建立了名为 ch06 的解决方案,解决方案 ch06 包含了 ch06_01 和 ch06_02 两个项目,ch06_02 项目加粗,表示它是启动项目,如果运行调试程序,IDE 会运行 ch06_02 中的程序。每个项目中主要有头(head)文件和源(source)文件共两个文件夹,分别管理程序模块中的头文件和源文件,其中,ch06_02.cpp 源文件是程序的主模块,file1.cpp 是程序的一个模块,file1.h 描述了这个模块的接口,file1.cpp 存储了模块的实现代码。

6.4.2　使用多文件结构步骤

按照软件生命周期理论,软件项目一般分为分析、设计、实现、测试、运行和维护等阶段,在本书中,编程主要对应实现和测试两个阶段,具体指根据设计的结果编写代码,并调试通过。

如图 6.5 所示,一个程序包含了 1 个主模块和其他 4 个模块,用一个.cpp 文件存放主模块的实现代码,另外 4 个模块用.cpp 文件和头文件分别存放其实现代码和接口代码,总共 9 个文件。熟练使用 IDE 来管理这些文件,能明显提高编写、调试程序的效率。

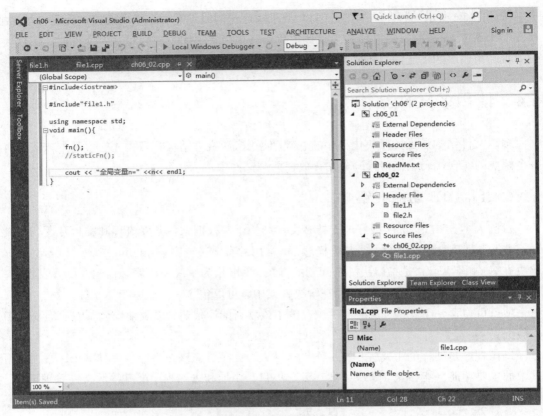

图 6.7　调试本书例程的解决方案

1. 划分程序模块

划分程序模块是设计阶段的主要任务，涉及大量知识和方法，这部分的内容可在以后专门学习。但在学习编程时，可先简单思考程序的结构，并用图形表示模块及其关系，然后再根据模块及其关系编写、调试代码。

2. 将模块映射到文件

程序模块是逻辑部件，每个模块都需要通过代码来实现，并将这些代码存储到文件中。将模块映射到文件的方法有很多，其中一种基本的映射方法是：将一个模块的实现代码和接口代码分别存储到与模块同名的源文件和头文件中。如图 6.5 所示，在模块旁边标出了每个模块对应的源文件和头文件名。

做好了前面两个准备后，就可以选择一个适合的 IDE 开始编程实现工作。

3. 创建一个项目

IDE 一般都会提供多种创建项目的方法，以适应各种使用场景。创建项目的基本使用场景有两种。第一种，在没有解决方案的情况下，创建一个项目并同时创建一个与项目同名的解决方案。这种情况下，一般使用程序名来命名项目，创建项目后 IDE 会自动创建一个与项目同名的源文件，可将主模块的代码存储在这个源文件。在创建项目时，IDE 会要求指定一个文件夹，作为解决方案的工作文件夹，用于存储解决方案中所有项目中的各类文件。第二种，在当前解决方案中创建一个项目。这种情况下，IDE 会在解决方案的文件夹下自动为新项目创建一个文件夹，用于存储该项目的各类文件。

在 Visual Studio 2013 中，可按照上述第一种场景，为如图 6.5 所示的程序创建解决方案 example，并创建解决方案中的第一个项目 example。Visual Studio 2013 自动为解决方案创建文件夹 example，并在 example 下为项目创建文件夹 example，也会新建项目的第一个源文件 example.cpp。

4. 在项目中增加模块文件

从项目管理的角度讲，一个解决方案可包含多个项目，一个项目可包含多个"项"（item），IDE 都会提供对项的增加、删除等功能。C++语言中的.cpp 文件和头文件都属于"项"，Visual Studio 2013 也提供了增加、删除.cpp 文件和头文件等功能，使用这类功能可从文件级上管理项目中的源文件和头文件。

在 Visual Studio 2013 中，按照如图 6.5 所示的结构，在程序的各个模块创建相应的源文件和头文件，然后对每一个模块编辑、调试代码，每个源文件中的代码如图 6.6 所示。

IDE 的功能很多，前面仅介绍了目前涉及的主要功能，也没有介绍具体的使用方法，这些可查阅所选用的 IDE 使用手册，自己学习。但要强调一点，熟练使用 IDE 对提高编程效率非常重要，需要长期训练。

5. 编译、连接

在 IDE 中，编译、连接的自动化程度比较高，操作比较简单，但要排除编译、连接中出现的错误，难度比较大，其中涉及较多的基本知识和基本原理，特别地，很多编译、连接错误都与预编译有关，理解并运用预编译的基本原理，对排除这类错误具有重要作用。

除编译连接错误外，在调试时还需要从安全角度进行评价，关注如下几点。

（1）实现代码与接口代码分离，并保证定义和声明的一致性。

（2）接口代码中只声明必须公开的函数或变量。

（3）使用 static 将不允许其他源文件访问的函数或变量限制在本源文件范围内。

6.5　预编译与模块接口

预编译可以简单理解为支持多源文件结构的技术，模块接口是控制程序模块之间相互访问的技术。

6.5.1　预编译

为了减轻程序员复制、粘贴源代码的工作量，在编译源文件之前，编译器自动将头文件中的函数原型等内容复制到需要编译的源文件中，然后再进行编译。编译之前对源文件的处理称为预编译，也称为预处理（pre-process）。

预编译只对源代码进行文本变换，相当于对源代码进行复制、粘贴，通过预编译命令指定具体的复制、粘贴规则。

C/C++语言常用的预编译命令如下。

（1）包含命令：#include。

（2）条件命令：#if、#elif、#else、#endif、#ifdef、#ifndef。

（3）定义命令：#define、#undef。

为了与计算机语言中的关键字相区分，所有预编译命令都以#开头。下面以#include 命令为例，讨论预编译的过程及预编译命令的作用。

#include 命令是最常用的预编译命令，其语义为，将包含的头文件的内容附加在程序文件中。如果头文件是 C/C++语言系统提供的，则用尖括号把头文件括起来；如果是自定义的头文件，则用双引号把头文件括起来。

预编译后的结果仍然是一个文本文件，预编译命令#include 只简单地将头文件中的字符复制到#include 所在的位置。

在预编译时，编译器逐个扫描.cpp 文件，当扫描到预编译命令#include 时，将其要引入的头文件中的文本内容复制到预编译命令所在的位置，替换预编译命令，生成一个中间文本文件，然后再编译生成的文本文件。

如，编译图 6.6 中模块 m3 的 m3.cpp 文件时，先预编译 m3.cpp 文件，将头文件 m1.h、m2.h3 和 m4.h 中的文本内容复制到引入位置，并生成一个中间.cpp 文件，然后再编译这个中间.cpp 文件。预编译 m3.cpp 文件的过程如图 6.8 所示。

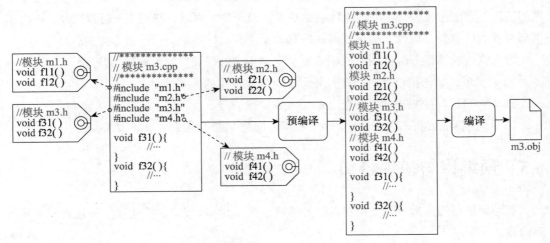

图 6.8　预编译 m3.cpp 文件的过程

在 C/C++语言集成开发环境中，用户自定义头文件一般也都放在源程序文件路径中，对于#include 命令中打了双引号的头文件，编译器直接到源程序文件路径中搜索，如果搜索不到，编译器再到系统头文件路径上去搜索。因此，在#include 命令中用尖括号和双引号区别对待头文件，有助于程序的理解，也能提高预编译的速度。

6.5.2　模块接口

一个模块接口中一般应规定本模块中的哪些函数可以被其他模块调用,哪些不可以被调用;可以访问本模块的是哪些变量,哪些变量只能内部使用,不能被其他模块访问。另外,由于变量与数据类型强关联,因此常常在模块接口中定义新的数据类型。

在模块接口中,除了使用函数原型来声明函数外,C/C++语言提供了 extern 和 static 两个关键字来控制模块之间的相互访问。

1. 函数的访问控制

6.3.2 节讨论了使用函数原型来声明函数,允许其他程序模块调用在接口中声明的函数。换句话说,只要程序员知道函数原型,在调用前声明一个函数,这个函数就可以在后面的程序中被调用。但也有些函数是仅供模块内部使用的,不希望被其他模块调用,针对这种情况,在定义函数时可以使用 static 关键字明确规定这个函数不允许其他程序模块调用。

例如,定义 file2.cpp 中的 staticFn( )函数时,在前面增加了 static 关键字,明确规定了 staticFn( )这个函数只能在 file2.cpp 源文件中调用,不允许在其他源文件中调用。

```
//file2.cpp
#include <iostream>
using namespace std;

static void staticFn();
void fn();

void fn(){
    staticFn();
    cout << "this is fn()\n";
}

static void staticFn(){
    cout << "this is staticFn()\n";
}
```

下面程序调用 file2.cpp 中定义的 staticFn( )函数,编译时会报编译错误。

```
//file1.cpp
#include<iostream>
using namespace std;

void fn();
static void staticFn();        //编译 error

void main()
{
    fn();
    staticFn();
}
```

如果在声明 staticFn( )函数时,删除了其中的 static 关键字,使用如下语句声明 staticFn( )

函数：

```
void staticFn();
```

虽然在编译时不会报错，但连接时也会报如下错误：

```
1>ch26-2.obj : error LNK2019: unresolved external symbol "void
__cdeclstaticFn(void)"
 (?staticFn@@YAXXZ) referenced in function _main
1>ch26-2.exe : fatal error LNK1120: 1 unresolved externals
```

这样就将 staticFn( )函数的调用范围控制在 file2.cpp 源文件内，以防止恶意调用 staticFn( )函数，减少程序员的失误。

2. 数据的访问控制

前面学习了定义变量的方法，没有学习声明（declare）变量。在定义变量时，不仅要声明一个变量，还要为定义（define）的变量分配存储空间，但声明一个变量只说明程序中有这个变量，不会为变量分配存储空间，因此，声明一个变量的目的主要是说明这个变量的名称和数据类型，以方便访问在其他地方定义的变量。

局部变量和静态局部变量已明确只能在函数内部访问，不允许其他函数访问，在模块层次的访问控制中，因此，只涉及全局变量。

声明一个全局变量的语法非常简单，就是在定义变量的语法中增加 extern 或 static 关键字。

例如，下面代码中定义了 n 和 s 两个全局变量，其中，在定义 s 时，在前面增加 static 关键字，规定变量 s 只能在 file2.cpp 中访问，常常将类似 s 的全局变量称为静态的全局变量。

```
//file2.cpp
#include<iostream>
using namespace std;

static void staticFn();
void fn();

int n;              //定义全局变量
static int s;       //定义静态的全局变量

void fn(){
    staticFn();
    cout << "this is fn()\n";
    n = 1;          //可正常访问
    s = 2;          //可正常访问
}

static void staticFn(){
    cout << "this is staticFn()\n";
}
```

下面代码访问 file2.cpp 中定义的 n 和 s 两个全局变量，在连接时会报错误，提示不能访问静态的全局变量 s。

```cpp
//file1.cpp
#include<iostream>
using namespace std;

void fn();
static void staticFn();

extern int n;               //声明全局变量
extern int s;               //声明错误

void main()
{
    fn();
    staticFn();
    cout << "全局变量 n=" << n << endl;//可正常访问
    cout << "静态的全局变量 s=" << s << endl;//错误
}
```

在 file1. cpp 中，语句"extern int n;"声明了一个全局变量 n，这个全局变量 n 是在 file2. cpp 中由语句"int n,"定义的，这条语句负责分配内存。在这条声明语句后面的代码就可以访问这个变量 n，程序运行时内存中只有一个全局变量 n。

由于静态的全局变量 s 只能在 file2. cpp 中访问，语句"extern int s;"在逻辑上是错误的，虽然能够通过编译，但连接时会报错误。

3. 分离实现代码和接口代码

为了方便，前面的例程将模块的实现代码和接口代码都存放在一个 file2. cpp 文件，下面将模块的接口从.cpp 文件中分离到头文件。使用多文件结构管理源文件，代码如例 6.1 所示。

【例 6.1】 多文件结构管理源文件。

第 1 步，从 file2. cpp 中分离模块的接口，存放到同名的头文件 file2.h 中。

```cpp
//*****************************
//file2.h
//*****************************
//声明函数
void fn();
//声明全局变量
extern int n;
```

第 2 步，在 file2. cpp 中引用 file2.h，并删除与接口中重复的声明语句。

```cpp
#include "file2.h"
using namespace std;
static void staticFn();
```

```
int n;                    //定义全局变量
static int s;             //定义静态的全局变量

void fn(){
    staticFn();
    cout<<"this is fn()\n";
    n = 1;
    s = 2;
}
static void staticFn(){
    cout<<"this is staticfn()\n";
}
```

第 3 步，在 file1.cpp 中引用 file2.h，并删除与接口中重复的声明语句。

```
//********************************
//file1.h
//********************************
#include<iostream>
using namespace std;

#include "file2.h"

void main(){
    fn();
    //staticFn();
    cout<< "全局变量 n = "<< n <<endl;
    //cout<< "静态的全局变量 s = "<< s <<endl;

}
```

6.6　调试与维护

满足功能（function）需求是对程序的核心要求，发现并排除程序中的功能性错误是调试程序的主要目标。

"功能"对应的英文为 function，在数学中将 function 翻译为"函数"。顾名思义，调试功能性错误，就是发现并排除函数错误，主要指调试程序中的各个函数是否正确，以保证函数能将一组输入数据转换为预期的输出数据。

前面针对表达式和语句学习了调试程序的基本方法和技术，这些方法和技术最终都是为了保证程序没有功能性错误。

调试程序中的功能性错误的基本思路是，一般使用黑盒测试方法发现程序中的功能性错误，然后再使用前面学习的调试技术排除函数实现代码中的错误。

测试在软件开发中的作用越来越重要，在学习调试程序的功能性错误之前，先介绍测试驱动开发的基本思想。

6.6.1 测试驱动开发

测试驱动开发（Test-Driven Development，TDD）是一种不同于传统软件开发流程的新型的开发方法。它要求在编写某个功能的代码之前先编写测试代码，然后只编写能让测试通过的功能代码，通过测试来推动整个开发的进行。这有助于编写出简洁可用和高质量的代码，有很高的灵活性和健壮性，能快速响应变化，并加速开发过程。

测试驱动开发的基本过程如下。

（1）快速新增一个测试。

（2）运行所有的测试（有时候只需要运行一个或一部分），发现新增的测试不能通过。

（3）做一些小小的改动，尽快地让测试程序可运行，为此可以在程序中使用一些不合情理的方法。

（4）运行所有的测试，并且全部通过。

（5）重构代码，以消除重复设计，优化设计结构。

简单来说，就是不可运行/可运行/重构——这正是测试驱动开发的口号。

6.6.2 调试函数与黑盒测试

从调用函数的角度调试函数，一般使用黑盒测试方法发现函数的错误。黑盒测试将函数看作一个黑盒子，完全不考虑函数内部的逻辑结构和内部特性，只检查函数的功能是否符合程序的设计要求。

从理论上讲，黑盒测试需要穷举所有合法和不合法输入情况并判断输出结果是否符合预期，只有这样才能保证函数没有错误。这种方法显然是不可行的，我们只能进行有针对性的测试，只针对部分输入情况和输出结果进行测试。设计测试用例的方法很多，最基本的方法有等价类划分法和边界值分析法。

等价类划分法是把程序的输入域划分成若干部分（子集），然后从每个部分中选取少数代表性数据作为测试用例。每一类的代表性数据在测试中的作用等价于这一类中的其他值。

长期的实践经验告诉人们，大量的错误是发生在输入或输出范围的边界上，而不是发生在输入输出范围的内部。边界值分析法是通过选择等价类边界的测试用例，它是对等价类划分方法的补充。

6.7 本章小结

本章主要学习了模块化程序设计思想以及相关的基本知识、多文件结构及其使用方法、预编译技术以及在模块层次上调试程序的基本知识。

总结了前面学习的内容，学习了模块化程序设计思想及相关知识，需要理解所处的学习阶段，初步理解模块化程序设计思想。

学习了多文件结构以及相关的知识和技术，举例说明了多文件结构支撑模块化程序的基本方法以及 IDE 的功能和作用，需要掌握使用多源文件结构组织多模块程序的步骤和方法。

学习了预编译的知识、模块之间的访问控制技术和使用方法，需要掌握函数和变量的基本访问控制方法。

最后学习了调试多源文档结构程序的基本知识和方法。

6.8　习题

1. 按照图 6.5，使用多源文件结构编写程序，并在 IDE 中调试通过，其中所有函数的功能都是输出函数名。

2. 在 IDE 中调试通过 6.5.2 节中的程序。

3. 使用多源文件结构改写 5.9.1 节中的程序，其中，主函数单独一个源文件，求最大公约数的两个函数共用一个源文件，并在 IDE 中调试通过。

第 7 章

数 组

数组是计算机中的一种数据结构，用于存储和管理大批量同类型的数据。这种数据结构逻辑简单、效率高、应用广泛，因此，计算机语言一般都提供了专门的运算和语句以直接支持这种数据结构。

在学习数组之前，先讨论数据在编程中的重要性。

7.1 数据的重要性

随着计算机应用的深入，需要解决的问题越来越复杂，程序的规模也越来越大，解决一个实际问题所需的函数成百上千，怎样来组织和管理这些函数就成了编程中的主要问题？在这种背景下，重新反思"程序是什么"这个基本问题，形成了"程序=数据结构+算法"的观点，其核心思想如图 7.1 所示。

按照"程序=数据结构+算法"的观点，"数据"从"算法"中分离出来成为程序中的独立部分，并与"算法"共同构成了程序，而且位于"算法"之前。

"程序=数据结构+算法"的观点，对软件的发展产生了深远的影响，直到今天，从大数据、云计算、智能化等流行名词中，也有"智能化=大数据+云计算"的味道，能感觉到这种观点的身影。

前面主要从算法出发学习编程技术和方法，下面将从数据出发继续学习。

7.2 一维数组

数列是组织数据的最基本方式，在解决实际计算问题中有非常重要的意义。数列 $\{a_i\}$

$$a_0, a_1, \cdots, a_i, \cdots, a_{n-1}, a_n$$

视频讲解

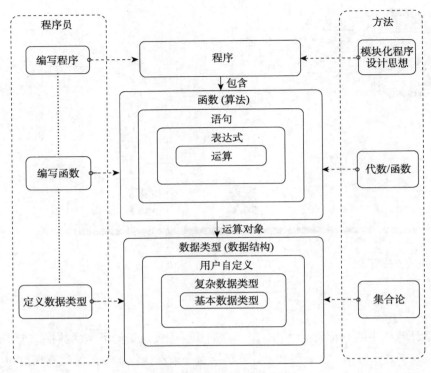

图 7.1 程序=数据结构+算法

主要有两种表示方法：第 1 种，通项公式法，即用通项公式或递推公式来表示数列中的每一个数 a_i；第 2 种，列举法，顾名思义，就是列出数列中的每一个数。

在第 4 章循环控制中，针对第 1 种表示方法，讨论了数列上的计算问题，主要思路为，根据通项公式推导出递推公式，然后使用递推公式构造循环，最后通过循环来解决计算问题。其主要特点为，使用递推公式依次计算数列中的每个数，不需要存储计算的中间结果，可以在内存有限的情况进行大量计算，效率非常高。

本章针对列举法，学习如何使用数组来存储数列，以及处理数组数据的方法。

7.2.1 数组定义

计算机语言按照数列的列举法专门设计了一种称为数组的数据结构，用于存储数列中的数。

定义数组的语法与数学中数列的表示方法非常相似，但将下标用[]括起来，并增加数据类型的说明。其语法如下：

数据类型 数组名[常量表达式];

其中，数组名用于区分不同的数组，常量表达式表示数组元素的个数，每个元素相当于一个变量，变量的数据类型必须是相同的。如为了存储一数列 A，用如下语句定义一个数组

```
const int n = 10;
int A[n];
```

上述语句定义了一个数组，数组名为 A，共有 10 个元素。

在语句"const int n = 10；"中增加了关键字 const，其含义为常量，其修饰的标识符的值不可修改，因此，语句"const int n = 10；"表示 n 定义的整型变量的值在整个程序中不可修改，是常量。实际上，语句"const int n = 10；"将 n 定义为 10 的同义词，使用 n 来定义数组，能够增加程序的可读性和可维护性。

int A[10]的语义为在内存中连续分配 10 个 int 类型变量，并将这 10 个 int 类型变量视为一个整体，用 A 命名，即 A 为数组名。数组名 A 用于标识这 10 个 int 类型变量，而不是标识其中的元素。数组 A[10]的内存结构如图 7.2 所示。

图 7.2 数组 A[10]的内存结构

数组中的每个元素都用数组名加下标的形式命名，依次为 A[0]，A[1]，A[2]，…，A[9]。

需要特别注意的是，数学中下标一般从 1 开始计数，而计算机中下标从 0 开始计数，最后一个元素的下标为数组元素总数减 1。

例如：定义局部数组。

```
int main(){
    char buffer[5];
    //...
}
```

主函数中定义了一个字符数组 buffer，系统在栈中为其分配 5 字节的存储空间。数组 buffer[5]的内存结构如图 7.3 所示。

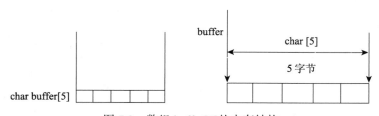

图 7.3 数组 buffer[5]的内存结构

char buffer [5]中的"5"是一个常量，表示元素的个数，即数组长度，表示 buffer 数组有 5 个元素，每个元素的类型都是字符型 char。数组的下标从 0 开始，数组中的 5 个元素分别是 buffer[0]，buffer[1]，buffer[2]，buffer[3]，buffer[4]，每个元素都可以视为一个 char 类型的变量。数组的下标不能超过数组的长度，buffer [5]超出了数组的空间范围，对 buffer[5]进行读写操作会导致不可预知的结果，要特别注意。

数组定义的方括号中的表达式表示数组的长度，规定其只能是常量表达式，这样就能在编译时确定其值，并为数组分配存储空间，以简化内存的管理。因此，这里讨论的数组都是固定大小的数组。非固定大小的数组称为动态数组，将在后面学习。

在实际应用中，数组的长度一般都很大，在画内存图时，将栈中数组作为一个整体，不用画出数组的所有元素，只表示出数组的大体位置和轮廓，而专门用另外一张图详细画出数组的元素，表示数组的内部结构，如图 7.3 所示。

例如：定义全局、静态与局部数组。

```
int iArray[10];               //全局数组
void funcA();
int main(){
    char s[10];               //局部数组
    ...
}
void funcA(){
    static float staticA[5];//静态数组
    ...
}
```

语句"int iArray[10];"定义了一个全局数组。数组 iArray[10]在函数外定义，是全局数组，系统在全局数据区分配存储空间，并自动将每个数组元素初始化为 0。

语句"char s[10];"定义了一个局部数组，在栈中为其分配存储空间，不初始化。数组 s 只能在 main( )函数中访问。

语句"static float staticA[5];"定义了一个静态数组，在全局数据区为其分配存储空间，只能在 funcA 中访问。

全局数组、静态数组与局部数组所在的内存区域如图 7.4 所示。其中，栈区中的数组用一张单独的图详细表示其内存结构。

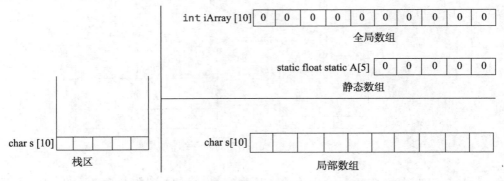

图 7.4　全局数组、静态数组与局部数组所在的内存区域

对于全局数据区中没有初始化的数据，系统会自动进行初始化，一般将整数、实数等数据类型的数组元素初始化为 0。但还是建议程序员养成先对数组进行初始化或赋值，再读取变量的好习惯。

7.2.2　数组初始化

在定义数组时，可以对数组元素进行初始化，这一点与变量是一样的。

例如：

```
int iArray[10]={0, 1, 1, 2, 3, 5, 8, 13, 21, 34}; //初始化
```

定义了一个数组 iArray，并用一组 Fibonacci 数初始化，各元素的初始值如图 7.5 所示。

图 7.5　数组 iArray 元素的初始值

数组的初始化可以使用一对大括号"{}"来完成。初始化值的个数可少于数组元素个数。当初始化值的个数少于数组元素个数时，前面的按序初始化相应值，后面的初始化为 0。
例如：

```
int array1[5]={1, 2, 3};
```

只初始化前面 3 个元素，后面 2 个元素自动初始化为 0，数组 array1[5]元素的初始值如图 7.6 所示。

有初始化的数组定义可以省略方括号中的常量表达式。
例如：

```
int a[] = {2, 4, 6, 8, 10};
```

定义了 5 个元素，省略方括号中的常量表达式，数组 a[ ]的元素及初始值如图 7.7 所示。

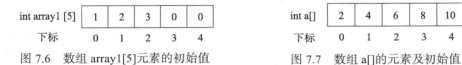

图 7.6　数组 array1[5]元素的初始值　　　　图 7.7　数组 a[]的元素及初始值

在省略方括号中的数组大小时，编译器通过大括号内元素的个数决定数组的元素个数。在定义数组时，无论如何，编译器必须能够知道数组的元素个数。
例如：

```
int a[]; //error: 没有确定数组大小
```

在编译时会报错误。

在没有规定数组元素个数的情况下，怎么知道数组的元素个数呢？sizeof 运算可解决这个问题，示例代码如例 7.1 所示。

【例 7.1】　用 sizeof 确定数组的大小。

```
#include<iostream>
using namespace std;
void main(){
    static int a[] = { 1, 2, 4, 8, 16 };
    cout << "内存大小: " << sizeof(a) << endl;
```

```
    cout << "机器字长: " << sizeof(int) << endl;
    cout << "元素个数: " << sizeof(a) / sizeof(int) << endl;
    system("pause");
}
```

输出结果为：

```
内存大小: 20
机器字长: 4
元素个数: 5
```

sizeof 是一个运算，返回指定项的字节数。每个数组所占的内存大小都可以用 sizeof 运算来确定。

7.2.3   访问数组元素

在 C/C++语言中提供了一个运算，称为数组下标运算，用于访问数组中的元素。数组下标运算的语法和语义如表 7.1 所示。

表 7.1   数组下标运算的语法和语义

运算符	名　　称	结合性	语　　法	语义或运算序列
[]	数组下标 （array subscript）	从左到右	exp1[exp2]	计算表达式 exp1 得到数组 A，计算 exp2 得到整数值 i，从数组 A 中得到下标为 i 的元素（变量或数组）A[i]

数组下标运算的运算符为方括号[]，有两个字符。

数组下标运算的语法为 exp1[exp2]，计算 exp1 后得到的必须是数组，计算 exp2 得到的必须是一个整数，整数才能作为下标。在一维数组中，数组下标运算后得到的是下标对应的元素，是一个变量。例如，数组 int a[10]，经过数组下标 2 运算后得到的 a[2]，是一个 int 类型变量。

理解数组及运算最有效的方法是对照数学中的矩阵进行学习。

在一维数组中，下标运算提供了访问数组元素的手段，下标运算的结果是一个变量（只是没有单独命名），当然可以对其进行读写操作。

访问数组元素主要有两种情况：第一种，一个一个地访问数组中的元素；第二种，遍历数组的元素。下面举例说明这两种情况的使用方法。

用一维数组存储一门课程的学生成绩是一种好的方法，由于成绩之间没有规律，需要一个一个地录入每个学生的成绩，因此，最简单的方法就是给数组元素一个一个地赋值。

例如：程序设计课程的成绩。

```
void main(){
    int grade[10]; //数组定义
    grade[0] = 85;
```

```
    grade[1] = 10;
    grade[2] = 75;
    grade[3] = 83;
    //...
    grade[9] = 92;
        //...
}
```

例子中定义一个数组 grade，有 10 个元素，只能存储 10 个学生的成绩，每个元素的数据类型都为 int，不能存储零点几分的成绩。数组 grade 的内存结构如图 7.8 所示。

图 7.8　数组 grade 的内存结构

后面的语句通过下标运算对数组中的元素单独赋值，如表达式 grade[2] = 75，将 75 赋值给数组中的第 3 个元素（不是第 2 个元素），这个元素是一个 int 类型变量，没有单独的变量名，一般用 grade[2]表示。表达式 grade[2] = 75 的计算顺序如图 7.9 所示。

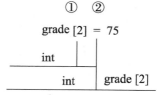

图 7.9　grade[2] = 75 的计算顺序

再强调一次，数组的下标从 0 开始，而不是从 1 开始。

遍历数组中的元素是数组应用的基础，可构造一个循环来遍历一维数组 A_n。

对于有规律性的数，按照如图 7.10 所示的流程遍历一维数组，并使用通项公式（递推公式）依次对每个元素赋值。如使用 Fibonacci 数列的递推公式给数组元素赋值，代码如例 7.2 所示。

【例 7.2】　Fibonacci 数列。

```
int main(){
    int iArray[10];

    iArray[0] = 0;
    iArray[1] = 1;
    for (int i = 2; i<10; i++)
        iArray[i] = iArray[i - 1] + iArray[i - 2];//通项公式
    //...
}
```

在程序中，首先定义了一个一维数组，用于存储 Fibonacci 数列，Fibonacci 数列的前面两个元素分别为 0 和 1，从数列中第 3 个数开始，使用其递推公式 $F_{n+2}=F_{n+1}+F_n$ 依次计算每个数，并存储在数组中。遍历一维数组的流程如图 7.10 所示。

例 7.2 所示的程序中，使用 for 语句描述了一个循环，其中的循环变量 i 为数组元素的下标，每次循环后循环变量 i 加 1，"指"到下一个元素，再计算数列中的下一个数，直到结束。遍历数组元素的过程如图 7.11 所示。

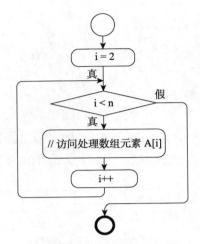

图 7.10　遍历一维数组的流程

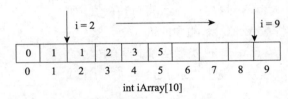

int iArray[10]

图 7.11　遍历数组元素的过程

图 7.11 形象地表示了遍历数组元素的过程。循环变量 i 相当于一个"指针"，循环变量 i 的值相当于"指针"指到的位置，指到的数组元素 iArray[i]就是需处理的对象。循环开始时，给循环变量 i 赋初值，相当于用"指针"指到开始位置，每次循环对变量 i 增加 1，相当于将"指针"向右移动一个位置，直到"指针"移到最后一个位置，循环结束。

在一个循环中循环变量 i 有多个值，为了方便交流，将每次循环时循环变量 i 的值称为这次循环的当前值，指到的位置称为当前位置。

实际上，循环变量 i 不仅是数组元素上移动的"指针"，也是 Fibonacci 数列上移动的"指针"，并通过"指针"的移动建立两者之间的映射关系。如果数学基础扎实，一定能举一反三。

用字符数组来存储一串字符，是数组的一个典型应用场景。字符数组实际上是 1 字节的整数数组。处理字符数组的方法与处理其他数组相同，但字符数组若用来存储字符串，则要考虑字符串末尾的'\0'结束符。如，从键盘读入字符到一个数组，代码如例 7.3 所示。

【例 7.3】　从键盘读入字符到一个数组。

```cpp
#include<iostream>
using namespace std;
void main(){
    char chArray[10];
    cin.get(chArray, 10);
    int i = 0;
    while (chArray[i] != '\0'){
```

```
        cout << chArray[i];
        i++;
    }
    cout << endl;
}
```

例 7.3 中使用 "char chArray[10]；" 语句定义了一个数组，每个元素都是 char 类型，可存储一个字符，共有 10 个元素，其中，用一个元素存储字符串的结束标志'\0'，最多还能存储 9 个字符。

程序中用到输入流 cin 的 get( ) 成员函数，语法上规定前面必须加 cin，语法为 cin.get( ) 的形式，它的功能为从标准输入设备中读取一系列字符，直到输入流中出现结束符或已读取到指定的字符个数，函数原型为：

```
get(char * target, int count, char delimeter = '\n');
```

其中，target 为存放一系列字符的空间地址，count 为读取的最大字符个数，delimeter 为结束符。有关该函数的详细说明，可查阅 C/C++语言的标准文本或开发环境的使用说明书。

输入"abcdefg"后数组 chArray 中的字符如图 7.12 所示。

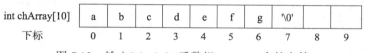

图 7.12　输入"abcdefg"后数组 chArray 中的字符

例 7.3 中，通过一个循环逐个读入字符并依次存入数组，如果当前字符为字符串的结束标志'\0'就退出循环。循环条件 chArray[i] != '\0'用于判断当前字符是否为字符串结束标志。因循环次数是不可预知的，因此，使用 while 语句来描述循环比较适合。

7.3　二维数组

日常生活中，二维表格使用非常广泛，典型的二维表有学生成绩表如表 7.2 所示。其中一行表示一个学生所有课程的成绩，一列表示一门课程所有学生的成绩，这样就能方便地统计学生或课程的平均成绩。

视频讲解

表 7.2　学生成绩表

学生	课程				
	高数 1	英语 1	软件工程导论	程序设计	平均成绩
张三					
李四					
平均成绩					

学生成绩表主要存储学生的成绩，可将其中的成绩抽象为如下所示的一般形式：

$$\begin{pmatrix} a_{11} & \cdots & a_{1n} \\ \vdots & \ddots & \vdots \\ a_{m1} & \cdots & a_{mn} \end{pmatrix}$$

该形式表示二维表有 m 行 n 列，其中，a_{ij} 表示第 i 个学生第 j 门课的成绩。抽象出的表示形式就是数学中的矩阵 A_{mn}。

可将每一行视为一个数列，用一个一维数组来存储，如果有 m 行，就有 m 个一维数组，m 个一维数组构成新的数组，它有行、列两个维度，因此，将这种数组称为二维数组。

按照这个思路，计算机语言借用矩阵 A_{mn} 的表示方法，规定了定义二维数组的语法：

数据类型 数组名[常量表达式][常量表达式];

可以将其抽象描述为：

```
type array[rows][cols];
```

其中，array 为数组名，type 为数组 array 元素的数据类型，rows 和 cols 都为常量表达式，rows 为数组 array 的行数，cols 为数组 array 的列数。

其语义是，定义一个数组 array，array 由 rows 个元素构成，其中的每个元素也是一个数组，这个数组由 cols 个元素构成，其中的每个元素是一个 type 类型的变量。当然这里的"数组"指的是一维数组。

上面描述语义的文字，是从 C++语言标准的英文描述翻译来的，其语序不符合中文的表述习惯，读起来很不舒服，但在计算机语言中就是这样表述的。如果将语序反过来讲，就容易理解了：cols 个 type 类型的变量组成一个数组，rows 个这样的数组再组成一个更大的数组，将这个更大的数组命名为 array。

如果读者阅读了大量英文技术文档，可以按照英文的习惯阅读用计算机语言编写的程序，就能更准确地理解语句的语义。

计算机语言借用 a_{ij} 这种表示形式，定义了访问矩阵元素的语法：

```
array[row][col]
```

其中，array 为数组的名称，row 表示元素所在的行，col 表示元素所在的列，array[row][col] 表示数组 array 中第 row 行 col 列的元素。在编程中，row 和 col 一般为一个变量或非常量表达式，用于访问各个元素。

如，int a[3][4]定义了 3 行 4 列的一个二维数组，可用于存储如下矩阵：

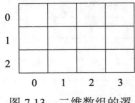

图 7.13　二维数组的逻辑结构

$$\begin{pmatrix} a_{11} & a_{12} & a_{13} & a_{14} \\ a_{21} & a_{22} & a_{23} & a_{24} \\ a_{31} & a_{32} & a_{33} & a_{34} \end{pmatrix}$$

该矩阵总共有 3×4 个元素，每个元素必须是 int 类型。二维数组的逻辑结构如图 7.13 所示。

上述逻辑结构就是一个矩阵，每个元素相当于一个 int 类型的变量，用 a[row][col]的形式来表示其中的每一个元素。与一维数组一样，所有下标从 0 开始，而不是从 1 开始。

数组的元素在内存中是连续存储的，可将二维数组 a 理解为 3 个一维数组构成的一个数组，每个一维数组有 4 个 int 类型的元素。二维数组 a[3][4]在内存中的存储结构如图 7.14 所示。

图 7.14 二维数组 a[3][4]在内存中的存储结构

下面编写程序观察二维数组 a[3][4]在内存中的存储结构，代码如例 7.4 所示。

【例 7.4】 二维数组由多个一维数组构成。

```cpp
#include<iostream>
using namespace std;
void main(){
    int a[3][4];
    cout << "    a:" << sizeof(a) / sizeof(int) << endl;
    cout << "  a[]:" << sizeof(a[1]) / sizeof(int) << endl;
    cout << "a[][]:" << sizeof(a[1][1]) / sizeof(int) << endl;
}
```

输出结果：

```
a:12
a[]:4
a[][]:1
```

前面给出了二维数组的逻辑结构和存储结构理解这两种结构是使用二维数组的基础。如，访问二维数组 a[3][4]的元素，代码如例 7.5 所示。

【例 7.5】 访问二维数组的元素。

```cpp
#include<iostream>
using namespace std;
void main(){
    //定义一个二维数组
    int a[3][4];
    //数组赋值
    for (int i = 0; i <3; i++){          //对行循环
        for (int j = 0; j < 4; j++)      //对列循环
            a[i][j] = i * 10 + j;        //对 i 行 j 列元素赋值
    }

    //输出数组的值
    for (int i = 0; i <3; i++){
```

```
        for (int j = 0; j < 4; j++)
            cout << a[i][j];
        cout << endl;
    }
}
```

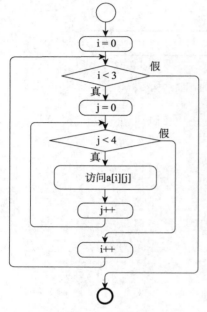

图 7.15　遍历二维数组的元素

例 7.5 的主函数主要包含定义二维数组、给数组赋值和输出数组的值三段代码。

语句"int a[3][4];"定义了一个 3 行 4 列的二维数组，其逻辑结构如图 7.13 所示。

使用二重循环依次给二维数组元素赋值，遍历二维数组的所有元素，其流程如图 7.15 所示。外循环的循环变量 i 表示行号，每循环一次，变量 i 的值加 1，以遍历所有的行；内循环的循环变量 j 表示列，每循环一次，以遍历第 i 行所有的列。

按照图 7.15 所示的流程，外循环的循环变量为 i，相当于行上移动的"指针"，从第 1 行移动到第 3 行，每次指到一行（当前行）；内循环的循环变量为 j，相当于列上移动的"指针"，每次从当前行的第 1 个元素移动到第 4 个元素。行循环变量 i 和列循环变量 j 在二维数组上的移动过程如图 7.16 所示。

使用表达式 a[i][j] = i*10+j 给数组元素赋值，其计算顺序如图 7.17 所示。

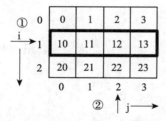

图 7.16　行列循环变量的移动过程

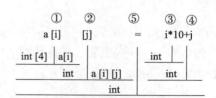

图 7.17　a[i][j] = i*10+j 的计算顺序

图 7.17 中，数据类型中用到 int[4]，这是计算机语言中数组的记法，表示连续的 4 个 int 类型变量，也就是一个一维数组。可对照数组的逻辑结构图或存储结构图，理解这种记法的含义。

表达式 a[i][j] = i*10+j 的运算序列为，计算 a[i]，得到 int[4] 这个一维数组（行），计算 a[i][j] 得到一个 int 类型变量（元素），计算 i*10+j 得到一个 int 类型值，最后，将 int 类型值赋值给 a[i][j] 表示的 int 类型变量。

输出数组的值时，仍然使用二重循环遍历二维数组的所有元素，但内循环的循环体为 cout << a[i][j]，以输出数组元素的值。

遍历二维数组的思维模式是，先遍历行，并将行 a[i] 看成一个整体，遍历到的行 i 称为当前行，然后再遍历当前行中的各个元素 a[i][j]（列 j），相当于将遍历列的循环嵌入到遍历行的循环中。遍历二维数组的一般流程如图 7.18 所示。

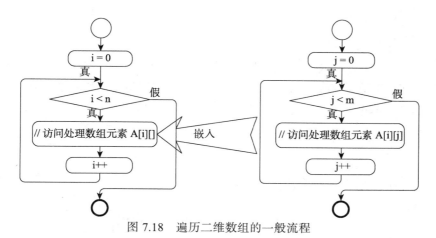

图 7.18　遍历二维数组的一般流程

图 7.18 中，分别描述了外循环和内循环的流程，然后再将内循环的流程嵌入外循环，这种表述方式体现了"自顶向下，逐步求精"的结构化程序设计方法。图 7.18 所示的遍历二维数组元素的流程已成为经典的编程模式，在实际编程中经常使用。

7.4　二维数组初始化

二维数组也能在定义时被初始化，但与一维数组相比，语法上要复杂一些。

例如，定义一个 4 行 3 列数组并初始化。

```
int a[4][3] =
{
    { 1, 1, 1 },
    { 2, 2, 2 },
    { 3, 3, 3 },
    { 4, 4, 4 }
};
```

其中，每行的元素用大括号"{}"括起来，并用逗号分隔。二维数组 a[4][3]元素的初始值如图 7.19 所示。

在使用数组时，画出数组的逻辑结构，有助于理解数组中的数据，这是一个好的习惯。

在定义时初始化二维数组的语法非常灵活，如果某行没有足够的初始化值，那么该行中的剩余元素都被初始化为 0。如：

0	1	1	1
1	2	2	2
2	3	3	3
3	4	4	4
	0	1	2

图 7.19　数组 a[4][3]元素的初始值

```
int a[2][3]={{1, 2}, {4}};
```

其元素的初始值如图 7.20 所示。

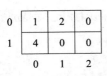

图 7.20　数组 a[2][3] 的初始值

在定义时，也可以只对部分元素赋初值而省略第一维的大小，但应按行赋初值。例如：

```
int a[][3]={{1, 2, 3}, {}, {4, 5}};
```

定义的数组 a[][3] 的元素及初始值如图 7.21 所示。

C/C++语言的标准文本中规定，可以省略最左边的方括号[ ]内的表达式，除此之外，其余的都不能省略。这个语法规定适用于初始化和函数调用。

如对全部元素都赋初值，则定义数组时对第一维的大小可以省略，但第二维的大小不能省。例如：

```
int a[][4]={1, 2, 3, 4, 5, 6, 7, 8, 9, 10, 11, 12};
```

二维数组 a[][4] 的逻辑结构如图 7.22 所示。

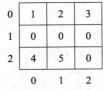

图 7.21　数组 a[][3] 的元素及初始值　　　图 7.22　二维数组 a[][4] 的逻辑结构

编译器能够根据初始值数据推导出最小的行数 3，将其定义成 3 行 4 列的数组。下面以 a[][4] 为例，观察二维数组的存储顺序，代码如例 7.6 所示。

【例 7.6】 二维数组的存储顺序。

```
#include<iostream>
#include<iomanip>
using namespace std;
void main(){
    int a[][4] = { 1, 2, 3, 4, 5, 6, 7, 8, 9, 10, 11, 12 };
    for (int i = 0; i<sizeof(a) / sizeof(int) / 4; i++){
        for (int j = 0; j < 4; j++){
            cout << setw(2) << a[i][j];
            if (j != 3)
                cout << ',';
        }
        cout << endl;
    }
    system("pause");
}
```

其中，表达式 sizeof(a) / sizeof(int)/4 能动态计算出行数。

例 7.6 程序的输出结果为：

```
␣1,␣2,␣3,␣4
␣5,␣6,␣7,␣8
␣9,10,11,12
```

将例 7.6 中的内外循环交换，则按照转置方式输出二维数组的元素，代码如例 7.7 所示。

【例 7.7】 转置输出二维数组的元素。

```cpp
#include<iostream>
#include<iomanip>
using namespace std;
void main(){
    int a[][4] = { 1, 2, 3, 4, 5, 6, 7, 8, 9, 10, 11, 12 };
    for (int j = 0; j < 4; j++){
        for (int i = 0; i<sizeof(a) / sizeof(int) / 4; i++){
            cout << setw(2) << a[i][j];
            if (i != 2)
                cout << ',';
        }
        cout << endl;
    }
}
```

输出结果：

```
␣1,␣5,␣9
␣2,␣6,10
␣3,␣7,11
␣4,␣8,12
```

显然，行列进行了转换，相当于矩阵的转置。

7.5　数组应用

大数据和人工智能领域与矩阵及其运算密不可分，下面先学习使用数组存储矩阵的元素，再讨论矩阵的基本运算。

7.5.1　矩阵乘法

矩阵运算主要有加、减、乘、除等，下面以矩阵的乘法为例介绍编程实现矩阵运算的基本方法。

矩阵乘法的一般形式为

$$C_{mn}=A_{m\tau}\times B_{\tau n}$$

其中，矩阵 C 为 m 行 n 列的矩阵，其元素的通项公式为

$$c_{ij} = \sum_{k=1}^{\tau} a_{ik} \times b_{kj}$$

矩阵 A 乘以 B 得到 C，必须满足如下规则：

（1）矩阵 A 的列数与矩阵 B 的行数相等；

（2）矩阵 A 的行数等于矩阵 C 的行数；

（3）矩阵 B 的列数等于矩阵 C 的列数。

下面以求 $A_{34} \times B_{45} = C_{35}$ 为例，讨论编写矩阵乘法程序的步骤和方法。

第 1 步，定义三个数组。

根据 $A_{34} \times B_{45} = C_{35}$ 公式，可为矩阵 A_{34}、B_{45} 和 C_{35} 定义三个全局数组。实际上，使用局部数组还是全局数组，在编程方面没有什么区别，但在定义这些数组时，先将数组的行数和列数定义为一个常量，是比较好的习惯。

如：

```
//数组 A
const int arow = 3, acol = 4;
int a[arow][acol] = {
    { 5, 7, 8, 2 },
    { -2, 4, 1,1},
    { 1, 2, 3, 4 }
};
```

这样排版，非常清楚，可读性也比较好。

第 2 步，遍历数组 C。

求出数组 C 中的每一个元素，可使用遍历二维数组的编程模式，依次计算数组 C 中的各个元素，很容易写出如下代码。

```
//矩阵相乘
for (int i = 0; i < crow; i++){
    for (int j = 0; j < ccol; j++){
        //求 c 中的一个元素

    }
```

其中，求 C 中的一个元素，只做了一个注释，提示后面要做的工作，也会成为最终程序的一部分，用来注释代码的功能，以提高程序的可读性。

第 3 步，求数组 C 的一个元素。

矩阵乘法中，给出了求矩阵 C 中元素的通项公式，通项公式中有累加和运算，只需套用累加和的编程模式，用 for 语句写出求矩阵 C 中元素 c[i][j] 的代码。

```
c[i][j] = 0;
for (int k = 0; k < acol; k++)
    c[i][j] += a[i][k] * b[k][j];
```

上面的代码中，直接使用了矩阵乘法公式中的符号 i、j、k，以方便对照公式理解代码的计算过程，但将表示矩阵行列的符号替换成 row 和 col，以方便理解代码的实际意义。

经过上面三步，设计出计算矩阵乘法的流程，如图 7.23 所示，并编写出计算矩阵乘法的程序，代码如例 7.8 所示。

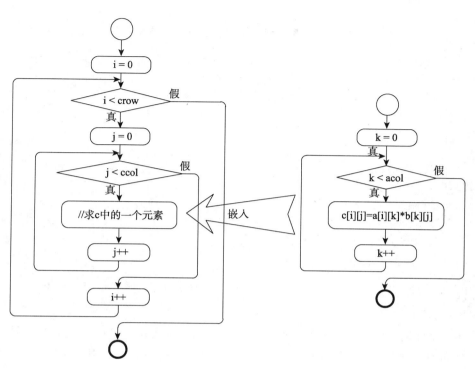

图 7.23 计算矩阵乘法的流程

【**例 7.8**】 矩阵乘法。

```cpp
#include<iostream>
#include<iomanip>
using namespace std;
//数组 A
const int arow = 3, acol = 4;
int a[arow][acol] = {
    { 5, 7, 8, 2 },
    {-2, 4, 1, 1 },
    { 1, 2, 3, 4 }
};
//数组 B
const int brow = 4, bcol = 5;
int b[brow][bcol] = {
    { 4, -2, 3, 3, 9 },
    { 4, 3, 8, -1, 2 },
    { 2, 3, 5, 2, 7 },
    { 1, 0, 6, 3, 4 }
};
//数组 C
const int crow = 3, ccol = 5;
int c[crow][ccol];

void main(){
    //检查正确性
```

```
        if (!((acol == brow) && (crow == arow) && (ccol == bcol)))//正确性检查
            return;
        //矩阵相乘
        for (int i = 0; i < crow; i++){
            for (int j = 0; j <ccol; j++){
                //求 c 中的一个元素
                c[i][j] = 0;
                for (int k = 0; k < acol; k++)
                    c[i][j] += a[i][k] * b[k][j];
            }
        }
        //输出矩阵乘法的结果
        for (int i = 0; i < 3; i++){
            for (int j = 0; j < 5; j++)
                cout << setw(5) << c[i][j];
            cout << endl;
        }

}
```

在定义数组时，将矩阵中表示行列数的符号 m 和 n 换成 row 和 col，先定义常量，表示数组的行和列，然后用定义的常量定义数组、控制数组元素的访问，以方便后面维护程序。

例 7.8 程序的输出结果为：

66	35	123	30	123
11	19	37	-5	1
22	13	58	19	50

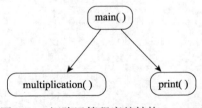

图 7.24　矩阵运算程序的结构

例 7.8 中，矩阵乘法的代码与其他代码混在一起，程序结构不清晰，读者可将矩阵乘法的代码从主函数独立出来，改写成一个函数 multiplication( )，然后在主函数中定义存储矩阵的数组，并调用函数 multiplication( )。也可以将矩阵输出改写为一个函数 print( )。改写程序后，矩阵运算程序的结构如图 7.24 所示。

读者可编写矩阵的加法、减法等函数，并将这些函数增加到如图 7.24 所示的程序结构中。

7.5.2　冒泡排序法

数据排序是快速查询数据的基础，在实际应用中有非常重要的地位。数据排序方法有很多，下面介绍其中一种最简单的排序法——冒泡排序法（bubble sort）。

冒泡排序法的核心是依次比较相邻的两个元素。如，对 edcba 按照字母顺序排序，其排序过程如图 7.25 所示。总共进

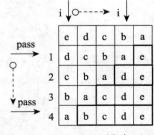

图 7.25　edcba 的排序过程

行了 4 轮比较，每轮比较都从第 1 个元素开始，依次与后面的元素比较，如果前面的元素比后面的元素大，就交换这两个元素。每轮比较后，最大的元素都会排到最后面，下一轮排序就会少比较一次。

推而广之，使用冒泡排序法对数组 a[size]中的元素按升序排序，其排序算法的流程如图 7.26 所示。

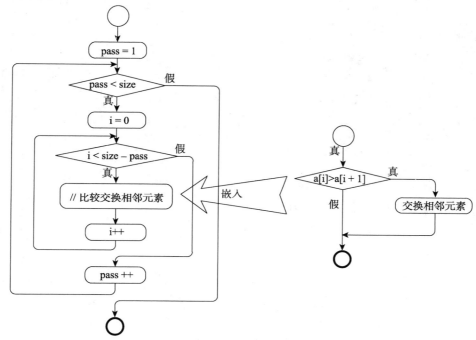

图 7.26 冒泡排序算法的流程

按照如图 7.26 所示的流程，采用"自顶向下，逐步求精"的程序设计方法，可编写出冒泡排序的程序，代码如例 7.9 所示。

【例 7.9】 冒泡排序。

```cpp
#include<iostream>
using namespace std;
void bubble(int[], int);
void print(int array[], int len);
void main(){
    int array[] = { 55, 2, 6, 4, 32, 12, 9, 73, 26, 37 };
    int len = sizeof(array) / sizeof(int);      //元素个数
    print(array, len);
    bubble(array, len);                         //调用排序函数
    print(array, len);
    system("pause");
}
void print(int array[], int len){
    for (int i = 0; i<len; i++)                 //原始顺序输出
        cout << array[i] << ",";
```

```
        cout << endl << endl;
}
void bubble(int a[], int size)                   //冒泡排序
{
    int i, temp;
    for (int pass = 1; pass<size; pass++){//共比较 size-1 轮
        for (i = 0; i<size - pass; i++) { //比较一轮
            //比较交换相邻元素
            if (a[i]>a[i + 1]){
                //交换相邻元素
                temp = a[i];
                a[i] = a[i + 1];
                a[i + 1] = temp;
            }
        }
        print(a, size);
    }
}
```

例 7.9 中函数之间的调用关系如图 7.27 所示。

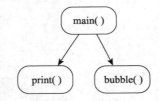

图 7.27　例 7.9 中函数之间的调用关系

函数 print( )的功能为输出数组的所有元素，函数 bubble( )的功能为冒泡排序。它们都有两个参数：第一个参数为数组；第二个参数为数组的元素个数。

例 7.9 输出结果为：

```
55,2,6,4,32,12,9,73,26,37,
2,6,4,32,12,9,55,26,37,73,
2,4,6,12,9,32,26,37,55,73,
2,4,6,9,12,26,32,37,55,73,
2,4,6,9,12,26,32,37,55,73,
2,4,6,9,12,26,32,37,55,73,
2,4,6,9,12,26,32,37,55,73,
2,4,6,9,12,26,32,37,55,73,
2,4,6,9,12,26,32,37,55,73,
2,4,6,9,12,26,32,37,55,73,
```

在输出结果中，最后几次输出结果完全相同，完全没有必要再运行，读者可对这个程序进行优化。

实际上，冒泡排序法在排序方法中效率比较低，更多的排序算法可在"数据结构"课程

中更深入地学习。

7.5.3　Josephus 问题

一群小孩围成一圈，任意假定一个数 m，从第一个小孩起，按顺时针方向数，每数到第 m 个小孩时，该小孩便离开。小孩不断离开，圈子不断缩小。最后，剩下的一个小孩便是胜利者。Josephus 问题是，究竟胜利者是第几个小孩？

1. 分析问题：在图上玩游戏

解决这个问题的第一步，需要搞清楚该问题的本质。用图来描述这个问题是一个好的方法。

游戏开始时，一群小孩先要围成一圈，假如有 7 个小孩，其围成的圈如图 7.28 所示。

在图 7.28 所示的圆圈中，按照顺时针方向，从 1 开始给每个小孩指定一个编号，每个编号代表一个小孩，并用箭头将小孩连起来，形成一个圆圈。

按照圆圈的方向，从编号为 1 的小孩开始数，数到 m 的小孩就离开，继续数，直到只有一个小孩为止。假如 m 为 3，从 1 开始数，第一次数到 3 时编号为 3 的小孩离开，从第 4 个继续数，第二次数到 3 时编号为 6 的小孩离开。前两个小孩离开的过程如图 7.29 所示。

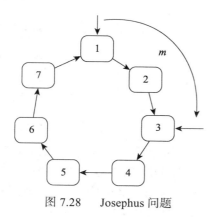

图 7.28　Josephus 问题

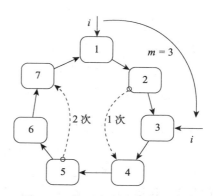

图 7.29　前两个小孩离开的过程

两个小孩离开后的情况如图 7.30 所示。在图 7.30 中从 7 号小孩继续数，数到 3 时编号为 2 的小孩离开，在这次数小孩的过程中，跨越了第一个小孩，1 号小孩和 2 号小孩被第二次数到，这个特点需要关注。

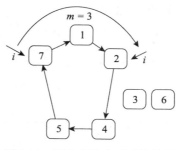

图 7.30　两个小孩离开后的情况

读者可在图上继续这个游戏，后面离开的小孩编号依次为 7、5、1，剩下的小孩为 4 号小孩。最后，宣布 4 号小孩为胜利者。

在图上玩游戏的目的，是要抽象出玩游戏的流程。需要针对不同的情况，按照前面的方法，在图上玩几次游戏，发现玩游戏中需要做的事情以及做这些事情的前后关系，最终设计出解决 Josephus 问题的流程，如图 7.31 所示。

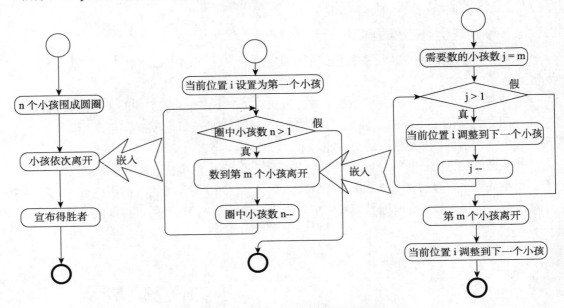

图 7.31　解决 Josephus 问题的流程

从本质上讲，在图上玩游戏是为了建立描述问题的数学模型，建立数学建模的第一个重要任务是发现问题中的层次关系，抽象出解决问题的层次，然后再分层次描述具体的解决方案。图 7.31 中，根据问题中的层次关系，从高到低划分出三个层次：最左边的第一层抽象程度最高，仅描述要做三件大事，没有涉及细节；中间的第二层是对第一层中"小孩依次离开"的细化，将"数到第 m 个小孩离开"视为一个整体，描述了小孩离开的过程；最右边的第三层最详细，细化了第二层中"数到第 m 个小孩离开"中需要做的事情，描述了数小孩的具体过程。

数学建模的另一个重要任务是用数学符号表示问题领域中的事物，如图 7.31 中使用了 i、j 和 m、n 等数学符号，它们都有特定的含义。

2. 解决方案：在数组上玩游戏

分析清楚问题、建立了数学模型后，再思考在计算机中的具体实现问题。首先考虑用什么方法存储小孩构成的圆圈，再按照"自顶向下，逐步求精"的思路，对照图 7.31 中的流程设计计算机中的实现方案。

计算机中有很多方法可存储图 7.30 所示的圆圈，这里选用数组来存储圆圈及其中的小孩。

```
const int numOfBoy = 7;       //小孩总数
int m;                        //Josephus 问题中的间隔 m
int boy[numOfBoy];            //小孩数组
```

其中，定义了一个 int 类型常量 numOfBoy 表示小孩数，以方便调整小孩的个数。在数组中依次存储小孩的编号，最前面小孩的编号存储到第 1 个元素，最后一个小孩的编号存储到最后一个元素。使用数组存储圆圈及 7 个小孩，数组中的值如图 7.32 所示。

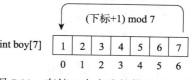

(下标+1) mod 7
int boy[7]
1 2 3 4 5 6 7
0 1 2 3 4 5 6
图 7.32　存储 7 个小孩的数组及其值

决定使用数组存储小孩编号后，就可以按照如图 7.31 所示的流程，在数组上玩游戏，发现需要解决的问题，确定解决问题的方法。

第一个问题：怎样构成一个圆圈？数组是线性存储的，数组中存储的小孩需要在逻辑上构成一个圆圈。

数小孩时，每数一个小孩数组的下标加 1，但数到最后一个时，需要再从第 1 个小孩开始数，其下标应变成 0。可用数学中取模运算解决这个问题。

(下标+1)mod 7

第二个问题：怎样表示小孩离开？数到的小孩要离开，可将他的编号设置为 0，表示这个小孩已离开。

按照上面的思路，Josephus 问题就转变为在数组上数数，在数组上玩游戏。

第一个小孩离开后，数组中的数据如图 7.33 所示。

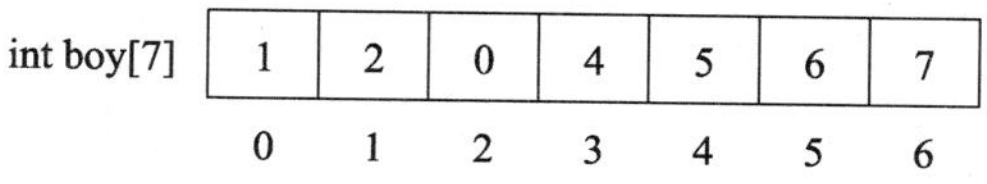

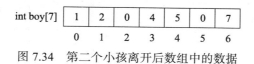

int boy[7]
1 2 0 4 5 6 7
0 1 2 3 4 5 6
图 7.33　第一个小孩离开后数组中的数据

第二个小孩离开后，数组中的数据如图 7.34 所示。

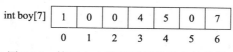

int boy[7]
1 2 0 4 5 0 7
0 1 2 3 4 5 6
图 7.34　第二个小孩离开后数组中的数据

第三个小孩离开后，数组中的数据如图 7.35 所示。

int boy[7]
1 0 0 4 5 0 7
0 1 2 3 4 5 6
图 7.35　第三个小孩离开后数组中的数据

此时，再向后数时，出现了编号为 0 的元素，其代表的小孩已离开，因此，在数数时必须跳过编号为 0 的小孩，只数编号非 0 的小孩。

在"当前位置 i 调整到下一个小孩"时，先将当前位置 i 调整到数组中的下一个位置，再使用一个循环跳过编号为 0 的元素，以确保当前位置 i 的小孩没有离开，其代码如下。

```
i = (i + 1) % numOfBoy;
while (boy[i] == 0)
    i = (i + 1) % numOfBoy;
```

3. 编写程序：描述玩游戏的过程

搞清楚上面的问题后，使用计算机语言描述在数组上玩游戏的过程，就可编写出需要的程序。

对照如图 7.31 所示的流程，按照"自顶向下，逐步求精"的思路，编写代码。

按照顶层流程，编写出程序的框架，包括"n 个小孩围成圆圈""小孩依次离开""宣布得胜者"三部分，先写出注释，后面多预留些空白，以便以后填写代码。

```
void main(){
    //n个小孩围成圆圈


    //小孩依次离开


    //宣布得胜者


}
```

按照图 7.30 定义数组、相关的变量，并进行初始化，编写"n 个小孩围成圆圈"部分的代码，然后，按照图 7.31 中第二层的流程，编写"小孩依次离开"部分的代码，得到如下程序代码。

```
void main(){
    //n个小孩围成圆圈
    const int numOfBoy = 7;        //小孩总数
    int boy[numOfBoy];             //小孩数组

    int i;
    for (i = 0; i<numOfBoy; i++)   //从1开始给小孩编号
        boy[i] = i + 1;
    //输入数小孩间隔
    int m;                         //Josephus问题中的间隔m
    cout << "please input the interval: ";
    cin >> m;
    //输出开始时的小孩编号
    for (i = 0; i<numOfBoy; i++)
        cout << boy[i] << ", ";
    cout << endl;

    //小孩依次离开
```

```
i = 0; //当前位置i设置为第一个小孩

int n = numOfBoy;    //剩余小孩的个数
while (n>1){//只剩一个小孩
    //数到第m个小孩离开



    n--;        //离开一个小孩
    }

    //宣布得胜者


}
```

围成圆圈包含 4 部分的代码，每部分的代码都比较简单明确，可分别写出来。

"小孩依次离开"相对复杂一些，先编写出了第二层的代码，后面再编写第三层"数到第 m 个小孩离开"的代码。

```
//数到第 m 个小孩离开
int j = m;
while(j > 1){
    //当前位置 i 调整到下一个小孩


    j--;//数一个小孩
}                          //数到第 m 个小孩

//第 m 个小孩离开
cout << boy[i] << ", ";    //输出离开的小孩的编号
boy[i] = 0;                //标识该小孩已离开

//当前位置 i 调整到下一个小孩


```

在空白处再填入前面讨论的"当前位置 i 调整到下一个小孩"的代码。

输出得胜者与前面处理结果联系紧密，放在最后编写，也用注释标出主要功能并留出明显的空行。程序的其他部分相对比较简单，就不专门讨论了，但将输出结果放在最后编写是一个好的习惯。

最后加上预编译指令#include 等与计算机语言相关的代码，就能得到求解 Josephus 问题的完整程序，代码如例 7.10 所示。

【例 7.10】 求解 Josephus 问题的完整程序。

```
#include<iostream>
using namespace std;
```

```cpp
void main(){
    //n个小孩围成圆圈
    const int numOfBoy = 7;          //小孩总数
    int boy[numOfBoy];               //小孩数组

    int i;
    for (i = 0; i<numOfBoy; i++) //从1开始给小孩编号
        boy[i] = i + 1;
    //输入数小孩间隔
    int m;                           //Josephus问题中的间隔m
    cout << "please input the interval: ";
    cin >> m;
    //输出开始时的小孩编号
    for (i = 0; i<numOfBoy; i++)
        cout << boy[i] << ", ";
    cout << endl;

    //小孩依次离开
    i = 0;                           //当前位置i设置为第一个小孩

    int n = numOfBoy;                //离开小孩的个数
    while (n>1){                     //只剩一个小孩
        //数到第m个小孩离开
        int j = m;
        while (j > 1){               //数到第m个小孩
            //当前位置i调整到下一个小孩
            i = (i + 1) % numOfBoy;
            while (boy[i] == 0)
                i = (i + 1) % numOfBoy;

            j--;                     //数一个小孩
        }

        //第m个小孩离开
        cout << boy[i] << ", "; //输出离开的小孩的编号
        boy[i] = 0;                  //标识该小孩已离开

        ///当前位置i调整到下一个小孩
        i = (i + 1) % numOfBoy;
        while (boy[i] == 0)
            i = (i + 1) % numOfBoy;

        n--;                         //离开一个小孩
    }

    //宣布得胜者
```

```
    for (int i = 0; i<numOfBoy; i++){
        if (boy[i] != 0){
            cout << "\nNo." << boy[i] << "获胜.\n";    //输出胜利者
            break;
        }
    }
}
```

按照"自顶向下，逐步求精"的思想，先"自顶向下"写出程序框架，然后对每部分代码"逐步求精"，不断按照注释标出的功能在空白处编写代码，经过多次迭代，充分调试，最后编写出完整的程序。

编写复杂的程序，要求程序员除了概念清晰、逻辑严密外，也要有充分的耐心。

4. 运行调试程序：计算机玩游戏

可按照游戏的场景输入不同的参数，并观察输出结果，了解计算机玩游戏的过程。

例 7.10 程序的输入输出结果为：

```
please input the interval: 3
1，2，3，4，5，6，7，
3，6，2，7，5，1，
No.4 获胜.
```

如果将小孩数 numOfBoy 修改为 20，m 修改为 7，输入输出结果为：

```
please input the interval: 7
1，2，3，4，5，6，7，8，9，10，11，12，13，14，15，16，17，18，19，20，
7，14，1，9，17，5，15，4，16，8，20，13，11，10，12，19，6，18，2，
No.3 获胜.
```

在编写程序过程中，首先建立解决 Josephus 问题的数学模型，然后设计用数组解决 Josephus 问题的软件模型，最后编写出程序。

7.6　本章小结

计算主要包含计算过程和数据两个核心要素，从本章开始，将学习的关注点从学习构造计算过程转换到学习构造数据结构。

学习了"程序=数据结构+算法"的观点，能够意识到数据在编程中的重要性。

从数列引入了一维数组的概念，学习了定义、初始化一维数组的知识，讨论了其存储结构，需要掌握定义和初始化一维数组的方法，能够画出其数据结构。学习了使用下标访问数组元素的知识，能够画出下标表达式的计算顺序图，需要掌握使用一重循环访问一维数组元素的方法。

从矩阵引入了二维数组的概念，学习了定义、初始化二维数组的知识，讨论了其存储结构，需要掌握使用二维数组描述矩阵的方法，理解存储二维数组元素的原理，能够理解其数据结构。学习了访问二维数组元素的知识，需要掌握使用二重循环访问二维数组元素的方法。

通过矩阵乘法和冒泡排序两个示例，举例说明了使用数组管理数据的方法，通过 Josephus 问题，举例说明了分析问题、编写程序的基本步骤和方法。

7.7　习题

1. 有一个 10 个整数的数组（34，91，83，56，29，93，56，12，88，72），找出其中最小的数，并打印最小数及其下标。

2. 有 n 个数，已按从小到大顺序排列。在主函数中输入一个数，调用一个函数，该函数把输入的数插入原有数列中，保持大小顺序，输出插入前后的两个数组，并将被挤出的最大数（有可能就是被插入数）返回给主函数输出。

3. 改进冒泡排序算法，使之在新一轮比较中，若没有发生元素交换，则认为已排序完毕。

4. 输入一个 $n \times n$ 的矩阵，求出两条对角线元素值之和。

5. 已知 5 个学生选修了 4 门课，先按照下列要求定义三个函数，然后在主函数中调用这三个函数。

（1）找出成绩最高的学生序号和课程。

（2）找出不及格课程的学生序号及其各门课的全部成绩。

（3）求全部学生各门课程的平均分数，并输出。

6. 编程求矩阵的加法。

$$
\begin{pmatrix} 5 & 7 & 8 \\ 2 & -2 & 4 \\ 1 & 1 & 1 \end{pmatrix} + \begin{pmatrix} 4 & -2 & 3 \\ 3 & 9 & 4 \\ 8 & -1 & 2 \end{pmatrix}
$$

7. 使用递归和循环分别编写一个函数 avg( )，求一个数组中数据的平均值。

$$
\frac{1}{n}\sum_{i=0}^{n} a_i = \frac{1}{n}a_n + \frac{1}{n}\sum_{i=0}^{n-1} a_i = \frac{1}{an}a_n + \frac{1}{an}\sum_{i=0}^{n-1} a_i = \frac{a_n}{an} + \sum_{i=0}^{n-1} \frac{a_i}{an}
$$

可参考上面的数学公式编写程序。其中，当给定数组后，数组元素个数是不变的，因此，用 an 表示数组元素的个数，在编写递归函数时可将它视为一个常量。

（1）使用递归编写函数 avg(a,an,n)，求数组中数据的平均值。avg(a,an,n)有 3 个参数，其中，a 为数组名，an 为数组的元素个数，递归调用时 n 减 1。

（2）使用递归编写函数 avg(a,n)，求数组中数据的平均值。avg(a,n)只有 2 个参数，没有数组元素的个数 an，但假设数组中只有自然数，并用一个负数作为结束标志。

编写函数 avg( )后，再编写一个主程序调用函数 avg( )。可先定义了一个数组 a，并初始化，然后调用 avg( )计算平均值，并输出。

第 **8** 章

指针和引用

本章学习指针及其运算，学习使用指针操纵内存中的数据，学习动态管理内存的方法，了解计算机内部管理内存的基本原理和方法。

使用指针管理内存、操纵数据，使用灵活，功能强大，但也存在极大的隐患，为了解决这个问题，提出了"引用"这个概念，以限制程序员直接使用内存地址，提高安全性。

8.1 指针及运算

指针是计算机中特有的数据类型，与基本数据类型一样，也为其定义了相应的运算。

视频讲解

8.1.1 指针的概念

内存是冯·诺依曼机的五大组成部分之一，用于存储计算机指令和数据。内存是由大量的存储单元所构成的一个连续存储空间，内部结构比较复杂，但可以先从逻辑上简单理解。内存的逻辑结构如图 8.1 所示。

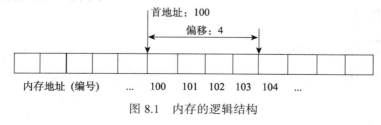

图 8.1　内存的逻辑结构

内存由一个一个字节组成，从 1 开始依次为每一字节指定一个自然数作为其编号，并通过这些编号标识字节在内存中的位置，也通过这些编号读取内存中的数据。将这个编号称为内存地址。

内存地址的编码方法也很多，在"操作系统"课程中会深入讨论。但为了理解内存地址的概念，目前只需记住两点：第一，内存地址就是一个编号，用来标识内存的每一个字节；第二，编号是连续的，从一个内存地址向后数，仍然是一个内存地址。

对内存地址有初步认识后，再回顾计算机中的变量。变量的内存是由首地址和偏移确定的一块内存区域。如图 8.1 所示，一块内存区域的首地址是其中第 1 个字节的地址（编号），偏移指从首地址开始往后数多少字节，相当于内存区域的长度。

前面经常使用的变量内存图就是按照上述理解设计的，反映了变量在内存中的逻辑特性。在定义变量时，编译器和操作系统共同将变量名映射到内存中的一块区域。从变量取值时，自动从变量的内存区域中取出数据；给变量赋值时，自动将数据存储到变量的内存区域中。

如：

```
long a = 9;
a = a + 1;
```

运行 long a = 9 时，为变量 a 分配了一块内存区域。这块内存区域的偏移是由数据类型 long 确定的，为 4 字节，在编程时就决定了，但因内存是动态分配的，在编程时，并不知道内存区域的首地址，因此先用&a 表示（后面再讨论这样表示的含义）。变量 a 的内存区域如图 8.2 所示。

运行 a = a + 1 时，先从变量 a 的内存区域中取出 long 类型的值 9，然后计算 9+1 得到 10，最后将 10 以 long 类型规定的格式存储到变量 a 的内存区域中。

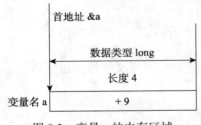

图 8.2　变量 a 的内存区域

在 C/C++等语言中，用一种特殊的变量来存储一块内存区域的首地址，用这个变量的数据类型来表示这块内存区域的长度及数据的存储方式，这种变量就称为指针变量。

指针变量中存储的是一块内存区域的首地址，可通过这个首地址操纵这块内存区域中的数据，其核心是地址，因此，常常也将一块内存区域的首地址称为指针。

从本质上讲，指针就是一块内存区域的首地址，指针变量是存储指针的变量，在不影响交流的情况下，专业人员之间可能不会区分指针还是指针变量这两个术语，需要结合交流时的语境理解其表达的意思。

8.1.2　定义指针变量

指针变量也是变量，定义指针变量的语法与定义其他变量的语法非常相似。在定义指针变量时，只需在变量名前增加一个星号"*"，表示定义的是指针变量。

例如：

```
int a;
int  *ip=&a;
```

其中，语句"int *ip=&a;"定义了一个指向 int 类型变量的指针变量 ip，并用变量 a 的首地址&a 初始化变量 ip。

　　与定义变量一样，也要给指针变量 ip 分配一块内存区域，初始化时将变量 a 的首地址 &a 存储到变量 ip 的内存区域中，在逻辑上表示指针变量 ip 指向变量 a。指针变量 ip 的内存状态如图 8.3 所示。

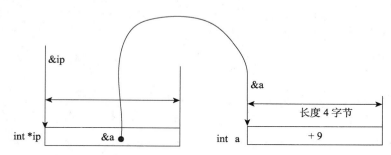

图 8.3　指针变量 ip 的内存状态

　　图 8.3 中，用一个带点的箭头表示"指针变量 ip 指向变量 a"，指针变量 ip 就像"指针"一样指到变量 a，形象地表示了指针的含义和作用。

　　在定义指针变量时，使用了星号"*"，乘法运算的运算符也是星号，但因定义变量的语法与乘法运算的语法不同，编译器可以通过语法判断是定义指针变量还是乘法运算，因此，编译器不会混淆，初学者也要了解一些语法分析原理，以确保能区分，不会混淆。

　　指针变量指向变量的数据类型不同，指针变量的数据类型也不同，如：

```
char *cptr;
float *fptr,f;
long *lptr;
```

定义了 cptr、fptr 和 lptr 三个指针变量和一个 float 类型的变量 f。这 4 个变量的数据类型是不同的，如图 8.4 所示。

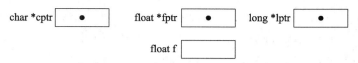

图 8.4　定义的 4 个不同类型的变量

　　定义三个指针变量时，没有初始化，没有指向任何变量。在图 8.4 中，用一个点表示没有初始化的指针变量的值，以示与非指针变量的区别。需要注意的是，与变量一样，没有初始化的指针变量中也存储了一个不确定的值。

　　程序每次运行时，变量的地址都可能不同，具体的地址在编程中意义不大，大多数情况下，只需要从逻辑上知道指针变量指向哪个变量。

8.1.3　指针的基本运算

　　使用指针的目的是访问内存，处理内存中的数据。C/C++语言中专门定义了取地址（&）

和取内容（＊）两个运算，这两个运算称为指针运算。指针运算的语法和语义如表 8.1 所示。

表 8.1　指针运算的语法和语义

运算符	名称	结合律	语法	语义或运算序列
&	取地址（address-of）	从右到左	&exp	计算 exp 得到一个变量 x，取出变量 x 的首地址
*	取内容（indirection）	从右到左	*exp	计算 exp 得到一个指针 p，取出指针 p 指向的变量 x

取地址运算的运算符是&，语法为&exp，要求表达式 exp 的计算结果是一个变量，其语义为取出变量内存区域的首地址。

取内容运算的运算符为*，语法为*exp，要求表达式 exp 的计算结果为指针变量，其语义为取出指针指向的变量。

这两个运算的语法相对比较简单，都是在运算符后紧跟一个表达式，但理解其语义要困难一些。下面对照变量及其操作讨论这两个运算的语义。

例如：

```
int a = 4;
int *ptr;
ptr = &a;
*ptr = *ptr + 1;
a = a + 1;
```

代码中，前面两行定义了一个 int 类型变量 a 和一个指向 int 类型的指针变量 ptr。变量与指针变量的内存状态如图 8.5 所示。

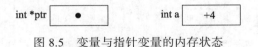

图 8.5　变量与指针变量的内存状态

int *ptr 中定义的指针变量 ptr，要求只能指向一个 int 类型变量。指针变量 ptr 没有初始化，在图 8.5 中用一个点突出表示指针变量 ptr 中没有值。一个指针变量是否指向一个变量，非常关键，在使用指针变量访问数据前，务必先给指针变量赋值。

代码的第三行“ptr = &a”的作用是，将变量 a 的首地址赋值给指针变量 ptr，即，用指针变量 ptr 指向 int 类型变量 a。使用 ptr = &a 给指针变量赋值，其语义如图 8.6 所示。

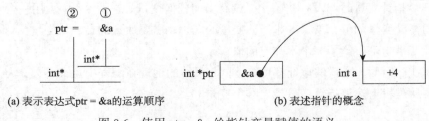

(a) 表示表达式ptr = &a的运算顺序　　　　　　(b) 表述指针的概念

图 8.6　使用 ptr = &a 给指针变量赋值的语义

如图 8.6 所示，其中的图 8.6(a)表示表达式 ptr = &a 的运算顺序，图 8.6(b)形象地表示出"指针"这个概念。表达式 ptr = &a 中包含了两个运算,赋值运算=的优先级低,最后计算,取地址运算&的优先级比较高,最先计算,取地址运行后得到一个指向 int 类型的地址(int*)。该表达式的语义为,取出变量 a 的首地址 p,然后再将首地址 p 存储到指针变量 ptr 的内存中。

给指针变量 ptr 赋值时,赋值运算左右两边的数据类型都是 int*。int*是一种数据类型,表示指向 int 类型的指针。

在给指针变量赋值时,应保证指针变量指向定义时规定的数据类型,这点要特别注意。

代码的第四行中*ptr = *ptr + 1 是一个表达式,其计算顺序如图 8.7 所示。其中*ptr 是取指针变量 ptr 指向的变量,计算后得到的是变量 a,而不是变量 a 的值。这点很特别,如果不能理解这点,不可能学会使用指针,要高度重视。

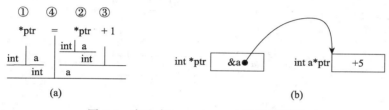

图 8.7　表达式*ptr = *ptr + 1 的计算顺序

常常将包含指针运算的表达式称为指针表达式。指针表达式*ptr = *ptr + 1 的运算序列如图 8.8 所示。

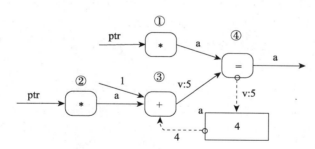

图 8.8　*ptr = *ptr + 1 的运算序列

如图 8.8 所示,指针表达式*ptr = *ptr + 1 的语义如下。

① 从指向 int 类型的指针变量 ptr 中取出地址 addr1,得到首地址为 addr1 的变量 a。

② 从指向 int 类型的指针变量 ptr 中取出首地址 addr2,得到首地址为 addr2 的变量 a。

③ 从变量 a 中取出值 4,与 1 相加得到 5。

④ 将 5 赋值给变量 a。

其中,①②两步计算结果都是变量 a,③④两步的语义与 a = a + 1 相同。

实际上,取地址运算和取内容运算为程序员提供了直接访问内存的手段。这点与赋值语句不同,赋值语句中也要访问变量的内存,但是由系统自动实现的,不允许程序直接操纵变量的内存,也不能通过内存地址加工处理其中的数据。

8.1.4　指针的加减运算

从本质上讲，指针就是一块内存区域的首地址，内存地址就是一个内存编号，虽然编号不一定是整数，但仍然可以参照自然数上的加减法定义，为指针定义加减运算。自然数的加减法定义详见第 10 章。

为了理解指针的加减运算，先回顾一维数组。如：

```
int a[10] = { 1, 2, 3, 4, 5, 6, 7, 8, 9, 10 };
```

定义了一个一维数组 a，每个元素为 int 类型，总共有 10 个元素。数组 int a[10] 的内存及地址如图 8.9 所示。

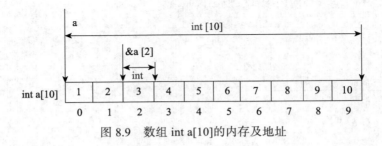

图 8.9　数组 int a[10]的内存及地址

数组 a 对应内存中的一块内存区域，这块内存区域有一个首地址。从指针的角度，数组名 a 就是这个首地址，int[10]就表示了这块内存区域的大小。数组 a 中的每一个元素都对应数组内存中的一小块内存区域，这小块内存区域可用 a[i]表示，长度由 int 类型确定，这小块内存区域相当于一个 int 类型变量，其首地址可用&a[i]表示。

从本质上讲，数组名就是数组的首地址，是一个指针，现在可以在一数组上定义指针的加法运算。

例如，数组 a 的数组名 a 是一个指针，将 a+i 定义为&a[i]，即，a+i 等于元素 a[i]的首地址。如，a+1 为&a[1]，a+2 为&a[2]，以此类推，a+9 为&a[9]。在数组 a[10]上定义的指针加法运算如图 8.10 所示。

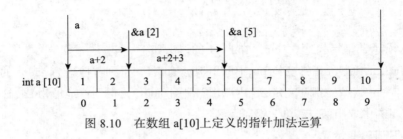

图 8.10　在数组 a[10]上定义的指针加法运算

指针的加法运算，在语法上与算术运算的语法完全相同，仍然是 exp1+exp2，但要求 exp1 的计算结果必须是一个指针（地址），exp2 的计算结果必须为一个整数，指针的加法运算得到一个同类型的指针。

例如，a+i 得到的是一个指针，这个指针指向数组的元素 a[i]，相当于指针从地址 a 移动到地址&a[i]，总共移动 i*sizeof(int)字节。

有了指针的加法运算后，定义指针的减法运算就简单了。可这样定义指针的减法，指针的减法满足下列条件之一：如果 p1+i=p2，则 p2–i=p1；如果 p1+i=p2，则 p2–p1=i。其中，p1 和 p2 为指针，i 为整数。指针的加法是指针在数组上以元素为单位向左移动，减法是加法的逆运算，将指针的减法定义为指针在数组上以元素为单位向右移动。

两个指针不能做加法，但可以做减法，两个指针相减得到的是一个整数，定义的逻辑非常简单。如：

```
int*p1 = a + 2;
int *p2 = a;
cout<< p1 - p2;
```

p1–p2 就应该得到 2，读者可以上机验证。

有了两个指针的减法运算后，就可以比较两个指针的大小。比较的逻辑为：两个指针相减，得到一个整数，如果这个整数为 0，则相等；如果这个整数大于 0，则前者大；如果这个整数小于 0，则后者大。如，p1–p2=2>0，则 p1 > p2。

指针的应用很广泛，可用于能够使用变量的任何应用场景，但不要滥用。本书讨论几个最典型的应用场景，讨论的目的不是强调在这些应用场景中必须使用指针，而是希望读者能够理解其内部处理机制和逻辑。

下面以遍历数组为例，介绍使用指针访问数组元素，代码如例 8.1 所示。

【例 8.1】 使用指针遍历数组。

```
#include<iostream>
#include<iomanip>
using namespace std;
void main(){
    int a[10] = { 1, 2, 3, 4, 5, 6, 7, 8, 9, 10 };
    //按照下标遍历
    for (int i = 0; i<10; i++)
        cout << a[i] << ",";
    cout << endl;
    //按照指针遍历
    for (int* iPtr = a; iPtr<a + 10; iPtr++){
        cout << *iPtr << ",";
    }
    cout << endl;
}
```

输出结果：

```
1,2,3,4,5,6,7,8,9,10,
1,2,3,4,5,6,7,8,9,10,
```

例 8.1 中，使用指针变量作为循环变量，遍历数组的元素，其效果与使用下标运算完全一样。

在计算机内部，数组的下标运算是用指针的加法运算定义的，如 a[i]定义为*(a+i)，a[i][j] 定义为*(a+n*i+j)，其中 n 是一行的元素个数。采用这种方法，可以定义多维数组。

8.2　动态管理堆内存

一个程序有代码区、全局数据区、栈区和堆区 4 个内存区域，前面主要讨论了全局数据区和栈区的使用，现在讨论堆区的使用。

将程序加载到内存时，系统已为全局数据区中的变量分配了内存，在程序运行过程中，系统会根据需要自动为栈区中的变量分配内存。程序员只需了解系统分配内存的基本原理，直接访问全局数据区和栈区中的数据。

但堆区不同，它是由程序员直接管理的内存。程序员根据程序的实际需要，通过代码向系统申请内存，使用后再将申请的内存归还给系统。

定义数组时，要求数组的行数和列数必须是常量，事先规定好所需内存的大小，但在实际应用中，很多时候都不能事先确定数组的大小，只有在实际运行时才知道。使用堆区，可以根据实际需要调整数组的大小，也就是所谓的动态数组。

8.2.1　malloc( )和 free( )

C 语言在 alloc.h 头文件中声明了 malloc( )和 free( )两个函数，分别承担申请和释放内存的任务。

malloc( )的函数原型为：

```
void* malloc(size_t size);
```

其函数名为 malloc，其中的第 1 个字符 m，是单词 memory 的首字母，表示内存的意思，alloc 是 allocate 的缩写，表示申请的意思，连接起来就表示申请内存。计算机中的很多函数都是这样取名的，以方便程序员记忆。这也从一个侧面说明编程还需要有一定的英文基础。

malloc( )函数的返回类型是 void*，返回一个指向 void 类型的指针。void 类型是一个特殊的数据类型，其含义是"没有类型"，但允许将指向 void 的指针转换为指向任何一种数据类型的指针。

参数 size 表示所需内存的大小，以字节为单位，size 的数据类型 size_t 是系统预定义的一个数据类型，可简单理解为 unsigned long，即自然数。

malloc( )函数的功能是从堆区中申请 size 字节的内存，如果申请成功，则返回指向 void 类型的一个指针；如果申请内存失败，则返回一个空指针 NULL。

free( )函数原型为：

```
void free(void *ptr);
```

其函数名 free 在这里是释放的意思，因为总能执行该功能，所以没有返回值；参数为一个 void*类型的指针，意思是对指针 ptr 指向的数据类型没有要求，ptr 可以是指向任何数据类型的指针。

实际应用中，常常要求在程序运行时才能确定数组元素的个数，这种数组称为动态数组。使用 malloc( )和 free( )两个函数可以创建动态数组，代码如例 8.2 所示。

【例 8.2】　使用 malloc( )和 free( )函数创建动态数组。

```cpp
#include<iostream>
#include<stdlib.h>
using namespace std;
void main(){
    int arraysize;
    int *array;
    cout << "please input a number of array:\n";
    cin >> arraysize;                              //输入数组的元素个数
    //创建动态数组
    array = (int*)malloc(arraysize*sizeof(int));   //为数组申请内存

    for (int count = 0; count < arraysize; count++)
        array[count] = count * 2;
    for (int count = 0; count < arraysize; count++)
        cout << array[count] << ",";
    cout << endl;
    free(array);                                   //释放内存
}
```

例 8.2 中，先调用 malloc( )函数创建动态数组 array，其代码为：

```cpp
int *array;
array = (int*)malloc(arraysize*sizeof(int));       //为数组申请内存
```

上述代码先为数组定义一个指针 array，作为组名，然后再调用 malloc( )函数为数组申请内存。表达式 array = (int*)malloc(arraysize*sizeof(int))中，arraysize*sizeof(int)计算数组需要多少字节，(int*)将 malloc( )函数返回的类型(void *)强制转换为类型(int*)，其中 int 是数组的数据类型，该表达式的计算顺序如图 8.11 所示。

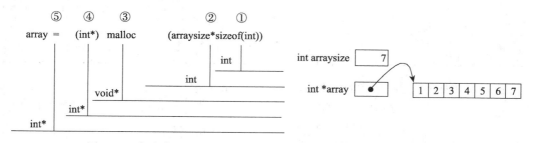

图 8.11　表达式 array = (int*)malloc(arraysize*sizeof(int))的计算顺序

例 8.2 中，使用 free(array)释放数组 array 的内存。程序运行结束后，会自动释放申请的所有内存，虽然在这个程序中可以删除此条语句，但及时释放不再使用的内存是一个好习惯。

第 1 次运行例 8.2 程序的输入输出结果：

```
please input a number of array:
20
0,2,4,6,8,10,12,14,16,18,20,22,24,26,28,30,32,34,36,38,
```

第 2 次运行例 8.2 程序的输入输出结果：

```
please input a number of array:
10
0,2,4,6,8,10,12,14,16,18,
```

如果堆空间不够分配，malloc( )函数会返回一个空指针 NULL，会导致后面的语句都不能正常执行，可通过 malloc( )函数的返回值判断申请内存是否成功。如：

```
if (array == NULL){
    cout<<"申请内存失败，终止程序.\n";
    exit(-1);
}
```

申请内存失败后，通过 exit(-1)终止程序运行，并向操作系统返回-1。程序非正常结束，常常返回一个负数，表示错误的类型，以便在操作系统中检测程序运行状态。

在内存地址中，有一个特殊的地址，这个地址就是 0，一般没有对应的物理内存单元，仅仅作为一个标记使用，一般将这个特殊的内存地址 0 称为空指针 NULL。

8.2.2　new 与 delete

C++语言提供了 new 和 delete 两个运算，用于申请和释放内存。new 和 delete 运算的语法和语义如表 8.2 所示。

表 8.2　new 和 delete 运算的语法和语义

运算符	名称	结合律	语法	语义或运算序列
new	创建对象（create object）	从右到左	new exp	在堆区创建一个 type 类型的对象 o，返回一个指向该对象的指针
delete	释放对象（destroy object）	从右到左	delete exp	计算 exp 得到对象 o，释放对象 o 的内存

new 和 delete 是 C++语言的两个运算，其语义涉及面向对象中的基本概念，表 8.2 只简单描述了它们的语义。在理解其语义时，只需要记住一点：变量就是对象，对象就是变量。目前，可将"对象"理解为学习的变量，以后再深入理解"对象"的概念。

new 和 delete 的运算符分别为 new 和 delete 两个英语单词，初学者很容易将它视为一个命令，需要注意。

与 malloc( )、free( )相比，new 和 delete 功能更强，也更加安全方便。

例如，定义一个动态数组：

```
int arraysize;
int *array;
cout<<"please input a number of array:\n";
cin>>arraysize;                    //输入数组的元素个数
//构建动态数组
array = new int[arraysize]; //为数组申请内存
```

其中，new int[arraysize]的功能是创建一个包含 arraysize
个 int 类型元素的数组，其语义为创建 arraysize 个连续的
int 类型对象，并返回指向第一个 int 类型对象的指针。在
这里，int 类型对象就是 int 类型的变量。array = new
int[arraysize]的计算顺序如图 8.12 所示。

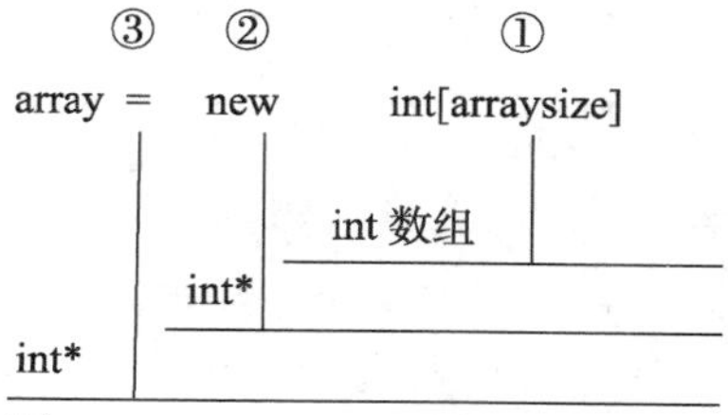

array = new int[arraysize]中，int[arraysize]表示一个无
名数组，new int[arraysize]的语义是创建无名数组 int
[arraysize]，并返回指向它的指针。其与 array = (int*)malloc(arraysize*sizeof(int))相比，使用
简单很多，也减少了出错的概率。使用结束后，也应及时释放动态数组的内存。

图 8.12　array = new int[arraysize]的
计算顺序

例如，释放动态数组的内存：

```
delete[] array;
```

在 C++中，将 int[arraysize]视为一个数组，在释放时，也需要一次释放整个数组。delete[]
array 中的[]表示释放的是一个数组 array，而不是指针变量 array。

new 和 delete 运算的功能很强大，更多的细节放在"面向对象"课程中学习。

8.3　函数调用中传递数组

视频讲解

在计算机语言中，传递函数参数的方式有两种：第一种，将参数的值传递给函数，也就
是将实参的所有值一个一个复制到对应形参的内存，这种方式称为传值；第二种，将参数的
地址传递给函数，也就是将实参的地址复制到对应形参的内存，函数中将形参作为指针来访
问实参中的变量，这种方式称为传地址。

在实际应用中，数组往往很大，如果将数组的所有元素通过栈传送给函数，无论在时间
上还是空间上效率都很低，也可能耗完栈区的存储空间，因此，在函数调用时，只将数组的
地址传递给函数，函数中使用数组的地址来访问数组中的元素。

8.3.1　传递一维数组

C 语言标准函数库中有一类函数，其函数名以 mem 或 m 开头，这类函数在一块内存区
域内以字节为单位批量处理内存中的数据，函数 memset( )就是其中之一。

函数 memset( )在 mem.h 头文件中声明，其函数原型为：

```
void * memset(void*, int, unsigned);
```

其中，第一个参数为内存区域的起始地址，第二个参数是需要为字节设置的值，第三个参数是内存区域的长度（字节数），返回值 void*表示地址。

可使用标准函数 memset( )动态初始化数组的所有元素，在调用时，需要将数组的首地址和字节数传递给函数 memset( )。如，使用 memset( )函数将一个数组的全部元素初始化为0，代码如例8.3所示。

【例8.3】　使用 memset( )函数初始化数组。

```cpp
#include<iostream>
using namespace std;
#include<string>
int main(){
    int ia1[50];
    int ia2[500];
    memset(ia1, 0, 50 * sizeof(int));
    memset(ia2, 0, 500 * sizeof(int));
}
```

memset(ia1, 0, 50 * sizeof(int))中，第一个实参是数组名 ia1，第三个实参 50 * sizeof(int)表示了数组 ia1 的字节大小，通过这两个参数将数组名 ia1 的内存区域传递给 memset( )函数。第二个实参是0，要求 memset( )将内存区域中的所有字节设置为0。

memset( )函数的效率非常高，但调用 memset( )函数时，如果指定的内存区域超出了数组的内存区域，会修改其他内存中的数据，产生严重后果，要特别当心。

C 语言的标准函数库中有很多常用函数，可查阅 C 语言标准文本的使用说明。在实际编程中尽量使用标准函数，以提高编程效率和程序质量。

函数调用中，采用传地址方式传递数组，形参只接收数组的首地址，没有包含数组大小的信息，因此，在传递一个数组的同时，还需要增加一个参数，用于传递数组的元素个数。

下面以求数组元素之和为例介绍传递数组的过程，代码如例8.4所示。

【例8.4】　求数组元素之和。

```cpp
#include<iostream>
using namespace std;
int sum(int[], int);
void main(){
    static int ia[5] = { 2, 3, 6, 8, 10 };
    int sumOfArray;
    sumOfArray = sum(ia, 5);
    cout << "sum of array:" << sumOfArray << endl;
}
int sum(int array[], int len)
{
    int iSum = 0;
    for (int i = 0; i<len; i++)
        iSum += array[i];
    return iSum;
}
```

sum( )函数有两个参数：第一个参数传递数组的首地址；第二个参数传递数组的元素个数。通过 sum(ia, 5)调用 sum( )的过程中，将实参 ia 和 5 传递给形参 array 和 len 后的内存状态如图 8.13 所示。

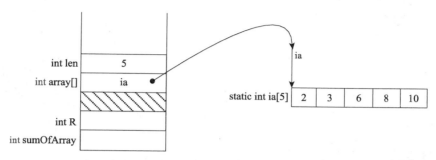

图 8.13　sum(ia, 5)调用中传递一维数组后的内存状态

如图 8.13 所示，main( )函数中通过 sum(ia, 5)调用函数时，以数组名 ia 为实参将指向数组 ia 的指针传递给形参 array，形参 array 中存储了数组 ia 的首地址，指向数组 ia。完成参数传递后，指针 ia 和 array 都指向相同的内存，数组 ia 和数组 array 是同一个数组。

在 sum( )函数中，可以使用数组名 array 访问数组 ia 中的元素，完成求和功能。例 8.4 的输出结果：

---

sum of array：29

8.3.2　传递二维数组

一个二维数组作为参数传递给函数时，其函数原型中，语法规定可以省略左边第一个方括号[]内的整数，其余方括号[ ]内的整数都不能省略。这种规定主要是为了满足语法上的要求，以防止与其他表示方法冲突。

与一维数组一样，在传递二维数组时，还需要定义传递行数和列数的参数，以保证函数能正确访问二维数组的元素。

例如定义一个 3×4 的数组，表示 3 个学生，每个学生有 4 次测验成绩，求所有学生成绩中的最好成绩，代码如例 8.5 所示。

【例 8.5】　求所有学生成绩中的最好成绩。

```
#include<iostream>
using namespace std;
int maximum(int[][4], int, int);

void main(){
    int sg[3][4] ={
        { 68, 77, 73, 86 },
        { 87, 96, 78, 89 },
        { 90, 70, 81, 86 }
```

```
    };
    cout << "the max grade is " << maximum(sg, 3, 4) << endl;
}

int maximum(int grade[][4], int pupils, int tests){
    int max = 0;
    for (int i = 0; i<pupils; i++){
        for (int j = 0; j<tests; j++){
            if (grade[i][j]>max)
                max = grade[i][j];
        }
    }
    return max;
}
```

在函数原型 int maximum(int grade[][4], int pupils, int tests)中，第一个参数为二维数组，因 C/C++语言的标准文本中规定，只可以省略最左边的方括号[]内的表达式，所以使用

```
int grade[][4]
```

格式声明的形参 grade 是二维数组，传递的是指向二维数组的指针。在 maximum( )函数中就可以将 grade 作为二维数组来处理。

main( )函数中的函数调用 maximum(sg, 3, 4)，将二维数组 sg 作为实参传递给形参 grade，实际上是将指向二维数组的指针 sg 传递给形参 grade，sg 和 grade 都指向同一个二维数组 sg。传递二维数组后的内存状态如图 8.14 所示。

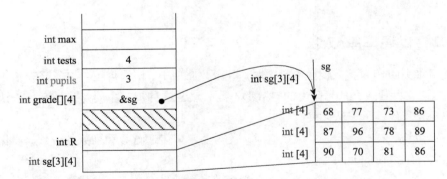

图 8.14　传递二维数组后的内存状态

例 8.5 的输出结果：

```
the max grade is 96
```

8.3.3　返回指针

返回指针的函数称为指针函数，动态管理内存是其典型应用场景。下面通过示例介绍返回指针的过程，代码如例 8.6 所示。

【例 8.6】　返回指针。

```cpp
#include<iostream>
using namespace std;
int* createArray(int size){
    int *ptr;
    ptr = new int[size];
    //初始化数组
    for (int i = 0; i<size; i++){
        *(ptr + i) = i;
    }
    return ptr;                      //返回一个指针
}
void printArray(int a[], int len){
    for (int i = 0; i<len; i++){
        cout << a[i] << ",";
    }
    cout << endl;
}
void main(){
    int row = 4;
    int *array;
    array = createArray(row);
    //可以增加很多其他功能
    printArray(array, row);
    delete[]array;
}
```

例 8.6 中，定义了 int* createArray(int size) 函数，用于动态创建一个数组并进行初始化，然后将数组的指针返回给调用函数。createArray( ) 函数中使用表达式 ptr = new int[size] 创建一个数组 ptr。该表达式的计算顺序及执行后的内存状态如图 8.15 所示。

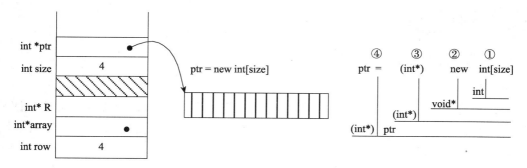

图 8.15　ptr = new int[size] 计算顺序及执行后的内存状态

初始化创建的数组后，使用 return ptr 返回数组的指针，将指针 ptr 的值赋值给函数返回值的临时变量 R。返回指针 ptr 的过程如图 8.16 所示。

结束调用后，返回 main( ) 函数，继续执行 array = createArray(row) 中的赋值运算，将临时变量 R 中的指针赋值给 array，如图 8.17 所示。

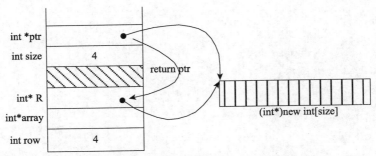

图 8.16　return ptr 返回数组的指针 ptr 的过程

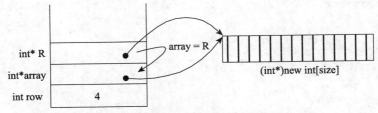

图 8.17　将临时变量 R 中的指针赋值给 array

从 createArray( )函数返回语句 array = createArray(row)时，先将 createArray 中 ptr 中的指针赋值到临时变量 R，然后再将它赋值到指针 array，实现将创建的动态数组 ptr 赋值给指针 array。

例 8.6 的输出结果：

```
0,1,2,3,
```

例 8.6 返回堆地址，也可以返回全局或静态变量的地址，但因为退出函数后局部变量被回收，所以不能返回局部变量的地址。

8.4　字符数组

视频讲解

计算机处理最多的数据不是数而是文字，下面讨论计算机处理文字的基本原理和使用方法。

在计算机中，所有的文字都由字符构成，是字符的集合。例如，多个字符组成一个字，多个字组成一个词组，多个词组组成一个句子，多个句子组成一个自然段，多个自然段最后形成一篇完整的文章。

在计算机中，将各种自然语言形成的文字统称为文本或文本数据，并以字符数组为基础存储和管理文本数据。

8.4.1　定义字符数组

文本中的字符往往成"串"出现，在计算机中将一串字符简称为字符串，并将存储字符串的数组称为字符数组。

例如，定义一个数组

```
char line[] = {'I', '', 'l', 'o', 'v', 'e', '', 'p', 'r', 'o', 'g', 'r',
'a', 'm', 'i', 'n', 'g', '.','\0'};
```

用于存储字符，line 就是一个字符数组。

C/C++等语言专门提供了表示字符串的方法，即使用双引号将字符串括起来。

上面的语句可改写为

```
char line[] = "I love programing."
```

这种表述方法，更符合人们平时的习惯。

字符数组 line 总共有 19 个元素，前 18 个元素依次存储字符串"I love programing."中的字符，第 19 个元素存储字符'\0'，它是字符串的结束标志，在处理字符串时，通过这个标志判断字符串是否结束。字符数组 line 中存储的字符如图 8.18 所示。

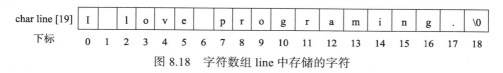

图 8.18 字符数组 line 中存储的字符

使用字符数组存储字符串，代码如例 8.7 所示。

【例 8.7】 使用字符数组存储字符串。

```cpp
#include<iostream>
using namespace std;
void main(){
    char line[30] = "I love programing.";
    cout << "数组元素个数: " << sizeof(line) << endl;
    cout << "字符串中的字符个数: " << strlen(line) << endl;
    cout << line << endl;
    line[6] = '\0';                 //增加结束标志
    cout << line << endl;
    cout << "数组元素个数: " << sizeof(line) << endl;
    cout << "字符串中的字符个数: " << strlen(line) << endl;
}
```

函数 strlen( )是 C 语言的标准函数，其功能是计算字符串的长度，即字符个数，空格也算一个字符，但字符串结束标志'\0'不计算在内。

例 8.7 的输出结果：

```
数组元素个数：30
字符串中的字符个数：18
I love programing.
I love
数组元素个数：30
字符串中的字符个数：6
```

字符数组的元素个数必须大于字符串长度加 1，字符串不包括结束标志后的字符。

字符和字符串是两个不同的概念。字符只能是一个字符，用单引号括起来，一般只占一个字节。字符串是一串字符，用双引号括起来，可占用多个字节，并以字符串结束标志'\0'结束。如，'a'和"a"是不同的，'a'是一个字符，内存中占用一个字符；"a"是字符串，内存中占用两个字节。

8.4.2　字符串常量

例 8.7 的代码中，还用到了"数组元素个数："和"字符串中的字符个数："两个字符串，这类字符串称为字符串常量。

编译器会自动为字符串常量定义一个字符数组。如字符串常量"数组元素个数："，编译器自动为其定义一个字符数组，除了没有数组名外，其语义等价于如下语句。

```
static const char str[] = "数组元素个数：";
```

为字符串常量定义的字符数组是静态的，存储在全局数据区，不能修改。如：

```
char* p = "Plato";
```

语义为定义指向字符的指针 p 和一个存储"Plato"的字符串常量，并用定义的一个字符串常量的地址初始化指针 p，即指针 p 指向这个字符串常量。从功能上讲，给匿名的字符串常量取了一个名字 p，可以使用指针 p 访问这个字符串常量。如：

```
cout << p;            //正常输出
p[1] = 'e';           //报运行错误
```

执行 p[1] = 'e'时，报运行错误，这是因为指针 p 指向了字符串常量，字符串常量不能修改。应该将指针 p 定义指向常量的指针，正确的代码为：

```
const char* p = "Plato";
```

字符串常量是静态分配的，程序结束前不会回收，所以函数返回它们是安全的。例如：

```
const char*error_message(int i)
{
    //…
    return "range error";
}
```

两个同样的字符串常量是否存储在相同的内存，可以用如下代码测试。

```
const char* p = "Heraclitus";
const char* q = "Heraclitus";
void main()
{
    if (p == q)
        cout<<"one! \n";     //结果由编译器确定
}
```

其中，if 中的条件 p == q 是比较它们的地址（指针），而不是比较字符串中的字符。

转义字符也可以用在字符串中。转义字符以反斜线（\）开始，如，反斜线'\\'、双引号'\"'、单引号'\''和换行符'\n'等字符，都可以直接用在字符串中。例如：

```
cour<<"beep at end of message\a\n";
```

转义字符'\a'是 ASCII 字符 BEL（也被称作警铃），它会导致发出某种声音。在字符串中不能包含"真正的"换行，如：

```
char a[]="this is not a string
but a syntax error"
```

在编译时，会报语法错误。

为使代码比较整洁，可以将长字符串断开。例如：

```
char alpha[] = "abcdefighijklimnopgrstevwxyz"
"ABCDEFGHIJKLMNoPQRSTUVWXYZ";
```

编译器将两个字符串拼接下来，按照下面的语句编译。

```
char alpha[] = "abcdefghijklmnopgrstuwxyABCDEFGHIUKLMNOPQRSTUVWXYZ";
```

8.4.3　字符串的基本运算

随着从信息化时代进入智能化时代，分析处理文本数据的需求越来越大，导致字符串的应用范围越来越广泛，使用频率越来越高。

> 字符串已成为了一种最基本的数据类型，其重要性已远远超过实数这种基本类型。

可以将字符串看成一种数据类型，并针对字符串定义各种运算。计算机的基本运算中，最重要的是赋值运算，还有加法运算和比较运算。字符串也有类似的运算，除此之外，还可针对字符串的特点设计了查找等运算。

下面介绍字符串的赋值、加法和比较三个最常用的运算，它们分别实现复制字符串、字符串的连接、字符串中字符的比较功能。

1. 字符串的赋值运算

赋值运算的语义是将一个值赋值给一个变量。按照这个语义，字符串上的赋值运算应该将一个字符串赋值给一个"字符串类型"的变量，但 C 语言没有提供这个功能，只能编程来实现。

按照函数思维，运算和函数在功能上是完全等价的，只存在语法上的区别。按照这个思维，可使用函数实现字符串赋值运算的语义，以后在面向对象程序设计中再学习其语法。

字符串存储在字符数组中，可将字符数组视为"变量"，将字符串视为"值"，因此，其语义为，将一个字符数组中的字符串"赋值"给另一个字符数组。

可设计一个函数，将一个字符数组中的字符逐个复制给另一个字符数组，以实现字符串赋值运算语义。

按照上面的思路，定义函数 strCopy( )，实现字符串的赋值运算。

```
void strCopy(char* dest, char* source){
    while (*dest++ = *source++);
}
```

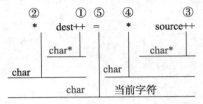

图 8.19 *dest++ = *source++计算顺序

strCopy( )仅有一条循环语句"while (*dest = *source++);"，代码非常简单，其核心是循环条件中的表达式*dest++ = *source++，该表达式逐个复制字符。*dest++ = *source++计算顺序如图 8.19 所示。

如图 8.19 所示，这个条件表达式 *dest++ = *source++包含了 5 个运算，其中后++运算至少包含两个，如果与 while 语句结合起来，还需要将类型 char 转换为类型 bool，相当复杂，导致理解困难。

可将后++运算从条件表达式中移到循环体，改写上述代码，语义更加简单清晰，更容易理解。

```
void strCopy(char* dest, char* source) {
    while (*dest = *source){
        dest++;
        source++;
    }
}
```

其中，条件表达式包含 3 个运算，再加上一个类型转换，总共 4 个运算，比原来的代码更容易理解。实现字符串赋值运算的流程如图 8.20 所示，

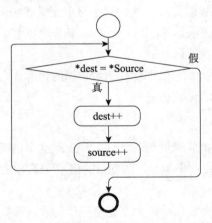

图 8.20 实现字符串赋值运算的流程

调用 strCopy 将一个字符数组中的字符串赋值给一个字符数组，如：

```
char a[20] = "copy string.";
char b[20] = "";
strCopy(b, a);
```

调用 strCopy( )将字符数组 a 中的字符串"copy string."赋值给字符数组 b。如图 8.20 所示，每次循环复制一个字符，当复制到字符串的结束标志时，结束循环，其实现过程如图 8.21 所示。

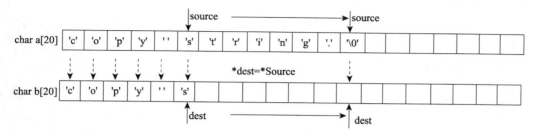

图 8.21 字符串赋值运算在数组上的实现过程

如图 8.21 所示，每次循环时先执行*dest = *source，将字符数组 a 的字符复制到字符数组 b 的对应位置，然后判断复制的字符是否是结束标志，如果是，则结束循环，否则，将 dest 和 source 两个指针分别调整到下一个字符，继续下一次循环。

2. 字符串的加法运算

字符串加法，将两项字符串连接起来，如：

```
" copy" + " " + "string." = "copy string."
```

定义函数 strAdd( )，实现字符串加法运算的语义。

```
void strAdd(char* dest, char* source){
    while (*dest){                    //移到结束标志
        dest++;
    }
    strCopy(dest, source);
}
```

上述程序定义了 strAdd( )函数，实现了连接两个字符串的功能。首先将 dest 指针移到数组的结束标志位置，然后调用 strCopy( )函数将字符数组 source 中的字符逐个复制到后面。

下面代码调用了 strAdd( )函数。

```
char a[30] = "copy";
strAdd(a, " ");
strAdd(a, "string.");
```

读者参照图 8.21，参考字符串赋值运算在数组上的实现过程，更容易理解字符串加法的实现过程。

3. 字符串的比较运算

字符串的比较运算按照字符的编码逐个比较字符串中字符的大小，如"string." > " copy"的比较运算结果为 true。

字符串"string."第一个字符的编码比" copy"中第一个字符（空格）的编码大，因此字符串"string."比" copy"大。

定义函数 strCmp( )，实现字符串的比较运算。

```c
int strCmp(char* s1, char* s2) {
    while (*s2&&*s1&&(*s1 == *s2)){
        s1++;
        s2++;
    }
    int rt;
    if (*s1 == *s2)     //两个字符串相等
        rt = 0;
    else if (*s1> *s2  //s1 大于 s2
        rt = 1;
    else                //s1 小于 s2
        rt = -1;
    return rt;
}
```

条件表达式*s2&&*s1&&(*s1 == *s2)中先使用表达式*s2&&*s1 检测两个字符串的结束标志，如果不是字符串的结束标志，再使用表达式(*s1 == *s2)比较当前位置的字符是否相等，如果相等，就继续循环，直到一个字符串结束或字符不相等为止。

例如 strCmp("copy string.", "copy")，其比较字符串大小过程如图 8.22 所示。

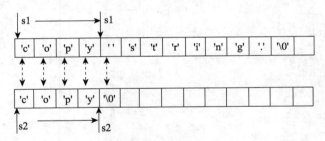

图 8.22　比较字符串大小过程

后面的代码比较好理解，读者可编写一个主函数调用比较字符串大小的函数，观察输出结果。

8.4.4　使用字符串运算

1. 字符串模块

可按照模块化程序设计思想，将字符串运算从实际应用中独立出来，设计为一个模块，然后在这个模块中定义字符串的各种运算，编程实现运算的语义。

如，将前面编程实现的三个字符串基本运算设计为一个模块 myString，将代码存储在源文件 myString.cpp 中，并提供一个头文件 myString.h，头文件的代码如下：

```c
void strAdd(char* dest, char* source);
void strCopy(char* dest, char* source);
int strCmp(char* s1, char* s2);
```

建立字符串运算模块后，使用字符串运算模块中的运算，编程解决实际问题。如调用 myString 中的函数进行字符串的赋值和加法运算，代码如例 8.8 所示。

【例 8.8】　字符串赋值和加法运算。

```
#include "mystring.h"
#include<iostream>
using namespace std;
void main(){
    //字符串赋值
    char a[20] = "copy string.";
    char b[20] = "";
    strCopy(b, a);
    cout << b << endl;
    //字符串加法运算
    char c[30] = "computer ";
    strAdd(c, a);
    cout << c << endl;
}
```

例 8.8 的输出结果：

```
copy string.
computer copy string.
```

2. 字符串的库函数

按照上面介绍的方法，读者可以自己编写函数实现字符串的各种运算，可以通过编写这些程序提高自己的编程能力。除此之外，字符串运算的观点还有助于理解 C 语言提供的字符串函数，并使用这些函数解决实际问题。

C 语言的标准函数库中，提供了处理字符串的函数，程序员可以直接调用这些函数处理字符串。

有关字符串处理的函数在头文件 string.h 中声明，如：

```
char *strcpy(char *dest, const char *src);      //字符串复制
char *strcat(char *dst, const char *src);       //连接两个字符串
int strcmp(const char *s1, const char *s2);     //比较两个字符串
char *strchr(const char *str, int ch);          //在字符串中查找一个字符
char *strstr(const char *s1, const char *s2);   //在字符串中查找一个字符串
```

上面函数的函数名都以 str 开头，这类函数都要在字符数组中判断字符串的结束标志，如果遇到结束标志，就结束。还有一类函数也能处理字符串，但在处理过程中不会用到字符串结束标志，这类函数的函数名以 mem 开头，如：

```
memcpy(intarray2, intarray1, 5*sizeof(int));
```

使用这些函数的具体方法，可查阅 C 语言的标准文本或编译器（或 IDE）的随机文档。

现在以函数的形式使用字符串的运算，将来再以运算的形式使用。

面向对象程序设计语言中，已经将字符串作为一种数据类型，能够按照运算的语法使用字符串的运算。

8.4.5　使用字符数组的安全性

使用字符数组存储字符串，效率高，但也存在很多安全隐患。如将例 8.8 中的 main( ) 函数按照下面的方法改写，会超过数组 c 的内存区域，修改不属于它的内存数据，产生安全隐患，代码如例 8.9 所示。

【例 8.9】　使用字符数组中的安全隐患。

```cpp
#include<iostream>
#include<string.h>
using namespace std;
void strCopy(char* dest, char* source)
{
    while (*dest++ = *source++);
}
void strAdd(char* dest, char* source)
{
    while (*dest){          //移到结束标志
        dest++;
    }

    while (*source){
        *dest = *source;//复制当前字符
        dest++;
        source++;
    };
    *dest = '\0';            //设置结束标志
}
void main(){
    char a[20] = "copy string.";
    //字符串加法运算
    char c[30] = "computer ";
    strAdd(c, a);
    cout << "连接后的字符串长度: " << strlen(c) + strlen("1234567890123") <<
    endl;
    strAdd(c, "1234567890123");
    cout << c << endl;
    system("pause");
}
```

例 8.9 的输出结果：

连接后的字符串长度：34
computer copy string.1234567890123

在 VS2013 中调试例 8.9 的程序，退出 main( ) 函数时，会弹出超过字符数组长度的运行错误提示，运行错误提示界面如图 8.23 所示。

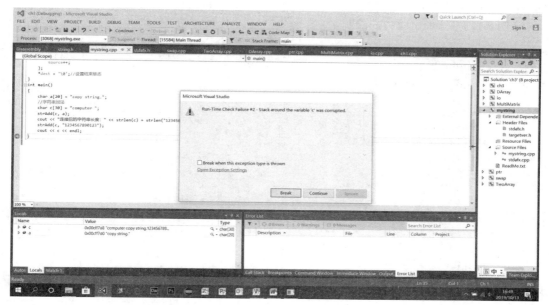

图 8.23　运行错误提示界面

连接后字符串的长度为 34，超过了字符数组的长度 30，修改了从 main( ) 函数返回操作系统的所需数据，导致不能正常返回操作系统，从而报错。

上面这种情况是在程序员编程调试时暴露出的安全问题，用户使用时也可能暴露出类似的安全问题。如，输入数据时可能暴露出安全问题，代码如例 8.10 所示。

【例 8.10】　输入数据时暴露出的安全问题。

```cpp
#include<iostream>
#include<string.h>
using namespace std;

void main(){
    char a[10];
    cin >> a;
    cout << a;
}
```

例 8.10 的输入输出结果：

```
1234567890123
1234567890123
```

用户输入的字符数超出了字符数组 a 的长度，修改了不属于数组 a 的内存区域，产生安全问题。一种称为注入攻击的方法就是利用了这个安全隐患攻击计算机的。

在前面的程序中用 cin 输入数据，这只是为了学习编程，不能直接应用到实际程序中，而要按照软件开发的规范和质量标准，对代码进行修改完善后才能应用到实际程序。如，在输入时增加字符数的限制，代码如例 8.11 所示。

【例 8.11】 增加字符数的限制。

```cpp
#include<iostream>
#include<string.h>
using namespace std;

void main(){
    const int count = 10;
    char a[count];
    int i = 0;
    while (i< count - 1){
        a[i] = cin.get();
        i++;
    }
    a[i] = 0;
    cout << a << endl;
}
```

例 8.11 的输入输出结果：

```
12345678901234
123456789
```

例 8.11 中，最多只能输入 9 个字符，消除了输入时的安全隐患，但没有考虑输入字符不足 9 个的情况，读者可自己完善。

8.4.6 字符串数组

大数据智能化时代，使用数据挖掘、深度学习等智能方法分析文本数据中包含的潜在信息显得越来越重要。分析文本数据的前提是先要将文本数据拆分为段、句或词组，然后再分析它们的语义，找出之间的关系，而字符串数组是存储文本大数据的基础。

各个字符串的长度不同，有些字符串的长度甚至会相差很大，一般用指向字符数组的指针数组来存储和处理这些字符串。如，先定义一个指针数组，然后使用指针访问其中的数据，代码如例 8.12 所示。

【例 8.12】 定义和访问字符指针数组。

```cpp
#include<iostream>
using namespace std;
void main(){
    char* language[] = { "C", "C/C++", "Java", "C#", "Python" };
    for (int i = 0; i < 5; i++){
        int j = 0;
        while(language[i][j])//检测字符串结束标志
            cout << language[i][j++];
```

```
        cout << endl;
    }
}
```

例 8.12 中，语句

```
char* language[] = { "C", "C/C++", "Java", "C#","Python" };
```

定义了一个指针数组，数组中的每个元素存储的都是常量字符串在全局数据区的首地址，或者说指向一个常量字符串，即指向存储常量字符串的一个字符数组。字符指针数组的结构如图 8.24 所示。

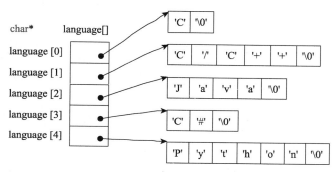

图 8.24　指向字符串的指针数组结构

主函数中，使用了二重循环，通过下标 i 遍历字符串，通过下标 j 遍历字符串中的字符，在内循环 while 中使用 language[i][j] 访问字符数组中的元素。例 8.12 的输出结果：

```
C
C/C++
Java
C#
Python
```

读者也可将数组的访问形式 language[i][j] 改为指针访问形式，这样可加深对数组的理解。

8.5　函数指针与数据排序

一个程序有代码区、全局数据区、栈区和堆区 4 个内存区域，前面主要讨论了全局数据区、栈区和堆区的使用，现在讨论代码区。

编译器将源程序编译为目标代码，连接程序再将这些目标代码所调用的系统函数的目标代码整合，装配成一个可执行的文件。编译器编译出的目标代码一般是机器指令，这些机器指令可在 CPU 上运行。

在运行程序时，操作系统从可执行文件装入程序的所有机器指令，存放在代码区，然后，从 main( ) 函数的第一条机器指令开始执行。main( ) 函数的代码和地址如图 8.25 所示。

程序中编写的函数和调用的系统函数，以机器指令的形态，在装入时存储到程序的代码区。操作系统在装入程序时，将函数的目标代码存储在一块内存区域，函数的第一条指令在内存中有一个地址，这个地址称为函数的入口地址。

从本质上讲，指针变量指向的是一块内存区域，存储的是一块内存区域的首地址。

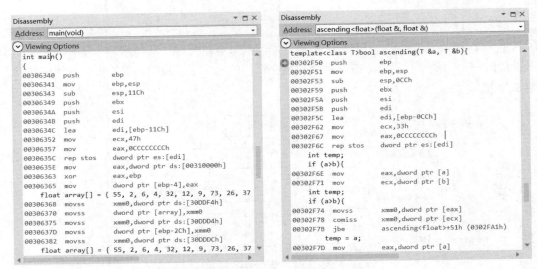

图 8.25　main( )函数的代码和地址

一个函数的函数名相当于函数的入口地址，就是指向函数的指针。如，在调用冒泡排序函数对数据排序时，先定义比较两个数大小的函数，然后将该函数名作为实参传递给冒泡排序函数，实际上传递的是这个函数的指针，其代码如例 8.13 所示。

【例 8.13】　冒泡排序。

```cpp
#include<iostream>
using namespace std;
void bubble(int a[], int size, bool(*fp)(int a, int b));
void print(int array[], int len);
bool ascending(int a, int b);
bool descending(int a, int b);

void main(){
    int array[] = { 55, 2, 6, 4, 32, 12, 9, 73, 26, 37 };
    int len = sizeof(array) / sizeof(int);      //元素个数

    print(array, len);
    cout << "升序排序" << endl;
    bubble(array, len, ascending);          //按升序排序
    print(array, len);

    cout << "降序排序" << endl;
    bubble(array, len, descending);         //按降序排序
    print(array, len);
```

```
}
void print(int array[], int len){
    for (int i = 0; i<len; i++)
        cout << array[i] << ",";
    cout << endl;
}
bool ascending(int a, int b){
    return (a>b ? true : false);
}
bool descending(int a, int b){
    return (a<b ? true : false);
}
void bubble(int a[], int size, bool(*fp)(int a, int b))     //冒泡排序
{
    int i, temp;
    for (int pass = 1; pass<size; pass++){     //共比较 size-1 轮
        for (i = 0; i<size - pass; i++) {     //一轮比较
            if (fp(a[i], a[i + 1])){
                temp = a[i];
                a[i] = a[i + 1];
                a[i + 1] = temp;
            }
        }
        print(a, size);
    }
}
```

例 8.13 中，定义了 5 个函数，函数之间的调用关系如图 8.26 所示。

与例 7.9 中的代码相比，bubble( )的原型改为：

```
void   bubble(int   a[],   int   size,
bool(*fp)(int a, int b))
```

增加了第 3 个参数 fp，这个参数为指向一个函数的指针，被指向的函数必须要有两个整型参数（或者可以转换为整型的参数），返回类型为 bool 类型。在调用时，将满足条件的函数名作为实参传递给 bubble( )函数，如：

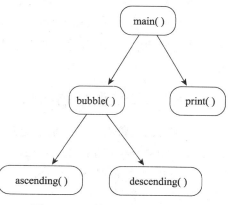

图 8.26　函数之间的调用关系

```
bubble(array, len, ascending);
```

将函数 ascending( )的函数名作为实参传递给 bubble( )函数，在 bubble( )的函数体中，通过

```
fp(a[i],a[i + 1])
```

调用 ascending( )函数，实现比较两个数的大小。

例 8.13 的输入输出结果：

```
55,2,6,4,32,12,9,73,26,37,
```

```
升序排序
2,6,4,32,12,9,55,26,37,73,
2,4,6,12,9,32,26,37,55,73,
2,4,6,9,12,26,32,37,55,73,
2,4,6,9,12,26,32,37,55,73,
2,4,6,9,12,26,32,37,55,73,
2,4,6,9,12,26,32,37,55,73,
2,4,6,9,12,26,32,37,55,73,
2,4,6,9,12,26,32,37,55,73,
2,4,6,9,12,26,32,37,55,73,
2,4,6,9,12,26,32,37,55,73,
降序排序
4,6,9,12,26,32,37,55,73,2,
6,9,12,26,32,37,55,73,4,2,
9,12,26,32,37,55,73,6,4,2,
12,26,32,37,55,73,9,6,4,2,
26,32,37,55,73,12,9,6,4,2,
32,37,55,73,26,12,9,6,4,2,
37,55,73,32,26,12,9,6,4,2,
55,73,37,32,26,12,9,6,4,2,
73,55,37,32,26,12,9,6,4,2,
73,55,37,32,26,12,9,6,4,2,
```

8.6　引用

视频讲解

指针的功能强大，使用灵活，但语法比较晦涩难懂，也存在明显的安全问题，为了解决指针的这些问题，提出了"引用"这个概念。引用在大多数情况下可以替代指针，完成相同的功能。

8.6.1　传值调用的局限

局部变量和静态局部变量不能在函数之间互相访问，这种限制提高了程序的安全性，但在实际应用中，也存在需要在函数之间互相访问局部变量的情况。如，定义一个 swap( )函数交换两个变量的值，在 main( )函数中采用传值方式将需要比较的两个数传递给 swap( )函数，代码如例 8.14 所示。

【例 8.14】　传值方式交换两个变量的值。

```cpp
#include<iostream>
using namespace std;
void swap(int, int);
void main(){
    int a = 3, b = 8;
    cout << "a=" << a << ", b=" << b << endl;
    swap(a, b);
    cout << "after swapping...\n";
    cout << "a=" << a << ", b=" << b << endl;
```

```
    }
void swap(int x, int y){
    int temp = x;          //交换两个形参
    x = y;
    y = temp;
}
```

例 8.14 的输出结果：

```
a=3，b=8
after swapping....
a=3，b=8
```

从输出结果中发现，　调用 swap( )函数后，没有交换 a 和 b 两个变量的值，可分析程序的运行过程，查找错误原因。传值调用时数据交换过程如图 8.27 所示。

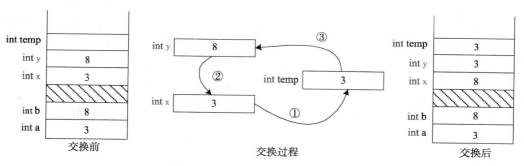

图 8.27　传值调用时数据交换过程

图 8.27 清楚地表明 swap( )函数交换的是形参 x 和 y 的值，并没有交换变量 a 和 b 的值。

8.6.2　传地址调用

采用传值方式时，swap( )函数没有交换变量 a 和 b 的值。现在，采用传地址方式改写 swap( )函数，将 swap( )函数中的参数改变为指针，代码如例 8.15 所示。

【例 8.15】 采用传地址方式交换两个变量的值。

```
#include<iostream>
using namespace std;
void swap(int*, int*);

void main(){
    int a = 3, b = 8;
    cout << "a=" << a << ", b=" << b << endl;
    swap(&a,&b);
    cout << "after swapping...\n";
    cout << "a=" << a << ", b=" << b << endl;
}
```

```
void swap(int* x, int* y){
    int temp = *x;
    *x = *y;
    *y = temp;
}
```

运行例 8.15 的程序，从结果中发现，交换变量 a 和 b 的值。传地址调用时数据交换过程如图 8.28 所示。

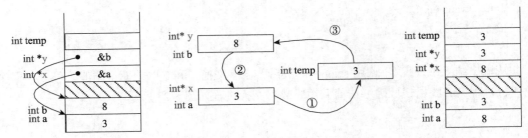

图 8.28　传地址调用时数据交换过程

图 8.28 清楚地表明形参 x 和 y 接收到的是变量 a 和 b 的地址，交换 x 和 y 所指变量的值。程序中，*x 等价于变量 a，*y 等价于变量 b，最终交换了变量 a 和 b 的值。

换个角度看，上面这个示例将被调用函数 swap( ) 中的数据传递到调用函数 main( )，实际上，在函数调用时提供"返回"更多值的方法。很多计算机语言使用这种方法提供返回多个值的特性。

8.6.3　引用的概念

使用指针操纵数据，功能强大，非常灵活，但也带来严重的安全隐患。为解决这个问题，提出"引用"这个概念，用引用代替指针，不允许程序员直接操纵内存地址，但也能实现函数的传地址调用的功能。

引用由英文 reference 翻译而来，计算机语言的含义是"别名"。如：

```
int a;
int &b = a;
```

先定义了一个 int 类型变量 a，然后定义变量 a 的引用 b。int &b = a 的语义是给变量 a 取另外一个变量名 b，这个变量有两变量名，但内存区域只有一个，当然变量值也只有一个。引用 b 的语义如图 8.29 所示。

C++中，在定义变量时，在变量名前加上&，表示定义的是一个**引用**，不会分配存储空间，只是多了一个变量名。在定义引用的同时，需要指明是哪个变量的"别名"，因此，定义引用时要进行初始化。

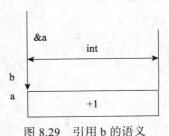

图 8.29　引用 b 的语义

8.6.4 传引用调用

引用的主要用途是在函数调用中传递"变量"。下面用传引用的方式实现两个数据的交换。

【例 8.16】 采用传引用方式交换两个变量的值。

```
#include<iostream>
using namespace std;
void swap(int &x, int &y);
void main(){
    int a = 1, b = 8;
    cout << "before swap, a:" << a << " ,b:" << b << endl;
    swap(a, b);
    cout << "after swap, a:" << a << " ,b:" << b << endl;
    system("pause");
}
void swap(int &x, int &y){
    int temp = x;
    x = y;
    y = temp;
}
```

在定义函数的语句"void swap(int &x,int &y);"中，在形参名前面增加&，表示在函数调用中通过传引用方式传递参数。

使用语句 swap(a,b)调用函数时，按照下面语句

```
int &x = a, &y = b;
```

的语义给实参 a 和 b 分别取别名 x 和 y，在 swap( )函数中使用变量名 x 和 y 分别访问实参 a 和 b 的内存，实现了两个变量 a 和 b 值的交换。swap( )函数中传递引用后的内存状态如图 8.30 所示。

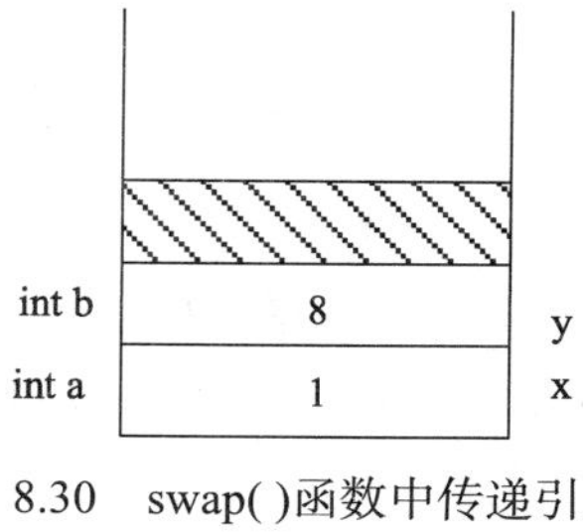

在函数调用时，相当于将两个实参 a 和 b 的别名传递给了被调用函数，在画内存图时，将实参 a 和 b 的别名 x 和 y 画在变量的右边，以表示是该变量的另一个变量名，在函数体内可以使用。当退出调用时，按照相反的顺序将右边的别名擦掉，表示回收了这些别名，以后不能再使用。

图 8.30 swap( )函数中传递引用
后的内存状态

比较传递指针和传递引用两个 swap( )函数。在传递指针的 swap( )函数中，会用*x 来访问 main( )函数中的变量 a。实际上，变量名 a 和*x 在语义上完全等价，区别在于，变量名 a 只能在 main( )函数中使用，*x 只能在 swap( )函数中使用。同样地，在传递引用的 swap( )函数中，会用变量名 x 来访问 main( )函数中的变量 a，变量名 a 和 x 在语义上也完全等价，仍然是一个在 main( )函数中使用，另一个在 swap( )函数中使用。

内部实现上，传递引用是通过传递变量的地址实现的。在调用 swap( )函数时，将变量 a 的地址传递给 swap( )函数，swap( )函数中仍然用地址访问变量 a，只是这些转换工作由编译

器完成，对程序员是透明的，程序员不需要考虑有关变量地址的问题。

与传递指针相比，使用引用的代码更简洁，可读性更好，不仅如此，还消除了使用指针的安全隐患，提高了程序的安全性。

8.7　应用举例

引用主要解决函数调用中传递变量的问题，提高了代码的安全性，也能增加代码的重用。

8.7.1　消除指针提高安全性

使用指针有很严重的安全问题，从 C/C++语言派生出的很多计算机语言中（如 Java、C#）禁止程序员直接使用指针，而是通过数组或引用等技术将指针"封装"起来，对程序员透明。

将 8.5 节中例 8.13 冒泡排序程序的指针替换成引用或数组，并将冒泡排序代码独立出来，形成一个程序的模块，构成一个多文件结构，以增加代码的重用。冒泡排序程序包含冒泡排序模块和应用程序主模块，其代码分别存储在三个源文件中，形成一个多文件结构，如图 8.31 所示。

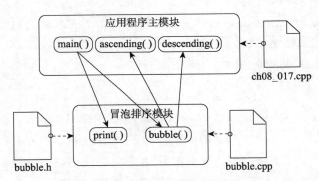

图 8.31　冒泡排序程序的多文件结构

按照图 8.31 所示的模块及对应的文件，重新组织例 8.13 冒泡排序程序的代码，并作相应修改，最终形成 ch08_017.cpp、bubble.cpp 和 bubble.h 三个源文件。使用多文件结构的冒泡排序程序，代码如例 8.17 所示。

【例 8.17】　使用多文件结构的冒泡排序。

冒泡排序模块头文件：bubble.h。

```
void bubble(int a[], int size, bool(&fp)(int &a, int &b));
void print(int array[], int len);
```

将 bubble( )函数的第三个参数 bool(*fp)(int a, int b)中的指针改为引用，并将其两个参数改为引用，改写为 bool(&fp)(int &a, int &b)，并对传递的函数功能进行调整，要求其功能不仅仅是判断两个数的大小，而是对两个数排序。

冒泡排序模块 cpp 文件：bubble.cpp。

```
#include<iostream>
#include "bubble.h"
using namespace std;

void print(int array[], int len){
    for (int i = 0; i<len; i++)                        //原始顺序输出
        cout << array[i] << ",";
    cout << endl;
}
void bubble(int a[], int size, bool(&fp)(int &a, int &b))  //冒泡排序
{
    int i;
    for (int pass = 1; pass<size; pass++){//共比较 size-1 轮
        for (i = 0; i<size - pass; i++) {  //比较一轮
            if (fp(a[i], a[i + 1]));        //两个数排序
        }
        print(a, size);
    }
}
```

使用 fp(a[i], a[i + 1])调用传递来的函数，对 a[i]和 a[i + 1]排序，在前面加 if，提示可对程序进行扩展，如输出是否进行了交换。

应用程序主模块源文件：ch08_017.cpp。

```
#include<iostream>
#include "bubble.h"
using namespace std;

bool ascending(int &a, int &b);
bool descending(int &a, int &b);

void main(){
    int array[] = { 55, 2, 6, 4, 32, 12, 9, 73, 26, 37 };
    int len = sizeof(array) / sizeof(int);     //元素个数
    print(array, len);
    cout << "升序排序" << endl;
    bubble(array, len, ascending);              //按升序排序
    print(array, len);

    cout << "降序排序" << endl;
    bubble(array, len, descending);             //按降序排序
    print(array, len);
    system("pause");
}
//比较并交换两个变量的值，以对两个数排序
bool ascending(int &a, int &b){
    int temp;
    if (a>b){
```

```
        temp = a;
        a = b;
        b = temp;
        return false;
    }
    return(true);
}

bool descending(int &a, int &b){
    int temp;
    if (a<b){
        temp = a;
        a = b;
        b = temp;
        return false;
    }
    return(true);
}
```

ascending( )和 descending( )两个函数与具体应用紧密相关，因此，没有将它们划分到冒泡排序模块。ascending( )和 descending( )函数中，使用引用传递参数，并实现了两个数排序的功能，比使用指针传递参数更加安全。

改写后，程序运行结果与例 8.13 的结果完全相同。

8.7.2　使用函数模板重用代码

代码重用是编程中不断追求的目标。在 8.7.1 节中，按照多文件结构抽象出冒泡排序模块，但只能对 int 类型的数据进行排序。

为了进一步提高代码的重用性，希望重用例 8.13 中冒泡排序模块的代码，对 float、double 等类型的数据排序。使用函数模板可以满足这个希望，将冒泡排序模块 bubble()和 print()两个函数改写为函数模板，也将应用程序主模块中的 ascending()和 descending()两个函数改写为函数模板。

函数模板声明了一组函数，调用函数模板时，才会生成相应的实际函数，在代码区才会有相应的目标代码，因此，应该说"声明"一个函数模板，而不能说，"定义"一个函数模板。由函数模板生成的函数，称为模板函数。

按照编程习惯，"声明"代码一般会存储到头文件中，"定义"代码存储到 cpp 文件中。因此，声明的函数模板 bubble( )和 print( )应存储在 bubble.h 中，没有对应的 bubble.cpp 源文件。使用函数模板改写后，冒泡排序程序的文件结构如图 8.32 所示。

1. 修改 bubble( )和 print( )

将 bubble( )和 print( )两个函数改为函数模板。将数组的数据类型改为函数模板的参数 T，并依赖于数组的其他参数的数据类型作相应修改。

头文件声明函数模板：bubble.h。

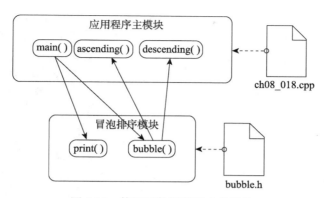

图 8.32　使用函数模板的文件结构

```cpp
template<class T>void print(T array[], int len){
    for (int i = 0; i<len; i++)
        cout<<array[i] <<",";
    cout<<endl;
}
```

print( )函数的功能为输出数组的元素，其输出与数组元素的类型相关，需要修改为函数模板。将 print( )的函数原型修改为 template<class T> void print(T array[], int len)，其中，len 是数组的元素个数，与排序数据的类型无关，其类型也不需要修改。函数体中，只有 cout<< array[i]中涉及数组 array 的元素，但其类型由 cout 自动处理，不需要修改代码。

```cpp
template<class T>void bubble(T a[], int size, bool(&fp)(T &a, T &b))
                                    //冒泡排序
{
    int i;
    for (int pass = 1; pass<size; pass++){//共比较 size-1 轮
        for (i = 0; i<size - pass; i++) { //比较第一轮
            if (fp(a[i], a[i + 1]));      //两个数排序
        }
        print(a, size);
    }
}
```

bubble( )函数的功能是实现冒泡排序法，是修改的主体。将其原型修改为：

```cpp
template<class T>void bubble(T a[], int size, bool(&fp)(T &a, T &b))
```

除了将数组的数据类型 int 修改为模板参数 T 外，还需要同时修改第三个参数中的数据类型，因为其依赖于数组的数据类型。

修改后的代码已经与具体的数据类型无关，理论上讲，可以对任意数据类型的数据排序。

2. 修改两个元素的排序函数

在调用冒泡排序的主模块中，还调用了两个元素排序的函数，需要将 ascending( )和 descending( )函数改写为函数模板。

```
template<class T>bool ascending(T &a, T&b){
    T temp;
    if (a>b){
        temp = a;
        a = b;
        b = temp;
        return false;
    }
    return(true);
}
template<class T>bool descending(T &a, T &b){
    T temp;
    if (a<b){
        temp = a;
        a = b;
        b = temp;
        return false;
    }
    return(true);
}
```

为了实现基本数据类型的排序，将 ascending( )和 descending( )修改为函数模板，其修改的逻辑是，将数组元素的类型修改为 T，也要将依赖于数组数据类型的所有变量或参数的数据类型都修改为 T。如函数体中定义的中间变量 temp，其数据类型应该与参数 a 和 b 的数据类型相同，需要将其数据类型修改为模板参数 T。

针对所有的基本数据类型，都可以重用上述代码，实现两个元素的排序。

3. 对不同类型的数据进行排序

只要数据的类型为基本数据类型，都可以重用上述代码对它们进行排序。如，调用函数模板 bubble(array, len, ascending)对 float 类型的数据进行排序，主模块代码如例 8.18 所示。

【例 8.18】 调用函数模板对 float 类型的数据排序。

```
#include<iostream>
#include "bubble.h"//预编译时自动将 bubble.h 中的代码复制到这个位置
using namespace std;

template<class T>bool ascending(T &a, T&b);
template<class T>bool descending(T&a, T&b);

void main(){
    float array[] = { 55.1, 2, 6, 4, 32.3, 12, 9.2, 73, 26, 37.3 };
    //修改为 float 类型
    int len = sizeof(array) / sizeof(float);     //元素个数

    print(array, len);
    cout << "升序排序" << endl;
    bubble(array, len, ascending);               //按升序排序
    print(array, len);
```

```
        cout << "降序排序" << endl;
        bubble(array, len, descending);              //按降序排序
        print(array, len);
}
//后面省略了声明函数模板 ascending 和 descending 的代码
```

例 8.18 中，将数组的数据类型修改为 float，当然，也可以修改为 double、short 等基本数据类型，对这些类型的数据进行排序。

另外，函数模板 ascending( )和 descending( )的代码省略了，上机调试程序时，读者需要将这两个函数模板的代码复制到 ch08_18.cpp 中，也可以将这两个函数模板单独存储在一个头文件中，并在 ch08_18.cpp 中增加引入这个头文件的预编译命令。

4. 编译、连接

在 ch08_18.cpp 中，包含预编译语句#include "bubble.h"，在预编译时会自动使用 bubble.h 中的代码替换这条语句。

语句 bubble(array, len, ascending)中，调用了 bubble( )和 ascending( )两个函数模板，编译器知道 array 元素的数据类型为 float，会按照如下函数原型：

```
void bubble(float a[], int size, bool(&fp)(float &a, float &b))
```

生成 bubble( )函数模板的模板函数，其代码如下：

```
void bubble(float a[], int size, bool(&fp)(float &a, float &b))
{
    int i, temp;
    for (int pass = 1; pass<size; pass++){
        for (i = 0; i<size - pass; i++) {
            if (fp(a[i], a[i + 1]));              //两个数排序
        }
        print(a, size);
    }
}
```

bubble 还有一个参数 fp，它的实参为 ascending 函数。编译器先根据形参的声明 bool(&fp)(float &a, float &b)推断出实参 ascending( )的函数原型 bool ascending (float &a, float &b)，再按照这个函数原型，生成 ascending( )函数模板的模板函数，其代码如下：

```
bool ascending(float &a, float &b){
    float temp;
    if (a>b){
        temp = a;
        a = b;
        b = temp;
        return false;
    }
    return(true);
}
```

编译到 print(array, len)时，编译器会生成模板函数 print( )，其代码为：

```
void print(float array[], int len){
    for (int i = 0; i<len; i++)
        cout<<array[i] <<",";
    cout<<endl;
}
```

同样，当编译到 bubble(array, len, descending)时，也会生成 descending( )模板函数的代码。总之在编译过程中，编译器根据数组的数据类型 float 生成了如下 4 个模板函数。

```
void bubble(float a[], int size, bool(&fp)(float &a, float &b))
bool ascending(float &a, float &b)
bool descending (float &a, float &b)
print(array, len)
```

并编译成目标文件 ch08_18.obj，最后连接成一个可执行程序。

读者可按照上面的方法进行练习，针对不同的数据类型都会写出相应模板函数代码。如针对 int、char、double 等数据类型，写出 bubble( )函数模板生成的模板函数。

有些高级语言不仅不允许使用指针，也不允许使用引用，而是通过指定传入（in）还是传出（out）来设置参数传递方式。对传出（out）的参数，其内部也是通过传地址方式实现的。这也是要学习指针、引用的原因。

8.7.3　字符串排序

为了提高字符串排序的效率，不移动字符串在内存中的位置，而先定义一个指针数组，指针数组中的元素指向需要排序的字符串，然后根据字符串的大小在指针数组中交换其指针，实现字符串排序的功能。

如，定义一个指针数组：

```
char* language[] = { "C", "C/C++", "Java", "C#", "Python" }
```

通过交换指针数组 language 中的指针对其中的字符串排序。

按照图 8.32 所示的冒泡排序程序的文件结构，并重用例 8.18 中的冒泡排序模块代码，能快速地编写出字符串排序的程序，主模块代码如例 8.19 所示。

【例 8.19】　为字符串排序。

```
#include<iostream>
#include "bubble.h"
using namespace std;
bool descendingCHAR(char* &a, char* &b);

int main(){
    cout << "字符串排序" << endl;
    char* language[] = { "C", "C/C++", "Java", "C#", "Python" };
    print(language, 5);
    bubble(language, 5, descendingCHAR);
    print(language, 5);
    system("pause");
```

```
    }
bool descendingCHAR(char* &a, char* &b){
    char* temp;
    if (strcmp(a, b)<0){
        temp = a;
        a = b;
        b = temp;
        return false;
    }
    return(true);
}
```

例 8.19 中的代码定义了一个函数，其原型为 bool descendingCHAR(char* &a, char* &b)，实现“根据字符串的大小在指针数组中交换指向字符串的指针”。其中，使用 strcmp(a, b)<0 来比较两个字符串的大小，交换的是指向字符串的指针 a 和 b，即指针数组元素的值。

在 main( )函数中，使用 bubble(language, 5, descendingCHAR)调用函数模板，编译器将实参的数据类型 char*替换为函数模板 void bubble(T a[], intsize, bool(&fp)(T &a, T &b))中的 T，生成模板函数，其代码如下：

```
void bubble(char*a[], int size, bool(&fp)(char*&a, char*&b))
{
    int i, temp;
    for (int pass = 1; pass<size; pass++){
        for (i = 0; i<size - pass; i++) {
            if (fp(a[i], a[i + 1]));//实参为 language 中的元素
        }
        print(a, size);
    }
}
```

在上面的代码中，仍然用到了指针，这是因为字符串的数据类型实际上是 char*，即 language 数组元素中存储的是字符串的首地址。char *和前面示例代码中 int、float 等基本数据类型作用相同，也可以用在函数模板中。

例 8.19 的输出结果：

```
字符串排序
C,C/C++,Java,C#,Python,
C/C++,Java,C#,Python,C,
Java,C/C++,Python,C#,C,
Java,Python,C/C++,C#,C,
Python,Java,C/C++,C#,C,
Python,Java,C/C++,C#,C,
```

例 8.19 只对数组 language 中的指针进行了排序，没有改变字符串的位置。字符串排序后的内存状态如图 8.33 所示。

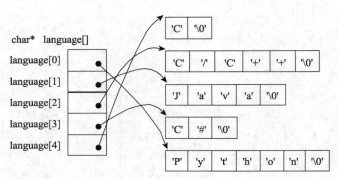

图 8.33　字符串排序后的内存状态

8.8　程序安全性问题

在实际编程中，不是越灵活越好，功能越多越好，应该是够用就行，满意就行。计算机语言中除了限制指针的使用外，还限制对变量的修改。

在 C/C++语言中有一个关键字 const，在定义变量时使用，表示变量不能被修改，也就是所谓的常量。

8.8.1　限制变量访问

定义变量时，增加 const 的语法为

> [const] 数据类型 变量名 [= 初始化值]

定义指针时，增加 const 的语法为

> [const] 数据类型* [const] 变量名 [= 初始化值]

方括号[ ]是一种语法表示方法中的符号，定义变量的代码中，方括号中的内容可以省略。如定义变量时，可以对其初始化值，也可以不初始化值。这与数组中的方括号[]不同，不能搞混。

在定义变量或指针变量时，可以使用 const 关键字作为修饰符。下面用一个示例来讨论 const 的使用。

例如，限制对变量和指针的修改。

```
int i = 0;          //变量 i 可以修改
const int ic = 2;//变量 ic 不能修改
//指针变量 icPtr 可以修改，但其指向变量不能修改，即*icPtr 不能够被修改
const int* icPtr;
//指针变量 iPtrc 不能修改，但其指向变量可被修改，即*icPtr 可被修改
int* const iPtrc = &i;
const int* const icPtrc = &ic; //icPtrc 和*icPtrc 都不能修改
```

```
const int& icr = ic;  //必须加 const
int& ir = i;
const int& icr1 = i;
int& ir1 = ic;          //err
```

在定义变量时使用了 const, 代码中用注释标出了哪些可以修改, 哪些不能修改。定义时 const 对变量和指针的修改限制如图 8.34 所示。

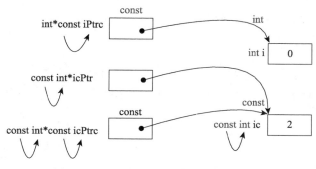

图 8.34 const 对变量和指针的修改限制

在图 8.34 中, 用一个箭头形象地表示 const 修饰的对象, const 可以修饰数据类型, 也可以修饰一个指针变量名, 但变量名本身就是一个常量, 不能修改, 所以不能修饰一般的变量名。

修饰数据类型时, const 表示不能修改这个变量的值。在修饰指针变量名时, 表示不能修改指针变量的值, 即不能改变指针变量中的指针。

建议在定义一个变量时, 花点时间思考这个变量在程序运行过程中值是否会发生变化, 如果确定不会发生变化, 加上 const 关键字, 定义为常量, 这样会减少编程中犯错误的机会, 总体上会节约时间。

8.8.2 提高函数调用的安全性

在调用函数时, 有传值和传地址两种传递参数方式, 传值方式将实参的值传递给被调用函数, 被调用函数不可能修改实参中的值, 相对比较安全, 但传地址方式直接将实参的内存地址传递给被调用函数, 理论上讲, 被调用函数可任意修改实参中的值, 存在较大安全隐患, 因此, 在定义函数时, 应采取必要措施以尽可能减少出现安全问题的概率。

在调用函数时, 数组、引用和指针实际上都属于传地址方式, 可在定义函数时使用 const 关键字, 限制函数对实参的修改。

如 8.4.3 节中 strCopy( ) 和 strAdd( ) 函数, 因不会修改源字符数组中的数据, 都应在其原型中增加 const 关键字, 改为:

```
void strCopy(char* dest,const char* source)
void strAdd(char* dest, const char* source)
```

在编写这两个函数的函数体时就不允许修改 source 指针指向的字符数组中的元素。

也可以将它们的参数改为数组形式，变为

```
void strCopy(char dest[],const char source[])
void strAdd(char dest[], const char source[])
```

有些高级语言提供了检测数组边界的功能，使用这类语言编写程序，程序中的数组就比较安全，虽然运行效率会降低，但可以通过提高硬件配置来解决。

在定义函数时，如果没有充分理由，不要使用传地址方式，除非确定必须要修改实参的值。如 8.7 节中的两个数据排序的函数，在定义函数时能够确定必然要修改两个实参，才使用引用方式传递参数。

目前计算机的硬件性能也相当不错，能用时间换取程序安全性的，应尽量用时间来提高程序的安全性，绝不要牺牲安全性来换取时间，除非有非常充分的理由。

8.9　本章小结

本章主要学习指针及其运算，深入学习了使用指针访问变量或数组元素的方法、动态管理堆内存技术、参数传递的原理和使用方法、字符数组及使用字符数组处理字符串的基本方法、引用及其使用方法，讨论了提高程序安全性的方法。

从内存的逻辑地址引入了指针的概念，在变量的基础上学习了取地址和取内容两种运算，在数组上讨论了指针的加减运算，需要理解指针的概念及相关运算，能够画出指针表达式的计算顺序图，掌握使用指针访问变量或数组元素的方法。

学习了 malloc( )和 free( )两个函数，以及 new 和 delete 两种运算，并且学习了使用它们管理堆内存的基本方法，需要学会动态管理内存的方法。

学习了函数调用中传递一维数组和二维数组的相关知识以及返回数组（指针）的原理，需要掌握传递和返回数组的使用方法。

学习了字符数组、字符串的基本运算，讨论了其实现方法和使用的安全性，需要理解存储管理字符串的原理，掌握使用字符数组处理字符串的基本方法。

学习了函数指针的概念，举例说明了其使用方法。

讨论了传值和传地址两种参数传递方式，学习了引用的使用方法，需要理解引用的概念和函数调用中传递引用的原理。

针对提高安全性、代码重用和字符串排序三个典型应用场景学习了函数模板和引用的使用方法。

最后，讨论了代码的安全性问题。

8.10　习题

1. 下面的程序中，调用了 findmax( )函数，该函数寻找数组中的最大元素，最大元素的下标，并通过函数值返回其地址。编程实现 findmax( ) 函数。

```
#include<iostream>
using namespace std;
int *findmax(int *array, int size, int *index);
void main(){
    inta[10] = { 33, 91, 54, 67, 82, 37, 85, 63, 19, 68 };
    int *maxaddr;
    int idx;
    maxaddr = findmax(a,sizeof(a) / sizeof(*a),&idx);
    cout<<"the indox of maximum element is"<<idx<<endl
        <<"the address of it is"<<maxaddr<<endl
        <<"the value of it is"<< a[idx] <<endl;
}
```

2. 编写程序，改进 Josephus 程序，要求在运行中输入小孩数和间隔数，并检查输入的正确性。

3. 编写程序，使用标准库函数 qsort( )，对不同类型的数组进行排序。

（1）对整数数组进行排序。比较是以一个整数的各位数字之和的大小为依据，从小到大排列。数组中元素值为 12，32，42，51，8，16，51，21，19，9。

（2）对浮点数组进行排序。按小到大排列。数组中元素为 32.1，456.87，332.67，462.0，98.12，451.79，340.12，54.55，99.87，72.5。

（3）对字符串数组进行排序。比较是以各字符串的长度为依据，先比较字符串的长度，如果相等，再比较字符串的值。数组中的元素为 enter，nunber，size，begin，of，cat，case，progran，certain，a。

4. 编写程序，对输入的一行字符加密和解密，其密码为 4962873，要求编写加密和解密函数，并输出每个字符的加密结果。

加密时，每个字符加上密码中对应位置的数字，如果字符的位置超过密码的长度，再从密码的第一个位置开始，反复使用密码进行加密。对字符加密后的值控制应在 032（空格）～122（'z'）范围，超过这个范围，则通过模运算进行调整。解密与加密的顺序相反。

例如，明文为

```
the result of 3 and 2 is not 8
```

加密中间结果为

```
(t)116+4,(h)104+9,(e)101+6,()32+2,(r)114+8,(e)101+7,(s)115+3,(u)117+4,
(1)108+9,(t)116+6,()32+2,(o)111+8,(f)102+7,()32+3,(3)51+4,()32+9,(a)97+6,
(n)110+2,(d)100+8,()32+7,(2)50+3,()32+4,(i)105+9,(s)115+6,()32+2,(n)110+8,
(o)111+7,(t)116+3,()32+4,(8)56+9
```

密文为

```
xqk"z1vyuz"wm#7)gpl'5$ry"vvw$A
```

5. 编写程序，使用函数实现矩阵的加法和转置运算。

矩阵转置运算比较简单，只需交换元素的行和列。矩阵加法是对应元素相加，其定义为

$$C_{mn}=A_{mn}+B_{mn}$$

矩阵 C 为 m 行 n 列的矩阵，其元素的通项公式为

$$c_{ij} = a_{ij} + b_{ij}$$

要求：

（1）分别使用数组和指针编写函数。

（2）编写一个主函数，调用编写的函数并输出结果。

（3）在主函数中，输入矩阵的行和列，并使用随机函数初始化其中的元素。

6. 编写程序。测试堆内存的容量：每次申请一个数组，内含 100 个整数，直到分配失败，并输出堆的最大容量。

第 9 章

结　构

前面主要以自底向上的思路讨论自然数、整数、实数、字符和字符串等数据类型，并使用这些数据类型的变量来解决实际问题，但大千世界非常复杂，客观世界中的事物具有众多的特征，不能仅仅从一个角度来观察，而往往需要从多个角度观察事物、描述事物的多个特征，只有这样才能更加准确地描述这些事物。

在日常工作和生活中常常见到一些二维表，用来记录客观世界中的事物。如使用员工信息表记录姓名、职工编号、工资、地址、电话等信息，信息的数据类型是不一样的。员工信息表如表 9.1 所示。

表 9.1　员工信息表

姓　名	职工编号	工　资	地　址	电　话
张三	001	×××	×××	×××
李四	002	×××	×××	×××
⋮	⋮	⋮	⋮	⋮

在员工信息表中，每一行数据记录一个员工的信息，为了使用简单，希望将每一行数据视为一个整体，并对其中的数据进行统一管理。

计算机语言中提供了一种描述这类数据的方法，这个方法称为"结构"。

本章从实际应用出发，按照自顶向下的思路学习自定义数据类型及其使用方法。

9.1　声明结构

在初等数学中学习了向量的概念，它的一般形式为

$$Y = (x_1, x_2, \cdots, x_n)$$

其中，Y 是一个 n 维向量，有 $x_1, x_2, \cdots, x_n$ 共计 n 个分量，每个分量是相互独立的。

视频讲解

向量的一般形式表达了两层含义：第一，Y 是一个整体；第二，它由分量 $x_1, x_2, \cdots, x_n$ 构成，每个分量相互独立，可表示不同的信息。

计算机语言中，根据向量的概念提供了自定义数据类型的方法——结构，并参照向量的一般形式，设计了结构的语法。

例如，按照表 9.1 所示的员工信息表，声明一个结构 Employee，用于存储员工信息表中的数据，代码如例 9.1 所示。

【例 9.1】 使用结构记录员工信息。

```
struct Employee              //名为 Enployee 的结构声明
{
    long code;
    char name[20];
    float salary;
    char address[50];
    char phone[11];
};
void main(){
    Employee person;         //定义一个 Employee 结构的变量,分配变量空间
    person.code=123;
}
```

结构是一种数据类型，声明结构的语法为：

```
struct 结构名
{
    数据类型 成员名;
    …;
};
```

其中，struct 为声明结构的关键字，表示要声明一个结构，需要指定一个名称，相当于数学中的向量，声明的结构是一个整体。花括号中声明结构的成员，每个成员需要指定名称和数据类型，相当于向量的分量，这些分量构成了声明的结构。

例 9.1 中，声明了一个结构 Employee，包含 code、name、salary、address 和 phone 共 5 个成员，成员的数据类型分别为 long、char、float、char、char。结构 Employee 的逻辑结构如图 9.1 所示。

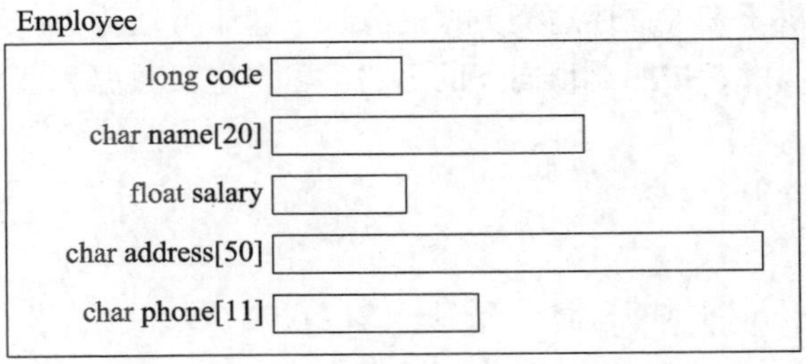

图 9.1　结构 Employee 的逻辑结构

编程时，结构声明应在所有函数之外，位于 main( )函数之前，这样，可以在程序的任何地方使用。

在实际编程中，结构声明一般放在头文件中，作为对基本数据类型的扩展，需要在使用前引入头文件。如，在头文件 Employee.h 中声明结构 Employee，代码如下。

```
//Employee.h
#ifndef _Employee
#define _Employee

struct Employee  //名为 Enployee 的结构声明
{
        long code;
        char name[20];
        float salary;
        char address[50];
        char phone[11];
};
#endif
```

在实际应用中，一个源文件可能多次引入头文件 Employee.h，可能导致重复声明 Employee 的情况。为了防止这种情况发生，在上面代码中增加了#ifndef ···#endif 和#define 预编译命令，以保证一个源文件最多声明 Employee 一次。

9.2　定义和访问结构变量

在定义变量时，可将声明的结构当作数据类型来使用。例 9.1 中，定义了一个 Employee 类型的变量 person。运行时，系统按照 Employee 中成员的声明顺序，依次为成员分配内存，这些内存组成为变量 person 的内存。结构变量 person 的物理结构如图 9.2 所示。

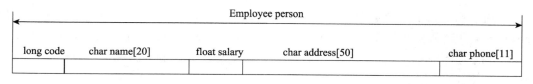

图 9.2　结构变量 person 的物理结构

如图 9.2 所示，变量 person 有块连续的内存区域，其中包含了 5 块内存区域，每个成员对应其中的一块内存区域，成员的数据类型确定了内存区域的大小。

变量 person 的数据类型为 Employee 结构，为了与前面的变量区分，将变量 person 称为 Employee 结构的变量，简称结构变量。Employee 结构的成员在结构变量 person 中对应的内存区域也视为一个变量，将其称为变量 person 的成员变量，简称 person 的成员。

在 C/C++语言中，专门提供了访问成员变量的两个运算，其语法和语义如表 9.2 所示。

表 9.2 中的两个访问成员运算，在所有运算中优先级是最高的。

表 9.2　访问成员变量运算的语法和语义

运算符	名称	结合律	语法	语义或运算序列
.	选择成员(结构变量) [member selection (object)]	从左到右	exp.xx	计算 exp 得到结构变量 ob，得到 ob 的成员 xx
—>	选择成员(指针) [member selection (pointer)]	从左到右	exp—>xx	计算 exp 得到指向结构变量的指针 p，得到指针 p 指向的结构变量的成员 xx

```
        ①      ②
person.code = 123
       |
      long
            |
           long
```

图 9.3　表达式 person.code=123 的计算顺序

例 9.1 中，表达式 person.code=123 中包含了选择成员（对象）运算，这个运算的运算符为点 "."，常常称作点运算。表达式 person.code=123 的计算顺序如图 9.3 所示。其中，person.code 的语义为得到 person 的成员变量 code。成员变量 code 的数据类型为 long，其作用与 long 类型的变量完全相同，因此，可将 person.code 视为成员变量 code 的一个名称，而将点运算视为一种变量的命名方法。

在定义结构变量时，也可以初始化，还可以使用赋值运算给结构变量赋值，如下面的代码。

```c
#include "Employee.h"
#include<string.h>
//定义一个全局结构变量,并初始化
Employee employee = { 1,"张三" ,4500,"重庆 xxx","139xxx"};

void main(){
    Employee person, person1;//定义局部结构变量
    person.code = 2;           //给成员变量赋值
    strcpy_s(person.name,"李四");
    person1 = employee;        //给结构变量赋值
}
```

上述代码定义了一个全局的结构变量 employee 以及两个局部的结构变量 person 和 person1。采用类似初始化数组的语法初始化了结构变量 employee，使用赋值运算将 123 和 "李四"分别赋值给 person 的成员 code 和 name，将结构变量 employee 赋值给 person1。赋值后结构变量中的数据如图 9.4 所示。

图 9.4　赋值结构变量中的数据

如图 9.4 所示，表达式 person1 = employee 将结构变量 employee 中所有成员变量的值分别赋给 person1 中对应的成员变量，可以理解为，将 employee 内存区域中的数据一次性地复

制到 person1 的内存区域。显然，这种赋值方法与基本类型的变量相同。

因此，访问结构变量及其成员变量的方法与访问变量的方法完全一样。记住：

> 像使用变量一样使用结构变量，像使用变量一样使用结构变量的成员变量。

声明的结构是一种数据类型，与 int、float 等基本数据类型的作用完全一样。为了与基本数据类型区分，结构被称为用户自定义数据类型。

9.3　使用结构

使用结构数组存储二维表中的数据是结构的典型应用场景。下面以二维表格排序为例，介绍使用点运算和指针访问结构成员变量的方法。

视频讲解

9.3.1　使用点运算访问成员变量

先定义一个 Employee 的结构数组 person，用于存储员工信息，然后按工资对员工信息排序，并使用点运算访问成员变量，代码如例 9.2 所示。

【例 9.2】　按工资对员工信息排序（点运算）。

```cpp
#include<iostream>
using namespace std;
struct Employee {
    long code;
    char name[20];
    float salary;
};
const int plen = 6;
//定义结构数组
Employee person[plen] = {
    { 1, "jone", 339.0 },
    { 2, "david", 449.0 },
    { 3, "marit", 311.0 },
    { 4, "jasen", 623.0 },
    { 5, "peter", 400.0 },
    { 6, "yoke", 511.0 }
};
void printEmployee(const Employee p);

void main(){
    Employee temp;
    for (int i = 1; i<plen; i++){        //排序
        for (int j = 0; j <= plen - 1 - i; j++){     //第一轮比较
            if (person[j].salary > person[j + 1].salary) {     //比较工资
                temp = person[j];     //结构变量的交换
                person[j] = person[j + 1];
                person[j + 1] = temp;
```

```
            }
        }
    }
    for (int k = 0; k < plen; k++)     //输出
        printEmployee(person[k]);
}

void printEmployee(const Employee p){
    cout<<p.name <<"    "
        <<p.code<<"    "
        <<p.salary<<endl;
}
```

例 9.2 中，定义 Employee 的结构数组 person，并进行了初始化。结构数组 person 有 6 个元素，每个元素都是一个 Employee 的结构变量。结构数组 person 的物理结构及其数据如图 9.5 所示。

						Employee[6] person											
person[0]			person[1]			person[2]			person[3]			person[4]			person[5]		
Employee			Employee			Employee			Employee			Employee			Employee		
1	jone	339.0	2	david	449.0	3	marit	311.0	4	jasen	623.0	5	peter	400.0	6	yoke	511.0

图 9.5　结构数组 person 的物理结构及其数据

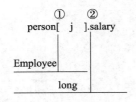

图 9.6　表达式 person[j].salary 的计算顺序

排序过程中使用点运算访问结构数组 person 中各元素的成员变量，如，表达式 person[j].salary 访问结构数组 person 中第 j 个元素的成员变量。表达式 person[j].salary 的计算顺序如图 9.6 所示。

第一步，运算 person[j]得到 person 的一个元素，这个元素是一个 Employee 的结构变量；第二步，从这个结构变量中得到 Employee 的成员 salary。表达式 person[j].salary 标识的成员如图 9.7 所示。

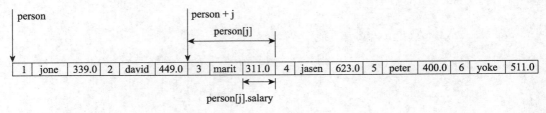

图 9.7　表达式 person[j].salary 标识的成员

交换两个结构变量的值时，采用了将一个结构变量赋值给另一个结构变量的方式，这种方式使用比较简单。

9.3.2 使用指针访问变量

除了使用点运算访问成员变量的方法外，还可用指针访问结构数组元素的成员。如，可将 person[j].salary 改写为指针表达式：

```
(*(person + j)).salary
```

显然，这个表达式的可读性太差，应改写为：

```
(person + j)->salary;
```

其中，运算"–>"是用表 9.2 中所示的选择成员运算(–>)，其作用是使用指向结构变量的指针来访问结构变量的成员变量。使用选择成员运算(–>)访问成员变量，不仅代码更简洁，语义中也少了一步，能提高表达式的可读性。两个表达式(*(person + j)).salary 和(person + j)–>salary 的计算顺序如图 9.8 所示。

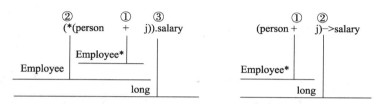

图 9.8 (*(person + j)).salary 和(person + j)–>salary 的计算顺序

对照图 9.7 中的结构，更容易理解图 9.8 中这两个表达式的运算序列，也能加深对选择成员运算"–>"的理解。

选择成员运算"–>"使用指针来访问结构变量的成员变量，应用很广泛。如，先定义指向 Employee 的指针变量 p，然后再用指针变量 p 访问结构变量的成员，代码如下。

```
Employee *p;
p = person + j;
p->code;
```

使用选择成员运算"–>"访问成员变量，并改写例 9.2 中的 main( )函数代码，修改后的 main( )函数代码如例 9.3 所示。

【例 9.3】 按工资对员工信息排序（指针）。

```
void main(){
    Employee temp, *p;
    for (int i = 1; i<plen; i++){        //排序
        for (p = person; p <= person + plen - 1 - i; p++){   //第一轮比较
            if (p->salary > (p + 1)->salary) {    //比较工资成员
                temp = *p;        //结构变量的交换
                *p = *(p + 1);
                *(p + 1) = temp;
            }
        }
```

```
    }
    for (int k = 0; k < plen; k++)     //输出
        printEmployee(person[k]);
}
```

按工资对员工信息排序中，使用 printEmployee ( )函数输出结构数组 person 中的数据，其函数原型为：

```
void printEmployee(const Employee p)
```

其参数的数据类型为结构 Employee。在函数调用中，当参数的数据类型为一个结构时，按照传值方式传递参数。如，使用 printEmployee(person[3])调用时，将结构数组 person 的第 4 个元素（结构变量）按照传值方式传递，形参 p 接收到结构变量 person[3]中的值。函数调用 printEmployee(person[3])中形参 p 接收到的值如图 9.9 所示。

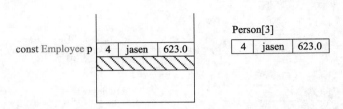

图 9.9　函数调用 printEmployee(person[3])中形参 p 接收到的值

每次调用函数 printEmployee( )，都要将一个结构变量中所有成员的值复制给形参变量 p，使用这种方式很方便，但效率不高。读者可使用指针或引用改写函数 printEmployee( )，以提高传递结构变量的效率，具体使用方法参见第 8 章。

在编程中，可以按照数据类型的使用方法使用结构，按照使用变量的方法使用结构变量。

　一个结构就是一种数据类型，结构变量就是变量。

9.4　应用举例

结构的典型应用场景主要有表格和链表，下面分别学习。

9.4.1　使用动态数组管理员工信息

实际应用中，员工的人数是动态变化的，可使用一个动态数组来存储和管理员工信息。可使用运算 new，为员工信息创建一个动态的结构数组，如：

```
Employee* ptrArry = new Employee[cnt];
```

其中，cnt 为员工人数。

按照动态数组修改例 9.3 程序，并将 Employee 的声明代码存储到头文件 Employee.h 中，按照多源文件结构组织代码，修改后的代码如例 9.4 所示。

【例 9.4】　按工资对员工信息排序（动态数组）。

```cpp
//****************
//ch09_04.cpp
//****************
#include<iostream>
#include "Employee.h"
using namespace std;

int mycompare(const void *p1, const void *p2);
void output(Employee* ptrArry, int cnt);
EmployeeName names[6] =
{ "jone", "david", "marit", "jasen", "peter", "yoke" };

void main(){
    cout << sizeof(Employee) << endl;
    int cnt;
    cout << "请输入行数：";
    cin >> cnt;

    //定义结构数组
    Employee* ptrArry = new Employee[cnt];
    //初始化
    for (int i = 0; i<cnt; i++){
        ptrArry[i].code = i + 1;
        ptrArry[i].salary = 2000
         +((int)((double)rand()/(RAND_MAX+1)*10000*100)/(double)100);
        strncpy_s(ptrArry[i].name, names[i % 6].name, 20);
    }

    //输出
    cout << "排序前" << endl;
    output(ptrArry, cnt);

    //按工资排序
    qsort((void *)ptrArry, (size_t)cnt, sizeof(Employee), mycompare);

    //输出
    cout << "排序后" << endl;
    output(ptrArry, cnt);
    //释放堆内存
    delete[] ptrArry;
}
void output(Employee* ptrArry, int cnt){
    cout << "工号,\t 姓名,\t 工资" << endl;
    for (int i = 0; i<cnt; i++){
        cout << ptrArry[i].code
            << ",\t" << ptrArry[i].name
            << ",\t" << ptrArry[i].salary
```

```
                << endl;
    }
}

int mycompare(const void *p1, const void *p2){
    int rt = 0;
    Employee* a = (Employee*)p1;
    Employee* b = (Employee*)p2;
    if (a->salary < b->salary)
        rt = -1;
    else if(a->salary == b->salary)
        rt = 0;
    else
        rt = 1;
    return rt;
}
```

例 9.4 中，将定义的结构视为一种数据类型，按照使用数据类型的方法来使用定义的结构，同样，也将一个结构变量视为一个变量，按照使用变量的方法来使用结构变量。如，其中定义了一个输出员工表中员工信息的函数，其函数原型为：

```
void output(Employee* ptrArry, int cnt)
```

其中，函数的第一个参数 Employee* ptrArry 为一个结构数组，并将 Employee 视为一种数据类型，按照传递数组的方式传递参数。

9.4.2　使用指针数组管理员工信息

使用结构数组存储和管理常见的表格，也存在一些技术上的限制。如，数组元素在内存中是连续存放的，增加或删除一行时，需要移动后面的元素，效率低。

如果不需要频繁地增加或删除表格中的行，使用结构数组存储和管理表格中的数据是一个不错的选择，但如果需要频繁地增加或删除表格中的行，可使用用指针数组动态管理表格中的数据。

在 8.7.3 节中学习了字符串数组，字符串数组中只存储了字符串的指针，通过字符串数组中的指针动态管理字符串。可按照这种思路，可定义一个指针数组态管理二维表中的行。如先为员工信息表定义一个指针数组：

```
Employee** ptrArry = (Employee**)malloc(cnt*sizeof(ptrArry)//定义指针数组
```

然后再根据需要动态创建 Employee 的结构变量，用于存储一位员工的信息。

```
ptrArry[i] = new Employee; //定义结构变量
```

按照这个思路，使用指针数组存储和管理员工表中的数据，并修改例 9.4 的程序，修改后的代码如例 9.5 所示。

【例 9.5】　按姓名对员工信息排序（指针数组）。

```
//****************
```

```cpp
//ch09_05.cpp
//****************
#include<iostream>
#include "Employee.h"
using namespace std;

int mycompare(const void *p1, const void *p2);
void output(Employee** ptrArry, int cnt);
EmployeeName names[6] =
{ "jone", "david", "marit", "jasen", "peter", "yoke" };

void main(){
    int cnt;
    cout << "请输出行数: ";
    cin >> cnt;

    //定义结构的指针数组
    Employee** ptrArry = (Employee**)malloc(cnt*sizeof(ptrArry));
    //初始化
    for (int i = 0; i<cnt; i++){
        ptrArry[i] = new Employee;          //定义结构变量
        ptrArry[i]->code = i + 1;
        ptrArry[i]->salary = 2000
         +((int)((double)rand()/(RAND_MAX+1)*10000*100)/(double)100);
        strncpy_s(ptrArry[i]->name, names[i % 6].name, 20);
    }

    //输出
    cout << "排序前" << endl;
    output(ptrArry, cnt);

    //按工资排序
    qsort((void *)ptrArry, (size_t)cnt, sizeof(Employee*), mycompare);

    //输出
    cout << "排序后" << endl;
    output(ptrArry, cnt);

    //释放堆内存: 结构对象
    for (int i = 0; i<cnt; i++){
        delete ptrArry[i];
    }

    //释放堆内存: 结构数组
    free(ptrArry);

}
void output(Employee** ptrArry, int cnt){
    cout << "工号,\t 姓名,\t 工资" << endl;
```

```
        for (int i = 0; i<cnt; i++){
            cout << ptrArry[i]->code
                << ",\t" << ptrArry[i]->name
                << ",\t" << ptrArry[i]->salary
                << endl;
        }
}

int mycompare(const void *p1, const void *p2){
    int rt = 0;
    Employee* a = *((Employee**)p1);
    Employee* b = *((Employee**)p2);
    if (a->salary < b->salary)
        rt = -1;
    else if (a->salary == b->salary)
        rt = 0;
    else
        rt = 1;
    return rt;
}
```

例 9.5 中，排序时没有交换结构变量的值，只需交换指针数组中的指针。排序前的数据结构如图 9.10 所示。

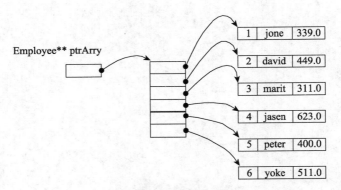

图 9.10 排序前的数据结构

如图 9.10 所示的结构中，排序时，不需要交换结构变量的数据，插入一行时，也不需要将结构变量中的数据向后移动，因此，使用指针数组能明显提高结构变量的效率。

9.4.3 多维表

多维表在日常生活中很常见。如员工信息表中一般会包含电话、QQ 号和邮箱地址等多种联系方式，如表 9.3 所示。

使用嵌套结构存储和管理表 9.3 所示的员工信息表。如，在头文件中，为员工信息表声明一个嵌套的结构，在.cpp 文件中，使用这个结构存储和管理表格的数据，代码如例 9.6 所示。

表 9.3 员工信息表

姓名	职工编号	工资	地址	联系方式		
				电话	QQ 号	邮箱地址
张三	1	×××	×××	×××	×××	×××
李四	2	×××	×××	×××	×××	×××
⋮	⋮	⋮	⋮	⋮	⋮	⋮

【例 9.6】 使用嵌套结构存储和管理员工信息。

```
//***************
//Employee.h
//***************
struct ContactInf{
    char phone[12];
    char email[30];
    long qq;
};
struct Employee{
    long code;
    char name[20];
    float salary;
    char address[50];
    struct ContactInf contactInf;  //成员 contactInf 也是结构
};
```

头文件中，先声明一个描述联系方式的结构 ContactInf，然后在声明 Employee 时，使用这个结构声明作为成员。实际上，结构 Employee 描述了员工信息表的表头格式。

```
//***************
//Employee.cpp
//***************
#include<iostream>
#include "Employee.h"
using namespace std;

Employee empArry[20];
void main(){
    Employee emp;
    emp.contactInf.qq = 12345;
    emp.code = 12;
    empArry[3].contactInf.qq = 678901;
    cout <<emp.contactInf.qq<< endl;
    cout <<empArry[3].contactInf.qq<< endl;
    system("pause");
}
```

如例 9.6 所示，表达式 emp.contactInf.qq = 12345 和 empArry[3].contactInf.qq = 678901 中，使用两个点运算标识嵌套结构 ContactInf 的成员。两个点运算访问嵌套成员的计算顺序如图 9.11 所示。

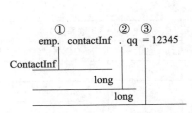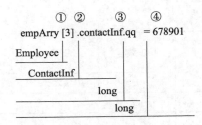

图 9.11　两个点运算访问嵌套成员的计算顺序

除此嵌套结构外，还可以使用前面介绍的结构数组或指针数组来管理员工信息表中的数据。

9.4.4　Josephus 问题

在 7.5.3 节中比较详细地分析了 Josephus 问题，讨论了使用数组解决问题的方案，介绍了根据解决方法编写程序的方法和步骤，最后运行调试程序。共分为 4 个步骤。

下面仍然按照这 4 个步骤，讨论使用链表的解决方案，并编写出相应的程序。

1. 分析问题：在图上玩游戏

在 7.5.3 节中，通过在图上玩游戏的方式，分析 Josephus 问题，抽象出一个环形结构，设计出在环形结构上玩游戏的流程，提出一种 Josephus 问题的方案。

在这个方案中，使用的术语主要是 Josephus 问题领域中的术语，使用的字母和数字也用于表示 Josephus 问题领域的事物。从本质上讲，这个方案是一个数学模型，是一个概念层次上的方案，与是否使用数组无关，与使用哪种实现技术无关。

2. 实现方案：在链表上玩游戏

链表（linked list）是一种常用的数据结构，其核心思想是使用一个包含指针的结构变量，并用指针在逻辑上将结构变量串起来。如，用一个结构变量表示一个小孩，每个结构变量中都包含一个指针，用于指向下一个小孩。结构 Boy 的声明代码如下：

```
struct  Boy              //小孩结构
{
    int code;
    Boy * pNext;
}
```

其中，code 表示小孩的编号；pNext 是一个指针，用来指向下一个小孩。

按照上述思路，设计了 Josephus 问题的链表解决方案，如图 9.12 所示。

如图 9.12 所示，用一个结构变量表示一个小孩，用下一个指针 pNext 指向下一个小孩，从逻辑上构成圆圈。为了便于在圆圈上玩游戏，增加了三个指针。首指针 pFirst 指向第一个小孩，当前指针 pCurrent 指向数到的小孩，前指针 pivot 指向当前小孩的前面一个小孩。

7 个小孩构成的圆圈形成一个链表，构成的链表如图 9.13 所示。

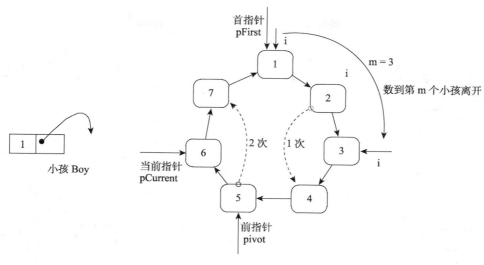

图 9.12 Josephus 问题的链表解决方案

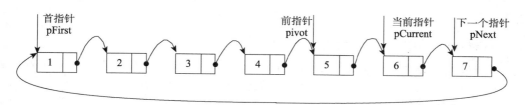

图 9.13 7 个小孩构成的链表

如图 9.13 所示，一个结构变量包含一个小孩编号和一个指针 pNext，一个结构变量中的 pNext 指向下一个结构变量，最后一个结构变量的指针 pNext 指向第一个结构变量，最终构成一个圆形结构。从结构上看，好像使用"锁链"将一个一个小孩串起来，形成一个"链条"，因此，将这种数据结构称为链表。

做了这些准备工作后，就可以按玩游戏的流程，在如图 9.13 所示的链表上玩游戏，根据玩游戏的流程调整图中的指针（箭头），根据指针的变化过程，发现需要解决的关键环节，并针对这些关键环节，找到具体的解决问题的方法。

实际上，在链表上玩游戏就是在图 9.13 所示的图上玩游戏，这比在数组上玩游戏直观，但玩游戏过程中必须一步一步地调用指针指向的位置，重点关注调整指针的顺序。玩游戏过程中至少会发现 4 个问题：小孩怎样构成圆圈？怎样将当前位置调整到下一个小孩？小孩怎样离开？怎样判断圆圈中的小孩是否为 1？

针对发现的问题，按照从易到难的顺序设计具体的解决办法。

怎样将当前位置调整到下一个小孩？ 在移动当前指针 pCurrent 时，需要同时移动前指针 pivot，为小孩离开做准备。移动 pivot 和 pCurrent 两个指针的步骤如图 9.14 所示。

小孩怎样离开？ 通过三步完成：第一步，当前小孩的下一个小孩跟在他前一个的后面；第二步，删除自己；第三步，将离开小孩的下一个小孩调整为当前小孩。删除一个小孩的步骤如图 9.15 所示。

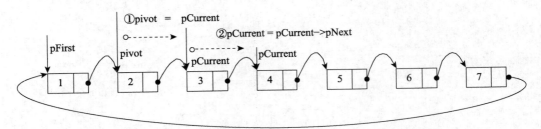

图 9.14　移动 pivot 和 pCurrent 两个指针的步骤

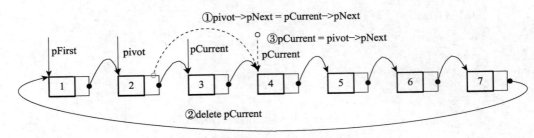

图 9.15　删除一个小孩的步骤

按图 9.15 所示的步骤，编写删除一个小孩的代码。

```
pivot->pNext = pCurrent->pNext;
delete pCurrent;            //脱离圆圈后删除
pCurrent = pivot->pNext;
```

需要注意的是，三条语句的顺序不能交换，也不能直接使用表达式 pCurrent = pCurrent −>
pNext 指定当前指针的位置，这是因为 pCurrent 指向的小孩已经删除。

怎样判断圆圈中是否只有一个小孩？如果圆圈中只有一个小孩，这个小孩的指针 pNext
必定指向它自己，因此，可以根据这个特性判断圆圈中是否只一个小孩，判断条件为
pCurrent->pNext != pCurrent，并调整"小孩依次离开"的流程。链表中只有一个小孩的情况
及"小孩依次离开"流程如图 9.16 所示。

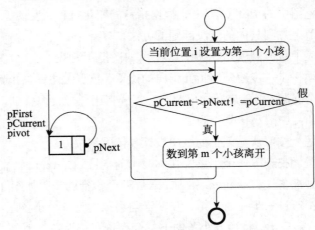

图 9.16　链表中只有一个小孩的情况及判断流程

链表实现方案中需要解决实现中的 4 个关键问题，可在算法流程图标注需要调整的环节，为后面的编写代码做准备。7.5.3 节中设计了解决 Josephus 问题的算法流程，可在其流程图上标注需要调整的步骤。链表实现方案中需要调整的步骤如图 9.17 所示。

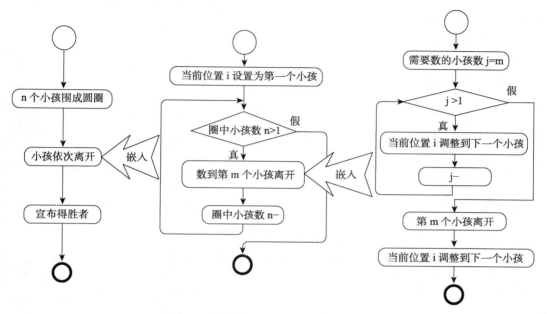

图 9.17　链表实现方案中需要调整的步骤

如图 9.17 所示，4 个关键问题中，解决了 3 个问题，还需要细化其中的"n 个小孩围成圆圈"。

3. 写程序：描述玩游戏的过程

小孩怎样构成圆圈？这与前面讨论的 3 个问题相比比较复杂，下面专门讨论。

为了解决这个问题，需要再次玩游戏，分析一群小孩在链表上围成圆圈的过程。围成圆圈的过程为，首先增加第一个小孩，然后增加第二个小孩，并跟在前面的小孩后面，最后第一个小孩跟在最后一个小孩后面。

在链表中，第一个小孩增加后的情况和第 4 个小孩增加前后的情况如图 9.18 所示。

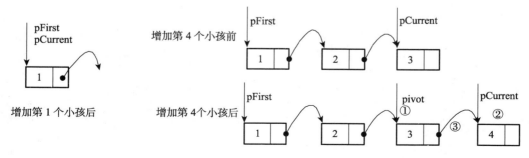

图 9.18　第一个小孩增加后的情况和第 4 个小孩增加前后的情况

如图 9.18 所示，增加第一个小孩比较简单，先申请一个结构 Boy 变量，然后用指针 pFirst
和 pCurrent 指到这个变量，其代码如下。

```
pFirst = new Boy;
pCurrent = pFirst;
```

增加第 4 个小孩时，有三步：第一步，将 pCurrent 赋值给指针 pivot；第二步，申请一
个结构 Boy 变量并用 pCurrent 指向它；第三步，将 pCurrent 赋值给 pivot 指到的结构 Boy 变
量的 pNext，其代码如下。

```
pivot = pCurrent;        //当前小孩变成前小孩
pCurrent = new Boy;
pivot->pNext = pCurrent;//接到前一个小孩后面
```

增加最后一个小孩后，没有构成圆圈，第一个小孩还需要跟在最后一个小孩后。最后一
个小孩增加后的情况如图 9.19 所示。

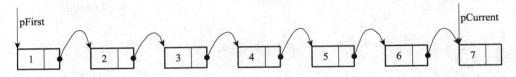

图 9.19　最后一个小孩增加后的情况

此时，当前指针 pCurrent 指向最后一个小孩，而首指针 pFirst 始终指向第一个小孩，只
需将首指针 pFirst 赋值给当前指针 pCurrent 指向的结构变量的指针 pNext，就能实现"第一
个小孩跟在最后一个小孩后"的游戏规则，其代码如下。

```
pCurrent->pNext = pFirst;//最后一个小孩指向第一个小孩
```

根据前面的分析，可设计出构建环形链表的流程。链表方案中 n 个小孩围成圆圈流程如
图 9.20 所示。

根据前面的分析，可编写出使用链表解决 Josephus 问题的程序，代码如例 9.7 所示。

【例 9.7】　使用链表求解 Josephus 问题。

```cpp
#include<iostream>
#include<iomanip>
using namespace std;
struct Boy              //小孩结构
{
    int code;
    Boy* pNext;
};
//定义指针
Boy* pFirst = 0;        //第一个小孩指针
Boy* pCurrent = 0;      //当前小孩指针
```

```
Boy* pivot = 0;            //前一个小孩指针

void main(){
    //***************n 个小孩围成圆圈***************
    //游戏的初值
    int numOfBoys, m;
    cout << "please input the number of boys,\n"//小孩数
        << " m of counting:\n";  //计算小孩的个数
    cin >> numOfBoys >> m;

    //在圆圈中增加第一个小孩
    pFirst = new Boy;
    pFirst->code = 1;
    pFirst->pNext = NULL;//后面没有小孩
    pCurrent = pFirst;

    //依次增加其他小孩
    for (int i = 1; i < numOfBoys; i++){
        pivot = pCurrent;//当前小孩变成前小孩
        pCurrent = new Boy;
        pCurrent->code = i+1;//小孩编号
        pivot->pNext = pCurrent;//接到前一个小孩后面
    }
        pivot = pivot->pNext; // pivot 指向第一个小孩的前一小孩, 为小孩依次离
开做准备
    pCurrent->pNext = pFirst;//最后一个小孩指向第一个小孩

    //输出圆圈中所有小孩
    cout << setw(4) << pFirst->code;//输出当前小孩
    pCurrent = pFirst->pNext;
    while (pCurrent != pFirst){
        cout << setw(4) << pCurrent->code;//输出当前小孩
        pCurrent = pCurrent->pNext;
    }
    cout << endl;

    //***************小孩依次离开***************
    //****当前位置设置为第一个小孩****
    pCurrent = pFirst;
    int j;
    while (pCurrent->pNext != pCurrent){//只有一个小孩时,退出循环
        //****数到第 m 个小孩离开****
        //需要数的小孩数 j=m
        j = m;
        while(j>1){
            //当前位置调整到下一个小孩
```

```
                    pivot = pCurrent;//当前小孩变成前一个小孩
                    pCurrent = pCurrent->pNext;//后一个小孩变成当前小孩
                    j--;
            } //当前小孩数1,再往后数m-1个
            //第m个小孩离开
            cout << setw(4) << pCurrent->code;
            //当前小孩的下一个小孩跟在他前一个的后面
            pivot->pNext = pCurrent->pNext;
            delete pCurrent;//脱离圆圈后删除
            pCurrent = pivot->pNext;//离开小孩的下一个小孩变为当前小孩
    }

    //****************宣布得胜者****************
    cout << "\n\nthe winner is "
        << pCurrent->code << endl;         //得胜者
    delete pCurrent;

}
```

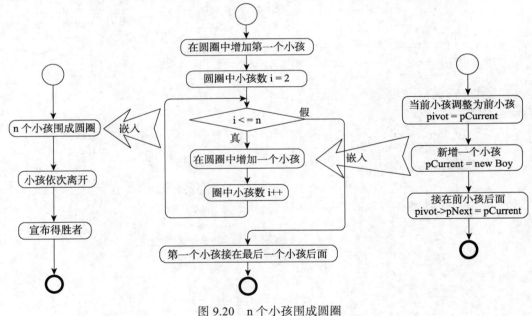

图 9.20　n 个小孩围成圆圈

编写出代码后，还需要按照每条语句的语义，在链表上重新玩游戏，以验证程序是否正确。

按照每条语句的语义在链表上玩游戏本来就比较烦琐，又因 main( ) 函数的代码太长，使这个工作变得更加烦琐，甚至让人难以忍受，因此，可考虑将 main( ) 函数拆分为多个函数，然后采用黑盒的思维，分层次阅读程序，感觉就会好很多。

4. 运行调试程序：计算机玩游戏

可按照游戏的场景，输入不同的参数，跟踪程序的运行流程，并观察内存中的变量和输出结果，理解计算机玩游戏的过程。

第一次运行程序：

```
please input the number of boys,
please input the interval:
7
3
1, 2, 3, 4, 5, 6, 7,
3, 6, 2, 7, 5, 1,
No.4 boy've won.
```

第二次运行程序：

```
please input the number of boys,
please input the interval:
20
7
1, 2, 3, 4, 5, 6, 7, 8, 9, 10, 11, 12, 13, 14, 15, 16, 17, 18, 19, 20,
7, 14, 1, 9, 17, 5, 15, 4, 16, 8, 20, 13, 11, 10, 12, 19, 6, 18, 2,
No.3 boy've won.
```

例 9.7 程序中，增加一个小孩就为小孩创建一个结构变量，当小孩离开时就删除该小孩的结构变量。除了这种处理方法外，还有一种更高效的处理方法。

使用结构数组一次性为所有小孩分配内存空间。

```
//建立小孩结构数组
Boy * pFirst = new Boy[numOfBoys];      //从堆内存分配空间
```

游戏结结束后，统一删除结构数组。

```
delete[]pFirst;                         //返还堆空间
```

读者可按照这种管理内存的方法修改程序，并调试通过。

9.5 本章小结

本章主要学习了结构以及使用结构管理表格和构建链表的方法。

从向量引入结构的概念，学习了声明结构和定义结构变量以及访问结构成员的运算，举例说明了使用结构的基本方法，需要理解结构的存储结构，掌握访问结构成员的方法。

学习了使用结构描述二维表、使用结构数组和指针数组管理其数据的方法以及使用结构描述多维表头的方法。

学习了链表，举例说明了使用结构实现链表的基本方法，并以 Josephus 问题为例，讨论了使用链表编写程序的步骤和方法。

9.6　习题

1. 在 9.4.1 节的程序中，增加两个函数，分别统计员工人数和平均工资，并在主函数中输出。

2. 在 9.4.2 节的程序中，增加两个函数，分别统计最高工资和最低工资，并在主函数中输出。

3. 使用指针数组管理 9.4.3 节中的多维表格，并按照工资多少对表格进行排序。

4. 重写 9.4.4 节 Josephus 问题中的程序。先将小孩围成圈的代码和小孩依次离开的代码从 main( )函数中分离出来，编写为两个函数，并改写其他代码。然后，再将小孩加入圆圈和离开圆圈的代码分离出来，编写为两个函数，并改写其他代码。

第 **10** 章

底 层 编 程

底层编程主要解决实际应用中的基础性问题，解决基础性问题往往会涉及重新抽象数据，并定义专门的运算。

本章从数的进制及其计算方法开始，学习底层编程的基本方法和技术。

10.1 进制和计算方法

如何进行数的算术运算，这与数的表示方法密切相关，因此，首先介绍数的主要表示方法，也就是进制，然后在进制的基础上讨论数的计算方法。

10.1.1 十进制及计算方法

人类在长期实践过程中，逐步认识到了事物的本质，更关注各种事物的共性而淡化事物的差异，从最开始用手指、小石子、小木棒等代表客观世界中的事物，发展到用 1、2、3、4、5、6、7、8、9 中的符号代表这些事物，在 1000 多年后才出现 0，形成了以 0、1、2、3、4、5、6、7、8、9 十个数字为基础的十进制记数法，最终产生了自然数。

十进制记数法是目前广泛使用的记数法，0 的出现是一个里程碑，标志着人类数字文明进入了新的阶段。

1. 自然数记数法及计算方法

十进制是一种数的记数法。将多项式

$$d_n \times 10^n + d_{n-1} \times 10^{n-1} + \cdots + d_i \times 10^i + \cdots + d_1 \times 10^1 + d_0 \times 10^0$$

表示的自然数记为

$$d_n d_{n-1} \cdots d_1 d_0$$

其中，d_i 为 0、1、2、3、4、5、6、7、8、9 中的一个数字。

多项式的通项公式为 $a_i \times 10^i$，其中幂运算的底为 10，所以称为十进制。

$d_{n-1} \cdots d_1 d_0$ 是由 0~9 组成的数字串，其中 d_i 代表了多项式 $d_i \times 10^i$，i 确定了 d_i 在 $d_n d_{n-1} \cdots d_1 d_0$ 中的位置，这就产生了"位"的概念，从右到左分别称为个位、十位、百位、千位等。

在多项式的通项公式中，i 从 0 开始计数，多项式从 0 到 n 总共有 $n+1$ 项，而不是 n 项。这点与人们日常生活中从 1 开始计数不同，需要特别注意。

十进制记数法决定了可以采用按位的方式对任意两个自然数进行四则运算。

例如，128+45，竖式计算如下：

$$
\begin{array}{r}
128 \\
+\ 45 \\
\hline
173
\end{array}
$$

使用竖式计算加法时，主要使用"从低位到高位，按位相加"和"逢十进一"两条规则。加法竖式的计算实际上是计算如下两个多项式的相加，其计算过程如下。

$$
\begin{aligned}
128 + 45 &= 1 \times 10^2 + 2 \times 10^1 + 8 \times 10^0 \qquad\qquad &\text{个位相加}\\
&\quad + \quad\ 4 \times 10^1 + 5 \times 10^0 \\
&= 1 \times 10^2 + 2 \times 10^1 + 13 \times 10^0 \\
&\quad + \quad\ 4 \times 10^1 \\
&= 1 \times 10^2 + 2 \times 10^1 + (10+3) \times 10^0 \qquad\qquad &\text{逢十进一}\\
&\quad + \quad\ 4 \times 10^1 \\
&= 1 \times 10^2 + 2 \times 10^1 + 1 \times 10^1 + 3 \times 10^0 \qquad\qquad &\text{十位相加}\\
&\quad + \quad\ 4 \times 10^1 \\
&= 1 \times 10^2 + 7 \times 10^1 + 3 \times 10^0 \\
&= 173
\end{aligned}
$$

"按位相加"指的是两个多项式中对应系数相加，当系数之和达到 10 时，"高位"上的系数增加 1，这就是"逢十进一"的进位规则。

在按位相加时，使用加法口诀表进行运算，加法口诀表中列举了 10 以内两个数相加的所有情况。加法口诀表如图 10.1 所示。

加法口诀表实际上是"按位相加"的数字映射表。进行加法运算时，常常将加法口诀表中的 0~9 理解为数，但按照十进制的记数法，0~9 不是"数"，而是"数字"，加法口诀表实际描述的是数字之间的映射关系，在"按位相加"时，使用这个映射关系进行数字（符号）变换，变换得到的数字串能够表示"按位相加"的数。

同样，四则运算中减法、乘法和除法也有自己的运算规则和特定的口诀表；进行运算时，也是进行数字变换，变换出能够表示运算结果的数字串。

减法有两条运算规则："从低位到高位，按位相减"和"借一当十"。进行减法运算时使用减法口诀表。例如：

0+0									
1+0	1+1								
2+0	2+1	2+2							
3+0	3+1	3+2	3+3						
4+0	4+1	4+2	4+3	4+4					
5+0	5+1	5+2	5+3	5+4	5+5				
6+0	6+1	6+2	6+3	6+4	6+5	6+6			
7+0	7+1	7+2	7+3	7+4	7+5	7+6	7+7		
8+0	8+1	8+2	8+3	8+4	8+5	8+6	8+7	8+8	
9+0	9+1	9+2	9+3	9+4	9+5	9+6	9+7	9+8	9+9

图 10.1 加法口诀表

$$\begin{array}{r} \dot{1}23 \\ -\ 41 \\ \hline 82 \end{array}$$

乘法有两条运算规则：“从低位到高位，按位相乘”和“逢几十就进几”。进行乘法运算时使用乘法口诀表。例如：

$$\begin{array}{r} 143 \\ \times\ \ 23 \\ \hline 429 \\ +286\ \ \\ \hline 3289 \end{array}$$

除法也有自己的运算规则，也应该有除法口诀表，但因除法是乘法的逆运算，可与乘法共用一个口诀表。做除法运算时，反向使用乘法口诀表。

综上所述，在进行两个自然数的四则运算时，使用了相应运算规则和口诀表，进行数字变换，变换出能够表示运算结果的数字串。

从计算角度，自然数的运算是使用特定的运算规则和口诀表进行数字变换。

上述结论非常重要，它是计算机进行计算的理论基础。

2. 整数记数法及计算方法

整数中包括正数和负数，为了表示负数，在十进制自然数记数法前面增加了正负号，形成一种新的记数法。

将多项式

$$\pm(d_n \times 10^n + d_{n-1} \times 10^{n-1} + \cdots + d_i \times 10^i + \cdots + d_1 \times 10^1 + d_0 \times 10^0)$$

表示的整数记为

$$\pm d_n d_{n-1} \cdots d_1 d_0$$

其中，± 代表符号，当为正数时，常常省略正号，但在运算时仍然要人工加上正号。

下面举出一些例子，讨论十进制整数的运算。

例如，计算 $45-123$ 。

$$
\begin{aligned}
45-123 &= (+45)-(+123) & \text{整数运算}\\
&= -(123-45) & \text{符号运算，转换为大数减小数}\\
&= -78 & \text{自然数的减法运算}
\end{aligned}
$$

在自然数中，没有负数，在做减法时，只能大的减小的，进行符号运算就是为了满足这个条件。

例如，计算 $123-(-45)$ 。

$$
\begin{aligned}
123-(-45) &= (+123)-(-45) & \text{整数运算}\\
&= +(123+45) & \text{符号运算，转换为两自然数相加}\\
&= +168 & \text{自然数的加法运算}
\end{aligned}
$$

例如，计算 $123+(-45)$ 。

$$
\begin{aligned}
123+(-45) &= (+123)+(-45) & \text{符号运算}\\
&= +(123-45) & \text{符号运算，转换为两自然数相减}\\
&= +78 & \text{自然数的减法运算}
\end{aligned}
$$

通过以上三个例子可以总结出：进行整数的加减运算时，先进行符号运算，再按照自然数进行加减法运算，得到最终结果的数值。

例如，计算 $143\times(-23)$ 。

$$
\begin{aligned}
143\times(-23) &= (+143)\times(-23) & \text{整数运算}\\
&= -(143\times23) & \text{符号运算（正负得负）}\\
&= -3289 & \text{自然数的乘法运算}
\end{aligned}
$$

进行整数的乘法运算时，先做符号运算，再进行自然数上的乘法运算。

例如，计算 $(-143)\times(-23)$ 。

$$
\begin{aligned}
(-143)\times(-23) &= (-143)\times(-23) & \text{整数运算}\\
&= +(143\times23) & \text{符号运算（负负得正）}\\
&= +3289 & \text{自然数的乘法运算}
\end{aligned}
$$

整数集上的乘法运算按照"正正得正，正负得负，负负得正"规则计算符号，再进行自然数乘法运算。同样，整数集上的除法运算，也是先做符号计算，再做自然数上的除法运算。

整数集上的加减乘除运算都要先进行符号运算，再做自然数上的加减乘除，符号有很重要的作用。如下面的例子：

$$
2\times3 = (+2)\times(+3) = +(2\times3)
$$
$$
(-2)\times(-3) = +(2\times3)
$$
$$
2\times(-3) = (+2)\times(-3) = -(2\times3)
$$

在十进制整数记数法中，一个整数由符号和数字两部分构成，运算时先计算符号，再按照自然数的方法计算数字部分。

10.1.2 自然数的二进制及计算方法

二进制是由 18 世纪的德国数理哲学大师莱布尼茨发现的，是计算机内部存储和处理数据的方法。二进制记数法与十进制类似，区别在于基数为 2，每位对应 0、1 中的一个数字。

1. 二进制记数法

二进制记数法将多项式

$$b_n \times 2^n + b_{n-1} \times 2^{n-1} + \cdots + b_i \times 2^i + \cdots + b_1 \times 2^1 + b_0 \times 2^0$$

所表示的自然数记为

$$b_n b_{n-1} \cdots b_1 b_0$$

其中，b_i 为 0、1 中的一个数字。

例如，以下多项式所代表的自然数

$$1 \times 2^3 + 1 \times 2^2 + 0 \times 2^1 + 1 \times 2^0$$

用二进制记为 $(1101)_2$。

2. 二进制的四则运算

进行二进制四则运算时，与十进制相比，除了进位不同外，其他完全相同。

二进制数的加减运算，仍然是从低位到高位，按位相加或相减，其不同点是进位和借位规则有所区别。二进制数的基数为 2，所以做加法时遵循"逢二进一"的进位规则，做减法时则遵循"借一当二"的借位规则。

例如，计算 11011+10001，竖式计算的过程如下：

$$
\begin{array}{r}
11011 \\
+\ 10001 \\
\hline
1\ \ 11 \\
101100 \\
\end{array}
$$

计算的是下面两个多项式的加法。

$$11011 + 10001 = 1 \times 2^4 + 1 \times 2^3 + 0 \times 2^2 + 1 \times 2^1 + 1 \times 2^0$$
$$+ 1 \times 2^4 + 0 \times 2^3 + 0 \times 2^2 + 0 \times 2^1 + 1 \times 2^0$$

例如，计算 10100−10001，计算的过程如下：

$$
\begin{array}{r}
10100 \\
-\ 10001 \\
\hline
00011 \\
\end{array}
$$

计算的是下面两个多项式的减法。

$$10100 - 10001 = (1 \times 2^4 + 0 \times 2^3 + 1 \times 2^2 + 0 \times 2^1 + 0 \times 2^0)$$
$$- (1 \times 2^4 + 0 \times 2^3 + 0 \times 2^2 + 0 \times 2^1 + 1 \times 2^0)$$

在计算机中，没有按照上面的方法进行减法运算，而是通过另外的方式实现的。

二进制的乘除运算与十进制相比，也是进位不同，后面再做专门讨论。

进行二进制四则运算时，仍然需要加法和乘法等口诀表。与十进制相比，二进制口诀表非常简单。二进制加法和乘法口诀表如图 10.2 所示。

+	0	1
0	0	1
1	1	10

×	0	1
0	0	0
1	0	1

图 10.2   二进制加法和乘法口诀表

计算机中专门定义了移位运算和按位逻辑运算并由硬件实现，通过这些位运算可计算出如图 10.2 所示的二进制加法和乘法口诀表。

在 10.2 节中专门学习位运算，并使用移位运算和按位逻辑编程实现加法和乘法等运算。

10.1.3   整数的补码

2.4.1 节中学习了固定位数的记数法和整数的表示方法，本节针对二进制这种情况继续讨论。

n 位二进制数实际上表示的是模运算的结果，其加法变成了 $(x+y) \bmod 2^n$，利用这一特性，容易找到满足 $(x+y) \bmod 2^n = 0$ 等式的两个自然数。

如果 x 和 y 都是自然数，且满足 $x < 2^n$，$y < 2^n$，则 $(x+y) \bmod 2^n = 0$ 成立只有两种情况：一种为 $(x+y) = 0$；另一种为 $(x+y) = 2^n$。第一种情况，x 和 y 必为 0，这里不讨论；第二种情况变形为 $y = 2^n - x$，将多项式代入这个等式，得到

$$y = 2^n - (x_{n-1} \times 2^{n-1} + x_{n-2} \times 2^{n-2} + \cdots + x_1 \times 2^1 + x_0 \times 2^0)$$

$$= 2^n - x_{n-1} \times 2^{n-1} - x_{n-2} \times 2^{n-2} - \cdots - x_1 \times 2^1 - x_0 \times 2^0$$

$$= (1 - x_{n-1}) \times 2^{n-1} + (1 - x_{n-2}) \times 2^{n-2} + \cdots + (1 - x_1) \times 2^1 + (1 - x_0) \times 2^0 + 1$$

上式由一个多项式与 1 相加而成，多项式

$$(1 - x_{n-1}) \times 2^{n-1} + (1 - x_{n-2}) \times 2^{n-2} + \cdots + (1 - x_1) \times 2^1 + (1 - x_0) \times 2^0$$

表示一个 n 位的二进制数，与二进制数 $x_{n-1}x_{n-2}\cdots x_1x_0$ 相比，每个位上的数刚好相反，即，从 0 变为 1，或从 1 变为 0，这种变换称为取反运算，并将满足 $(x+y) = 2^n$ 的两个 x 和 y 自然数称为相反数。

为了方便理解，分析 3 位二进制数的分布情况。取模运算与相反数的对应关系如表 10.1 所示。

表 10.1　取模运算与相反数的对应关系

十 进 数	$x \bmod 8$	3 位二进制数	相 反 数
0	0	000	
1	1	001	111
2	2	010	110
3	3	011	101
4	4	100	100
5	5	101	011
6	6	110	010
7	7	111	001
8	0	1000	

总共有 8 个数，有 4 个数的最高位为 0，另外 4 个数的最高位为 1。除此外，互为相反数的最高位也是相反的，若一个为 0，另一个必为 1。

推广到 n 位二进制数，总共有 2^n 个数，最高位为 0 的数有 2^{n-1} 个，最高位为 1 的数也有 2^{n-1} 个，互为相反数的高位也是相反的。

根据这个规律，用最高位为 0 的自然数表示整数中的正数，最高位为 1 的自然数表示整数中的负数，最高位也称为符号位，用这种方法表示的整数称为补码。

显然，正整数的补码就是自然数对应的二进制数，负整数的补码为取反加 1。

例如，求负整数–1 的 8 位二进制补码：

相反数：　00000001

取反：　11111110

加 1：　11111111

具体过程为，先将负数–1 的绝对值用自然二进制数表示为 00000001，对该二进制数进行取反运算得到 11111110，然后做加 1 操作得到 11111111，即–1 的 8 位补码。

例如，求负整数–10 的 8 位二进制补码：

相反数：　00001010

取反运算：　11110101

加 1：　11110110

具体过程为，先将负数–10 的绝对值用自然二进制数表示为 00001010，对该二进制数进行取反运算得到 11110101，然后做+1 操作得到 11110110，即–10 的 8 位补码。

补码虽然也带有符号，但其加法可以将符号位连同数值位一起运算。例如，用 8 位补码计算 8+7：

$$8 + 7 = (+8) + (+7)$$
$$= 00001000 + 00000111 \quad \text{将 8 和 7 用 8 位补码表示}$$
$$= 00001111 \quad \text{按照自然二进制数加法进行计算}$$

将补码 00001111 转换为十进制数得到的结果为 15。

用 8 位补码计算 8–7：

$$
\begin{aligned}
8-7 &= (+8)+(-7) \\
&= 00001000+11111001 && \text{将 8 和–7 用 8 位补码表示} \\
&= 00000001 && \text{按照自然二进制数加法进行计算}
\end{aligned}
$$

将补码 00000001 转换为十进制数得到的结果为 1。

从上可知，用补码表示整数，符号位也作为数值的一部分参加运算，不再需要专门对符号进行处理，并用加法运算实现了减法运算，简化了运算，降低了硬件成本。

除此之外，还有一个特性，如果从 8 位二进制数扩展到 16 位、32 位时，只需根据符号扩展。具体方法是，如果高位为 1，就用 1 扩展；如果高位为 0，就用 0 扩展，并能保证表示的整数不变。

例如，8 位二进制数 00000001 扩展为 16 位 0000000000000001，8 位二进制数 10000001 扩展为 16 位 1111111110000001。

10.1.4　十六进制

在计算机发展的初期，因计算机的成本高，内存比较小，为了提高内存的利用率，在处理如像素这类数量大但位数要求不多的数据时，常常以二进制位为单元而不以字节为单元来处理这类数据。但因二进制表示的数的位数太多，不适合人们识别，而十六进制数与二进制数转换非常简单，因此，目前，主要以十六进制显示表示内存中的数据（二进制串），如果需要，再将十六进制数转换为二进制数。

十六进制是以 16 为基数的记数法，将多项式

$$h_n \times 16^n + h_{n-1} \times 16^{n-1} + \cdots + h \times 16^i + \cdots + h_1 \times 16^1 + h_0 \times 16^0$$

表示的自然数记为

$$h_n h_{n-1} \cdots h_1 h_0$$

其中，h_i 为 0~9 或 A、B、C、D、E、F 中的一个数字。A、B、C、D、E、F 分别对应十进制的 10、11、12、13、14、15。

例如，十六进制数 A3F 代表：

$$
\begin{aligned}
(\mathrm{A3F})_{16} = {} & 1\times 2^{11}+0\times 2^{10}+1\times 2^{9}+0\times 2^{8}+0\times 2^{7}+0\times 2^{6}+1\times 2^{5} \\
& +1\times 2^{4}+1\times 2^{3}+1\times 2^{2}+1\times 2^{1}+1\times 2^{0}
\end{aligned}
$$

一个十六进制位对应于 4 个二进制位，这个特点使得这两个进制之间的转换非常简单。十六进制与二进制的按位转换表如表 10.2 所示。

例如，将二进制数 101110011011100 转换为十六进制数 B9B8，如图 10.3 所示。

1011 1001 1011 1000

↓ ↓ ↓ ↓

B 9 B 8

图 10.3　二进制数转换为十六进制数

表 10.2 十六进制与二进制的按位转换表

十进制	十六进制	二进制	十进制	十六进制	二进制
0	0	0000	8	8	1000
1	1	0001	9	9	1001
2	2	0010	10	A	1010
3	3	0011	11	B	1011
4	4	0100	12	C	1100
5	5	0101	13	D	1101
6	6	0110	14	E	1110
7	7	0111	15	F	1111

一个字节为 8 位，刚好用两个十六进制位表示，因此，程序员常常用十六进制表示计算机内存中的数据，而不用二进制。

10.2 位运算

与数学中的数值计算类似，计算机仍然使用按“位”计算的方法进行数值计算，也有按“位”计算所需的“口诀表”，区别在于数学中使用十进制而计算机使用二进制进行计算。

计算机中的位运算直接对整数的二进制位进行操作，使用这些位运算能够计算出数值计算中所需要的“口诀表”。

位运算一般分为移位运算和按位逻辑运算两类，总共有 5 个运算。下面分别讨论这两类运算。

10.2.1 移位运算

移位运算就是移动一串二进制数，只有两种情况，一种是向左移动，一种是向右移动，分别称为左移运算和右移运算。

左移运算将一串二进制位向左移动。因计算机中采用固定位的方式，因此，一串二进制数向左移动后，左边的二进制位会被移出，右边会空出一些二进制位，怎样处理移出的和空出的二进制位，有很多种处理方法，先考虑其中的一种常见的情况，即，左边移出的二进制位扔掉，右边空出的二进制位补 0。

例如，将二进制串 00011011 01010010 左移 2 位，用 0 补足右边空出的二进制位，扔掉左边移出的两个 0，得到二进制串 01101101 01001000。左移 2 位的过程如图 10.4 所示。

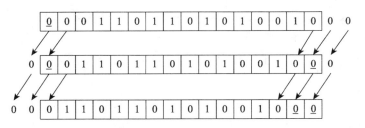

图 10.4 左移 2 位的过程

右移运算将一串二进制位向右移动。例如，将二进制串 00011011 01010010 右移 2 位，用 0 补足左边空出的二进制位，扔掉右边移出的两个 0，得到二进制串 0000011011010100。右移 2 位的过程如图 10.5 所示。

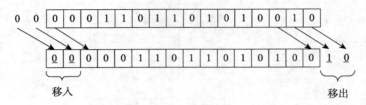

移入　　　　　　　　　　　　　　　　　　　　移出

图 10.5　右移 2 位的过程

位运算属于底层的操作，在高层应用中很少使用，但个别情况下使用位运算可以提高运行效率。如，对一个自然数左移相当于乘以 2 的倍数，右移相当于除以 2 的倍数，代码如例 10.1 所示。

【例 10.1】 乘以 2 的倍数或除以 2 的倍数。

```cpp
#include<iostream>
using namespace std;
int main(){
    unsigned short int a = 123, b = 256;
    a = a >> 1;
    b = b >> 3;     //右移 3 位
    cout << a << "," << b << endl;
    a = a << 1;     //左移一位
    b = b << 3;
    cout << a << "," << b << endl;
}
```

例 10.1 的输出结果：

```
61,32
122,256
```

例 10.1 的程序中，定义了两个无符号变量，用于存储自然数。对变量 a 的处理过程为，在定义变量 a 时，将自然数 123 转换为二进制数，首先将这个二制数右移一位，最高位补 0，最低位 1 扔掉，转换为十进制数 61 进行输出，然后再将这个二进制数左移一位，最低位补 0，转换为十进制数 122 进行输出。最后输出结果为 122 而不是 123，因为在右移一位时，最低位 1 被扔掉，左移一位时最低位补 0，少了 1。

在对变量 b 的值进行移位的过程中，没有 1 被扔掉的情况，因此，最后输出的结果仍然是原来的 256。

从本质上讲，移位运算都是定义在自然数上的，直接对自然数的位进行操作，移出的二进制值数会被扔掉，空出的位补 0。移位运算的语法和语义如表 10.3 所示。

表 10.3　移位运算的语法和语义

运算符	名称	结合律	语法	语义或运算序列
<<	左移 (left shift)	从左到右	exp1<<exp2	计算 exp1 得到整型值 v1，计算 exp2 得到整型值 v2，将值 v1 按照二进制形式向左移动 v2 位，得到整型值 v3
>>	右移 (right shift)	从左到右	exp1>>exp2	计算 exp1 得到整型值 v1，计算 exp2 得到整型值 v2，将值 v1 按照二进制形式向右移动 v2 位，得到整型值 v3

在编程时，也可以对整数进行移位运算，一般使用符号位上的值填补左边空出的位。对正整数进行移位运算时，处理方法与自然数完全相同，但对负整数进行移位运算时，左边的空位补 1，这样规定是因为最高位是符号位，不能将负数移成正数，需要特别注意。

例如：

```
short int c = -8,d = -8;
c = c >> 2;
d /= 2, d /= 2;
cout<< c <<","<<d<<endl;
c <<= 1;
d *= 2;
cout<< c <<","<< d <<endl;
```

变量 c 的二进制值为 1111111111111000，右移两位，高位补符号位的值 1，得到 11111111 11111110，因此输出结果为–2。

char 类型是 8 位整数，也可以进行移位运算，例如：

```
char  c = -7;
c = c >> 3;
c = c << 3;
cout<< (int)c <<endl;
```

右移位时，扔掉了低位的 1，左移时在低位补 0，因此输出结果也是–8。为什么输出结果不是想象的–4？读者可自己进行演算。

2.4.1 节中学习了整数的表示方法，读者也可对比其中介绍的方法，分析移位运算与乘以 2 及除以 2 的关系，解释整数右移时高位补符号位的缘由。

10.2.2　按位逻辑运算

十进制中，每位可能有 10 个数，但二进制中只有 0 和 1 两个数，因此，二进制的运算规则比十进制中的口诀表简单得多，甚至不需要背诵，但按位逻辑运算是二进制特有的，需要记住其计算规则。

按位逻辑运算有位逻辑与"&"、位逻辑或"|"和异或"^"三种运算。按位逻辑运算规则如表 10.4 所示。

表 10.4　按位逻辑运算规则

位	位	与	或	异　或
0	0	0	0	0
0	1	0	1	1
1	0	0	1	1
1	1	1	1	0

例如，10101110 和 10011011 两个 8 位二进制数进行位逻辑与、位逻辑或和异或，其算式如下：

```
    10101110              10101110              10101110
&   10011011         |    10011011         ^    10011011
    10001010              10111111              00110101
```

按位运算在底层编程中有非常重要的应用价值，除定位于高层编程的计算机言外，一般都提供了位运算。C/C++语言中，按位运算的语义和语法如表 10.5 所示。

表 10.5　按位运算的语义和语法

运算符	名称	结合律	语法	语义或运算序列
&	位逻辑与 (bitwise AND)	从左到右	exp1&exp2	计算 exp1 得到整数类型的值 v1，计算 exp2 得到整数类型的值 v2，将 v1 与 v2 按位相与得到值 v3
^	位逻辑异或 (bitwise exclusive OR)	从左到右	exp1^exp2	计算 exp1 得到整数类型的值 v1，计算 exp2 得到整数类型的值 v2，将 v1 与 v2 按位相异或得到值 v3
|	位逻辑或 (bitwise inclusive OR)	从左到右	exp1|exp2	计算 exp1 得到整数类型的值 v1，计算 exp2 得到整数类型的值 v2，将 v1 与 v2 按位相或得到值 v3

计算机中进行自然数的运算时，没有口诀表，但提供了上面三种运算，这三种运算承担了口诀表的作用。

10.2.3　编程实现加减法运算

整数的加减乘除都可以使用位运算编程实现，下面学习编程实现方法。先学习编程实现自然数上的加法运算，再编程实现整数上的加减法运算。

1. 自然数的加法运算

二进制加法有"从低位到高位，按位相加"和"逢二进一"两条计算规则。

计算机可以同时进行多个位运算，针对这个特点，先进行按位相加但不考虑进位，然后再加上进位的值，直到没有进位为止。

如 00000011+00000101，经过 4 轮计算，最后计算出其结果为 00001000。

```
       00000011                  00000011
^      00000101             &     00000101
       00000110            <<1    00000001
                                  00000010
```

第 1 轮计算，左边计算按位相加但没有考虑进位，右边计算进位的值。

```
       00000110                  00000110
^      00000010             &     00000010
       00000100            <<1    00000010
                                  00000100
```

第 2 轮计算，加上轮进位的值，并计算本轮进位的值。

```
        00000100                    00000100
    ^   00000100              &     00000100
        ────────                    ────────
        00000000              <<1   00000100
                                    00001000
```

第 3 轮计算，加上轮进位的值，并计算本轮进位的值。

```
        00000000                    00000000
    ^   00001000              &     00001000
        ────────                    ────────
        00001000              <<1   00000000
                                    00000000
```

第 4 轮计算，加上轮进位的值，本轮进位的值为 0，已经计算出结果为 00001000。

上面的计算思路是，先进行按位相加（但不考虑进位），然后再加上进位的值，其递归函数为

$$add(a,b) = \begin{cases} a & b = 0 \\ add\ (a\wedge b, (a\ \&\ b) <<1) & b \neq 0 \end{cases}$$

可根据其递归函数编写出如下代码：

```
unsigned  add(unsigned a, unsigned b){
    if (b == 0)  return a;
    int  sum, carry;
    sum = a^b;                  //按位相加但不进位
    carry = (a&b) << 1;         //计算进位并左移一位
    return  add(sum, carry); //加进位
}
```

为了提高运行效率，可根据其递归函数改写为递推计算的代码。

```
unsigned add(unsigned a, unsigned b){
    unsigned s, c;
    while (b != 0){
        s = a^b;
        c = (a&b) << 1;
        a = s;
        b = c;
    }
    return a;
}
```

上面的代码中，只使用了赋值运算、位运算和比较运算，这些运算都是非常简单的运算，在计算机硬件上很容易实现。

2. 整数的加减运算

计算机内部使用补码来表示整数，可以使用取反加 1 将一个正数变成对应的负数，也可以将负数变成对应的正数，详见 2.4.1 节和 10.1.3 节。

使用如下公式可将减法转化为加法。

$$a-b=a+(-b)$$

先编程实现负号运算，代码如下：

```
signed unaryMinus(unsigned b){
    unsigned ui=(unsigned)b;
    return (signed)add(~ui, 1); // 取反加 1
}
```

其中，返回时将自然数（unsigned）转换为整数（signed）。

再调用自然数的加法实现减法，代码如下：

```
signed subtraction(unsigned a, unsigned b){
    return (signed)add(a, (unsigned)unaryMinus(b)); // a + (-b)
}
```

其中，也将整数转换为自然数进行加法运算，然后再将加法的计算结果转换为整数。

上面的代码中，做了几次自然数到整数的相互转换，实际上，对这些转换计算机什么事也没有做，问题是，能得到正确的结果吗？

补码等计算理论保证了能够得到正确结果，但不能超过整数（signed）的表示范围，只要不发生溢出，就能得到正确结果。

补码等计算理论将整数的加减法运算转换为自然数的加法。

前面编写的程序，不仅可以进行自然数的加减运算，也可以进行整数的加减运算。

10.2.4　编程实现整数乘法

做乘法运算时，先做符号运算，再进行自然数上的乘法运算，详见 10.1 节。

编程实现思路是，先将一个整数拆分为符号和自然数，然后再分别进行符号运算和自然数的乘法运算。

定义了两个函数用于拆分整数，并按照自然数乘法的数学定义实现乘法。

```
//取符号
unsigned getSign(signed a){
    unsigned lenType = 32;          //类型的长度
    return a>>lenType - 1;
}
//取自然数
unsigned getPositive(signed i){
    if (getSign(i))
            return unaryMinus(i);
    else
            return (unsigned)i;
}

signed multiply(signed a, signed b){
    //计算符号
    bool flag = true;
```

```
            if (getSign(a) == getSign(b)) //计算符号
                    flag = false;

            //取整数的数字部分
            unsigned ua, ub;
            ua = getPositive(a);
            ub = getPositive(b);

            //按照自然数的乘法计算数字部分
            unsigned result = 0;
            while (ub){
                    result = add(result, ua);
                    ub = subtraction(ub, 1);
            }
            //组合符号和数字
            signed r;
            if (flag)
                    r = unaryMinus(result);
            else
                    r = (signed)result;
            return r;
}
```

上面的代码按照自然数乘法的数学定义编程实现，效率太低，采用按位计算乘法的方法能明显提高效率。

```
        0101
×       0010
    ────────
        0000
+       0101
        0000
        0000
    ────────
     0001010
```

按位相乘的方法进行乘法运算，效率很高。自然数 a*b 的计算流程如图 10.6 所示。

按照如图 10.6 所示的自然数乘法计算流程改写函数 multiply( )，其代码如下：

```
signed multiply1(signed a, signed b){
    //计算符号
    bool flag = true;
    if (getSign(a) == getSign(b))
            flag = false;

    //取整数的数字部分（自然数）
    unsigned ua, ub;
    ua = getPositive(a);
    ub = getPositive(b);

    //按照自然数的乘法计算数字部分
    unsigned result = 0;
    while (ub)
```

```
        {
                if (ub& 1)
                        result = add(result, ua);
                ua = (ua<< 1); //把 ua 错位加在积上
                ub = (ub>> 1); //从最低位开始依次判断 b 的每一位
        }

        //组合符号和数字
        signed r;
        if (flag)
                r = unaryMinus(result);
        else
                r = (signed)result;
        return r;
}
```

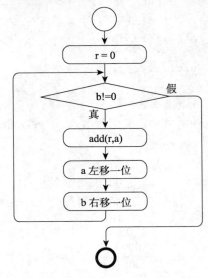

图 10.6　自然数 a*b 的计算流程

可将计算加法、减法和乘法等运算的函数封装为一个模块 calculation。模块结构及函数调用关系如图 10.7 所示。

可调用模块 calculation 中的函数进行加减乘运算，代码如例 10.2 所示。

【例 10.2】　位运算定义加法、减法和乘法。

```
#include<iostream>
using namespace std;
#include "calculation.h"
void main(){
    signed a, b;
    cin >> a >> b;
    cout << "a+b=" << add(a, b) << endl;
    cout << "a-b=" << subtraction(a, b) << endl;
    cout << "a*b=" << multiply(a, b) << endl;
}
```

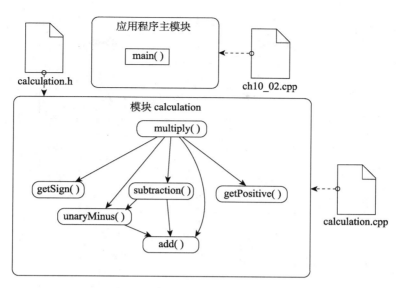

图 10.7 模块结构及函数调用关系

前面按照数学中定义数及其运算的思路，先使用位运算实现自然数的加法，然后使用补码实现减法，并将自然数上的加减法推广到整数，最后采用符号和数字分别计算的方法实现整数的乘法。

按照上述思路，还可以实现除法、幂等其他数学中定义的运算，读者可以查阅其他资料自己学习。

整数上的四则运算是最基本的运算，也是使用最多的运算，为了提高运算的速度，计算机用专门的硬件来实现四则运算对应的函数，并以指令形式提供。

目前，流行"软件定义一切""软件定义硬件"的观点，归根到底，这些观点就来自上述思路。

10.2.5 *R* 进制计算机

前面学习了数及运算、进制及计算方法等理论知识，这些理论知识有什么用呢？实际上，可运用这些理论知识，结合前面学习的编程技术，开发一个简单的 *R* 进制计算机，也可称为 *R* 进制原型机。

开发 *R* 进制计算机的前提是，使用 *R* 进制存储自然数，并使用 *R* 进制进行自然数的加法运算。

1. 自然数的 *R* 进制加法运算

用一个数组存储一个自然数的 *R* 进制表示的数字，并定义为一个结构。

```
struct myNumber{
     char bit[bitcount];          //存储"位"
};
```

借鉴图 10.7 所示的模块结构及函数调用关系，设计出 *R* 进制加法运算的程序结构，程序结构如图 10.8 所示。

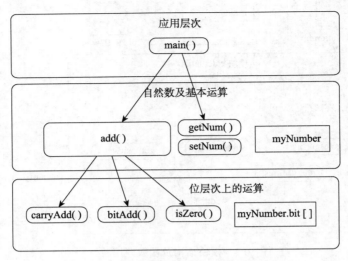

图 10.8　R 进制加法运算的程序结构

　　按照如图 10.8 所示的程序结构，并参考自然数上二进制加法运算的算法，编写出自然数上 R 进制加法运算的程序，代码如例 10.3 所示。

【例 10.3】　自然数上的 R 制加法运算。

```cpp
#include<iostream>
using namespace std;


const int R = 8;                //指定进制
const int bitcount = 5;         //R 进制的固定位数

/**********************************************/
/*****自然数的 R 进制记数法
/**********************************************/
struct myNumber{
    char bit[bitcount]; //存储"位"
};

/**********************************************/
/*****位层次的运算举例
/**********************************************/

//计算进位并左移一位
myNumber carryAdd(const myNumber &a, const myNumber &b){
    myNumber t;
    for (int i = 1; i < bitcount; i++)
        t.bit[i-1] = (a.bit[i] + b.bit[i])/R;
    t.bit[bitcount-1] = 0;
```

```
        return t;
    }
    //按位相加但不进位
    myNumber bitAdd(const myNumber &a, const myNumber &b){
        myNumber t;
        for (int i = 0; i < bitcount; i++)
            t.bit[i] = (a.bit[i] + b.bit[i]) % R;
        return t;
    }
    //判断一个自然数是否为 0
    bool isZero(const myNumber &a){
        bool flag = true;
        int i = 1;
        for (i = 0; i < bitcount; i++){
            if (a.bit[i]){
                flag = false;
                break;
            }
        }
        return flag;
    }


    /************************************************/
    /*****自然数层次的运算举例
    /************************************************/
    myNumber  add(const myNumber &a, const myNumber &b){
        myNumber  sum, carry;
        if (isZero(b))
            return a;
        sum = bitAdd(a, b);           //按位相加但不进位
        carry = carryAdd(a, b);       //计算进位并左移一位
        return  add(sum, carry);      //加进位
    }


    /************************************************/
    /*****内部数据与外部数据相互转换举例
    /************************************************/
    void setNum(myNumber &a, const char* v){
      for (int i = 0; i < bitcount; i++){
         if ((v[i] >= 'A') && (v[i] <= 'Z'))
            a.bit[i] = (v[i] - 'A' + 10) % R;
         else if ((v[i] >= 'a') && (v[i] <= 'z'))
            a.bit[i] = (v[i] - 'a' + 10) % R;
         else if (((v[i] >= '0') && (v[i] <= '9')))
            a.bit[i] = (v[i] - '0') % R;
         else
            a.bit[i] = 0;
      }
    }
```

```cpp
const char aph[] = "0123456789ABXDEFGHIJKLMNOPQRSTUVWXYZ";
char* getNum(const myNumber &a){
    char *t = new char[bitcount + 1];
    for (int i = 0; i < bitcount; i++)
        t[i] = aph[a.bit[i]];
    t[bitcount] = 0;
    return t;
}

/********************************************/
/*****自然数运算应用举例
/********************************************/

void main(){
    myNumber a, b, c;
    char Buffer[30];

    cout << "输入两个" << R << "内的" << bitcount << "位数。" << endl;
    cout << "请输入第一个: ";
    cin >> Buffer;
    setNum(a, Buffer);
    cout << "请输入第二个: ";
    cin >> Buffer;
    setNum(b, Buffer);

    cout << "按照" << R << "进制相加,结果为: " << endl;
    c=add(a, b);
    cout << endl << endl;
    cout << getNum(a) << endl;
    cout << getNum(b) << endl;
    cout << getNum(c) << endl;

}
```

例 10.3 中的代码实现了自然数上八进制的加法运算。代码中定义了两个常量分别表示进制和固定位数。

```cpp
const int R = 8;            //指定进制
const int bitcount = 5;  //R进制的固定位数
```

可修改这两个参数，实现任意进制和任意固定位数的加法运算。

2. R 进制最小原型机

自然数上 R 进制加法运算的程序中，包含了一个结构和多个函数，按照其功能，将它们"放入"冯·诺依曼机，就会发现，该程序从逻辑上实现了一个计算机的功能，只是功能太简单，只能进行自然数据的加法运算，相当于定义了一个 R 进制计算机的最小原型，如图 10.9 所示。

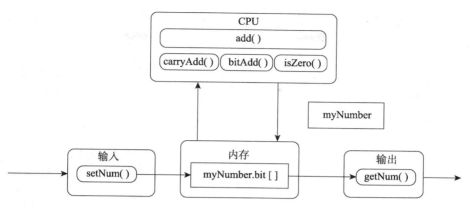

图 10.9　R 进制计算机最小原型

R 制加法运算的程序包含应用层、自然数及运算层和位及运算，有严格的层次依赖关系，其中，位及运算层中的运算只能依赖于 R 进制中的位，在其代码中使用的编程技术，仅仅是为了描述其计算流程，是可以用其他方法替代的。如，isZero( )，其代码直接处理 myNumber 数中的"位"，代码中使用的语言元素仅仅用于描述 myNumber 数的形式及在"位"上的计算流程。从理论上讲，这个计算流程能够在硬件上实现。

```cpp
bool isZero(const myNumber &a){
    bool flag = true;
    int i = 1;
    for (i = 0; i < bitcount; i++){
        if (a.bit[i])          {//myNumber"数"中的"位"
            flag = false;
            break;
        }
    }
    return flag;
}
```

从理论上讲，位层次上的运算都程能够通过硬件实现。

按照"软件定义一切"的观点，根据 R 进制计算机的程序，就能造出 R 进制计算机。

3. R 进制计算机的扩展路径

在图 10.9 所示的最小原型机上，可以从数据类型和运算两条线进行扩展，构建功能更强大的计算机。按照数及进制的知识和原理，扩展数据类型，按照定义运算的依赖关系，分层次扩展运算。先扩展在位层次上的运算，然后扩展自然数上的运算，再扩展整数等非自然数上的运算，最后延伸到应用层次。

R 进制最小原型的层次有严格的依赖关系，上层的运算应严格依赖于下层的运算，如自然数的运算 add 只使用了位层次上的运算，没有调用上层的 setNum 等运算，但同层中，也可以有自己的层次关系，可以互相调用。

按照计算机体系结构的相关理论，在 R 进制最小原型上设计一个 R 进制计算机的体系结构。按照这个体系结构，可不断对 R 进制最小原型进行扩展，最终定义出功能强大的 R 进制计算机。R 进制计算机的体系结构如图 10.10 所示。

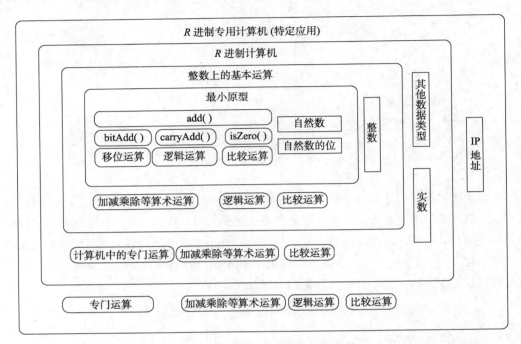

图 10.10　R 进制计算机的体系结构

R 进制计算机的体系结构中，最外层为 R 进制的专用计算机，需要针对特定应用的领域抽象专门数据类型和定义专门运算，如 IP 地址是网络的基础，应用非常广泛，比较典型，可将 "IP 地址" 抽象为一种数据类型，并为其定义专门的运算。

10.2.6　IP 地址

计算机的 IP 地址是一个 32 位二进制自然数，为了便于人们识别，用 4 个十进制数按照从高位到低位的顺序分别表示其中的 8 个二进制位。可使用 ipconfig 命令，查看一台计算机的 IP 地址和子网掩码。例如：

IPv4 地址：192.168.1.6

子网掩码：255.255.255.0

默认网关：192.168.1.1

IP 地址 192.168.1.6 表示如下的一个 32 位自然数。

192	168	1	6
11000000	10101000	00000001	00000110

子网掩码 255.255.255.0 表示如下的一个 32 位自然数。

255	255	255	0
11111111	11111111	11111111	00000000

按照如下算式计算计算机在网络中的地址。

$$
\begin{array}{r}
11000000101010000000000100000110 \\
\&\quad 11111111111111111111111100000000 \\
\hline
11000000101010000000000100000000
\end{array}
$$

用十进制从高位到低表示其中的 8 位二进制数，得到计算机的网络地址 192.168.1.0。
按照如下算式计算计算机在网络中的主机地址。

$$
\begin{array}{r}
11111111111111111111111100000000 \\
\wedge\quad 11111111111111111111111111111111 \\
\hline
00000000000000000000000011111111 \\
\&\quad 11000000101010000000000100000110 \\
\hline
00000000000000000000000000000110
\end{array}
$$

采用上面的方法，可计算出一台计算机的网络地址和主机地址，程序代码如例 10.4 所示。
【例 10.4】 计算网络地址和主机地址。

```cpp
#include<iostream>
using namespace std;
int main(){
    //IPv4 地址 . . . . . . . . . . . . . . : 192.168.1.6
    unsigned long ip1 = 192, ip2 = 168, ip3 = 1, ip4 = 6, ip;
    ip = (ip1 << 24) + (ip2 << 16) + (ip3 << 8) + ip4;
    cout << "IP 地址: "
        << ip1 << "." << ip2 << "." << ip3 << "." << ip4 << endl;

    //子网掩码 . . . . . . . . . . . . : 255.255.255.0
    unsigned long mask1 = 255, mask2 = 255, mask3 = 255, mask4 = 0, mask;
    mask = (mask1 << 24) + (mask2 << 16) + (mask3 << 8) + mask4;
    cout << "子网掩码: "
        << mask1 << "." << mask2 << "." << mask3 << "." << mask4 << endl;

    unsigned long int net, host;
    net = ip&mask;                  //取网络地址
    ip4 = net & 255;
    ip3 = (net >>= 8) & 255;
    ip2 = (net >>= 8) & 255;
    ip1 = (net >>= 8) & 255;
    cout << "网络地址: "
        << ip1 << "." << ip2 << "." << ip3 << "." << ip4 << endl;

    host = (mask ^ (-1))&ip;        //取主机地址
    ip4 = host & 255;
    ip3 = (host >>= 8) & 255;
    ip2 = (host >>= 8) & 255;
    ip1 = (host >>= 8) & 255;
    cout << "主机地址: "
```

```
            << ip1 << "." << ip2 << "." << ip3 << "." << ip4 << endl;
    system("pause");
}
```

表达式 ip = (ip1 << 24) + (ip2 << 16) + (ip3 << 8) + ip4 中，包含了移位运算和加法运算，其功能是通过 IP 地址的 4 个分量合成一个完整的 IP 地址。读表达式的计算顺序如图 10.11 所示。

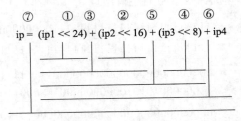

图 10.11　表达式 ip = (ip1 << 24) + (ip2 << 16) + (ip3 << 8) + ip4 的计算顺序

移位运算将一个 8 位二进制移到相应的字节位置。如，ip1 << 24 在 32 位上进行移位运算，如图 10.12 所示。

扩展到32位　　　　　　　　　　　11000000

<<24　00000000000000000000000011000000

11000000000000000000000000000000

图 10.12　ip1 << 24 在 32 位上进行移位运算

运算 ip2 << 16 和 ip3 << 8 分别将 ip2 和 ip3 进行移位，最后将 IP 地址的 4 个分量加法，合成一个 32 位整数，其计算过程如下。

```
  11000000000000000000000000000000
  00000000101010000000000000000000
  00000000000000000000000100000000
+ 00000000000000000000000000000110
  11000000101010000000000100000110
```

例 10.4 的输出结果：

```
IP 地址：192.168.1.6
子网掩码：255.255.255.0
网络地址：192.168.1.0
主机地址：0.0.0.6
```

10.3 联合

联合是一种数据类型，语法与结构非常类似，但语义是成员之间共享内存，常常应用于对底层数据的操纵，解决实际应用中的基础性问题。

10.3.1 声明联合和定义变量

声明联合和定义变量的语法与结构非常类似。声明联合时，使用关键字 union，除此之外，与结构相同。但语义完全不同，联合中的成员，它们的内存是重叠在一起的，而结构中的成员，它们的内存是按照声明的顺序连续分配的，没有重叠部分。

声明联合的语法为：

```
    union 联合名{
数据类型 成员名;
数据类型 成员名;
        ...
    }[联合变量名];
```

与结构一样，联合也是一种数据类型，可以使用联合定义变量，这种变量称为联合变量。

如，先声明一个联合 Mem，其中包含了三个成员，这三个成员共用 32 位内存，然后再使用联合 Mem 定义一个变量 t，并观察联合变量中的内存及其数据，代码如例 10.5 所示。

【例 10.5】 定义一个联合变量中的内存及其数据。

```cpp
#include<iostream>
#include<iomanip>
using namespace std;

union Mem{
    unsigned long um;
    signed long sm;
    float fm;
};

void main(){
    Mem t;
    t.um = 0xf3000000;
    cout << "sizeof:" << sizeof(t) << endl;
    cout << "addr:" << hex << &t << "/" << t.um << endl << endl;

    cout << "t.um:" << hex << &t.um << "/" << dec << t.um << endl;
    cout << "t.sm:" << hex << &t.sm << "/" << dec << t.sm << endl;
    cout << "t.fm:" << hex << &t.fm << "/" << dec << t.fm << endl;

}
```

例 10.5 的输出结果：

```
sizeof:4
addr:00EFF750/f3000000

t.um:00EFF750/4076863488
t.sm:00EFF750/–218103808
t.fm:00EFF750/–1.01412e+031
```

联合变量 t 的地址与其成员变量的地址是相同的，内存大小也相同，说明它们的内存是同一块内存区域。

联合有很多应用场景，往往与结构一起使用，共同描述应用中的数据结构。下面先讨论字节在 CPU 和内存中的顺序问题，然后再学习两个典型示例。

10.3.2 字节的顺序

按照冯·诺依曼机的思想，内存负责存储数据，CPU 负责计算。每次计算时，计算机将数据从内存取到 CPU，计算后再将计算结果存储到内存。内存中以字节为单位管理二进制位，CPU 中不关心字节，而是按照二进制位数进行计算。

如，先声明一个联合 Data，用于描述计算机中的数据，其中包含结构 CpuData 和 MemData，分别描述 CPU 和内存中的数据，然后使用 CpuData 和 MemData 观察一个变量的字节顺序。示例代码如例 10.6 所示。

【例 10.6】 CPU 和内存中的字节顺序。

```cpp
#include<iostream>
using namespace std;

struct CpuData{
    short bits;
};
struct MemData{
    char LowByte;
    char HighByte;
};
union Data{
    CpuData cpuData;
    MemData memData;
};
int main(){
    Data d;
    d.cpuData.bits = 0;
    d.memData.LowByte = 1;
    cout << d.cpuData.bits << endl;
    d.memData.HighByte = 2;
    cout << d.cpuData.bits << endl;

}
```

例 10.6 的输出结果：

```
1
513
```

CPU 中一个 16 位数，其高 8 位对应内存中的第 2 个字节，其低 8 位对应内存中的第 1 个字节，与内存中的字节顺序相反。16 位时 CPU 和内存中的字节顺序如图 10.13 所示。

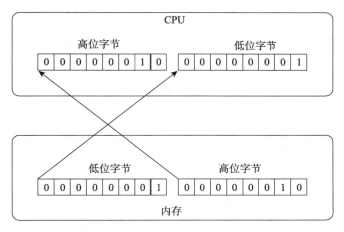

图 10.13　16 位时 CPU 和内存中的字节顺序

同样，32 位机中，CPU 和内存中的字节顺序也是相反的。32 位时 CPU 和内存中的字节顺序如图 10.14 所示。

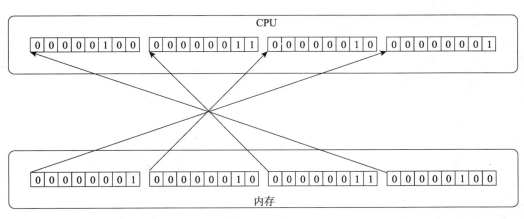

图 10.14　32 位时 CPU 和内存中的字节顺序

计算机在处理和存储数据时，内存中实际存储的格式与 CPU 中的格式不同，一般将内存中实际存储的格式称为数据的物理存储结构，简称物理结构；与之对应，将 CPU 中的格式称为逻辑结构。

10.3.3　图像的像素点

一个 24 比特表示的像素点，由 Red、Green、Blue 三种颜色组成，每种颜色 8 比特。可

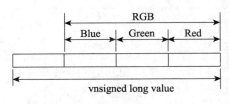

图 10.15　像素 Pixel 的结构

声明一个结构 RGB，再声明一个联合 Pixel，让 RGB 与一个 32 位整数共用存储空间。像素 Pixel 的结构如图 10.15 所示。

对于图 10.15 所示的数据结构，可以使用 RGB 方式访问像素点中的数据，也可以使用整数方式访问。如，定义一个联合 Pixel 的变量表示一个像素点，使用两个成员分别访问内存中的数据，代码如例 10.7 所示。

【例 10.7】 使用联合访问图像像素点。

```
//pixel.h
struct RGB
{
    char Red;
    char Green;
    char Blue;
};
union Pixel{
    RGB rgb;
    unsigned long value;

};
```

通过下面的代码可观察其内存分配情况。

```
#include<iostream>
#include<iomanip>
using namespace std;
#include "pixel.h"
void main(){
    Pixel pix1, pix2;

    pix1.rgb.Red = 10;
    pix1.rgb.Green = 20;
    pix1.rgb.Blue = 30;
    cout << hex << pix1.value << endl;

    pix2.value = -1;//初始化为全1
    cout << endl << hex << pix2.value << endl;
    pix2.rgb.Red = pix1.rgb.Red;
    cout << hex << pix2.value << endl;
    pix2.rgb.Green = pix1.rgb.Green;
    cout << hex << pix2.value << endl;
    pix2.rgb.Blue = pix1.rgb.Blue;
    cout << hex << pix2.value << endl;

    pix2 = pix1;
    cout << endl << hex << pix2.value << endl;

}
```

例 10.7 的输出结果：

```
cc1e140a↵
↵
ffffffff↵
ffffff0a↵
ffff140a↵
ff1e140a↵
↵
cc1e140a↵
```

使用 pix2.rgb.Red = pix1.rgb.Red 对 Red 成员赋值后,输出结果为 ffffff0a,使用 pix2.value
输出时， pix2.rgb.Red 中的值没有显示在左面， 而是显示在右边， 顺序与声明时的顺序刚好
相反。

10.3.4　IP 地址

使用联合处理 IP 地址，不需要移位运算，处理更加简洁。如，使用联合修改例 10.4 中
的程序，修改后的代码如例 10.8 所示。

【例 10.8】 使用联合处理 IP 地址。

```
#include<iostream>
using namespace std;
union IpAddress
{
    unsigned long int ip_int;
    struct{
        unsigned char ip4, ip3, ip2, ip1;
    } ip_string;
};

int main(){
    // IPv4 地址 . . . . . . . . . . . : 192.168.1.6
    IpAddress ip;
    ip.ip_string.ip1 = 192;
    ip.ip_string.ip2 = 168;
    ip.ip_string.ip3 = 1;
    ip.ip_string.ip4 = 6;
    cout << "IP 地址: "
        << (int)ip.ip_string.ip1 << "."
        << (int)ip.ip_string.ip2 << "."
        << (int)ip.ip_string.ip3 << "."
        << (int)ip.ip_string.ip4 << endl;

    //子网掩码 . . . . . . . . . . . . : 255.255.255.0
    IpAddress mask;
    mask.ip_string.ip1 = 255;
```

```
        mask.ip_string.ip2 = 255;
        mask.ip_string.ip3 = 255;
        mask.ip_string.ip4 = 0;
        cout << "子网掩码: "
             << (int)mask.ip_string.ip1 << "."
             << (int)mask.ip_string.ip2 << "."
             << (int)mask.ip_string.ip3 << "."
             << (int)mask.ip_string.ip4 << endl;

        //按照无符号整数处理 IP 地址
        IpAddress net, host;
        net.ip_int = (ip.ip_int)&(mask.ip_int);
        host.ip_int = ((mask.ip_int) ^ (-1))&(ip.ip_int);

        //解析 IP 地址并输出
        cout << "网络地址: "
             << (int)net.ip_string.ip1 << "."
             << (int)net.ip_string.ip2 << "."
             << (int)net.ip_string.ip3 << "."
             << (int)net.ip_string.ip4 << endl;
        cout << "主机地址: "
             << (int)host.ip_string.ip1 << "."
             << (int)host.ip_string.ip2 << "."
             << (int)host.ip_string.ip3 << "."
             << (int)host.ip_string.ip4 << endl;

}
```

程序中定义了一个联合 IpAddress，用来描述 IP 地址的结构。IpAddress 有 ip_int 和 ip_string 两个成员，ip_int 为一个 32 位的无符号整数，ip_string 为一个结构体，这两个成员共享一块内存区域。IpAddress ip 定义了 IpAddress 的变量 ip。IP 地址结构如图 10.16 所示。

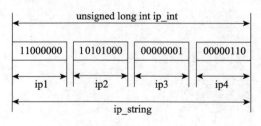

图 10.16　IP 地址结构

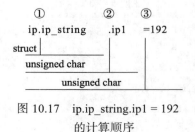

图 10.17　ip.ip_string.ip1 = 192
的计算顺序

结构体 ip_string 有 ip1、ip2、ip3 和 ip4 四个成员，每个成员都为 8 位无符号整数（unsigned char），共计 32 位，保证了与 ip_int 的内存区域重合，但按照"低位在前面，高位在后面"的存储原则，定义这四个成员的顺序与内存中的顺序刚好相反。

表达式 ip.ip_string.ip1 = 192 中，ip 的类型为

IpAddress，ip.ip_string 的类型为一个无名的结构体。表达式 ip.ip_string.ip1 = 192 的计算顺序如图 10.17 所示。

联合 IpAddress 包含 ip_int 和 ip_string 两个成员，这两个成员提供了两种访问 IP 地址的方法，以适合不同的应用场景。第一种方法使用成员 ip_int 以 32 位无符号整数的方式访问 IP 地址，适合计算机内部处理和传输 IP 地址。第二种方法使用成员 ip_string 分别访问 IP 地址中的字节，适合以类似 192.168.1.6 的格式输入输出 IP 地址，以方便人们识别理解。

10.4　本章小结

本章主要学习了十进制、二进制等记数法及其数值计算方法，位运算、联合等相关的编程技术以及底层编程的基本思路和方法。

学习了自然数和整数的十进制记数法，举例说明了四则运算的十进制计算方法，需要理解数值计算方法依赖于数的记数法。学习了二进制，举例说明了四则运算的二进制计算方法，讨论了使用补码表示整数的原理，需要理解补码在计算中的作用，掌握十六进制与二进制的相互转换方法。

学习了位运算和按位逻辑运算两种底层运算，深入学习了加法、乘法等基本运算的编程实现思路和方法，需要掌握位运算和按位逻辑运算的使用方法。

学习了联合，讨论了字节在 CPU 和内存中的顺序，举例说明了在实际应用中抽象、定义底层数据及运算的基本原理和编程实现方法。

学习了一个最简单的 R 进制计算机，讨论了对其扩展的路径和方法，可作为进一步学习、训练的示例。

10.5　习题

1. 以自然数为例简述进制与四则运算的关系。

2. 编写一个程序，按照从高位到低位的顺序输出任意一个整数的二进制位。

3. 使用位运算编写设置 IP 地址、输出 IP 地址、取网络地址、取主机地址四个函数，其函数原型分别为

```
setIP(long&ip,char ip1,char ip2,char ip3,char ip4)
printIP(long&ip)
getNetAddress(long&ip,long&mask)
getHostAddress(long&ip,long&mask)
```

然后编写一个主函数，调用上面的函数按照如下格式输出 IPv4 地址、子网掩码和默认网关，最后，输出网络地址和主机地址。

```
IPv4 地址：10.16.23.59
子网掩码：255.255.128.0
默认网关：10.16.0.1
```

4. 将处理 IP 的基本功能抽象为函数（运算），以模块形式提供给其他程序员使用，IP 模块程序结构如图 10.18 所示。

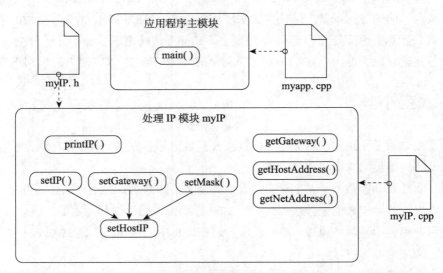

图 10.18　IP 模块程序结构

请编程实现其中的所有函数，并使用这些函数处理本机的 IP 地址。myIP.h 中代码如下：

```cpp
//myIP.h
union IpAddress{
   unsigned long int ip_int;
   struct{
      unsigned char ip4, ip3, ip2, ip1;
   } ip_string;
};

struct Host{
    char name[20];
    IpAddress ip, mask, gateway;
};
extern Host host;

void setIP(IpAddress &ip, int ip1, int ip2, int ip3, int ip4);
void setHostIP(int ip1, int ip2, int ip3, int ip4);
void setMask(int ip1, int ip2, int ip3, int ip4);
void setGateway(int ip1, int ip2, int ip3, int ip4);

IpAddress getNetAddrs();
IpAddress getHostAddrs();
IpAddress getGateway();

void printIP(IpAddress ip);
```

5. 按照图 10.10 所示的思路，开发一个 *R* 进制计算机，要求能进行整数的四则运算。

附录 A ASCII 表

ASCII 表如表 A.1 所示。

表 A.1 ASCII 表

ASCII 值	控制字符	ASCII 值	控制字符	ASCII 值	控制字符	ASCII 值	控制字符
0	NUL	32	(space)	64	@	96	`
1	SOH	33	!	65	A	97	a
2	STX	34	"	66	B	98	b
3	ETX	35	#	67	C	99	c
4	EOT	36	$	68	D	100	d
5	ENQ	37	%	69	E	101	e
6	ACK	38	&	70	F	102	f
7	BEL	39	'	71	G	103	g
8	BS	40	(	72	H	104	h
9	HT	41	)	73	I	105	i
10	LF	42	*	74	J	106	j
11	VT	43	+	75	K	107	k
12	FF	44	,	76	L	108	l
13	CR	45	-	77	M	109	m
14	SO	46	.	78	N	110	n
15	SI	47	/	79	O	111	o
16	DLE	48	0	80	P	112	p
17	DCI	49	1	81	Q	113	q
18	DC2	50	2	82	R	114	r
19	DC3	51	3	83	S	115	s
20	DC4	52	4	84	T	116	t
21	NAK	53	5	85	U	117	u
22	SYN	54	6	86	V	118	v
23	ETB	55	7	87	W	119	w
24	CAN	56	8	88	X	120	x
25	EM	57	9	89	Y	121	y
26	SUB	58	:	90	Z	122	z
27	ESC	59	;	91	[	123	{
28	FS	60	<	92	\	124		
29	GS	61	=	93	]	125	}
30	RS	62	>	94	^	126	~
31	US	63	?	95	-	127	DEL

附录 B 运 算 表

运算表如表 B.1 所示。

表 B.1 运算表

运算符	名称或含义	结合性	语法	语义或运算序列
::	scope resolution	None	::var; object:: xx; namespace::name	指明 var 为全局变量; 指明是对象 object 中的 xx; 指明是命名空间中的 name
.	成员选择(结构变量) [member selection (object)]	从左到右	exp.xx	计算 exp 得到对象 ob，得到 ob 的成员 xx
–>	成员选择(指针) [member selection (pointer)]	从左到右	exp–>xx	计算 exp 得到指向结构变量的指针 p，得到指针 p 指向的结构变量的成员 xx
[ ]	数组下标 [array subscript]	从左到右	exp1[exp2]	计算表达式 exp1 得到数组 A，计算 exp2 得到整数 i，从数组 A 中得到下标为 i 的元素（变量）A[i]
( )	函数调用 (function call member initialization)	从左到右	type expf (exp1,exp2,…)	先计算 expf 得到函数 f，然后调用函数 f，调用结束后再返回到调用点继续执行。 调用函数的过程分为进入函数调用、执行函数体和退出返回三个步骤。 **进入函数调用**：为返回值创建 type 类型长度的临时存储空间 R（如果是 void 类型，即没有返回值的情况则不需此步骤）；保护现场，将返回地址等重要参数压入栈中保存；传递参数，在栈区依次为形参（变量）s1, s2, …, Sn 分配指定类型的存储空间，并将实参 exp1, exp2, …, expn 的计算结果分别传递给形参 s1, s2, …, sn **执行函数体**：从函数体中第一行语句开始执行函数体；通过 return 语句将返回值赋值给临时变量 R，并跳转到退出返回。 **退出返回**：按照分配时的相反顺序回收形参（变量），即先回收变量 sn，最后回收 s1；恢复现场，重新读取被保存的返回地址等参数，回收这部分内存空间，并返回到调用点继续执行。 **返回到调用点继续执行**：从临时变量 R 中取出函数的返回值，继续执行完包含函数调用的语句。执行完这条语句后，回收临时变量 R
++	后自增 (postfix increment)	从左到右	exp++	计算 exp 得到变量 x，将 1 加到变量 x，返回原来的值 v
– –	后自减 (postfix decrement)	从左到右	exp– –	计算 exp 得到变量 x，将变量 x 减 1，返回原来的值 v
sizeof	取长度 (size of object or type)	从右到左	sizeof（exp）	计算 exp 得到 x，取出 x 的类型 t，得到类型 t 的存储空间大小
++	前自增 (prefix increment)	从右到左	++exp	计算 exp 得到变量 x，将 1 加到变量 x，得到变量 x
– –	前自减 (prefix decrement)	从右到左	– –exp	计算 exp 得到变量 x，变量 x 减 1，得到变量 x

续表

运算符	名称或含义	结合性	语法	语义或运算序列
~	取反 (one's complement)	从右到左	~exp	计算 exp 得到整型类型值 v1，对 v1 取反得到 v2
−	减号 (unary minus)	从左到右	−exp	计算 exp 得到数值类型的值 v1，对 v1 取负得到 v2，即−v1
+	正号 (unary plus)	从左到右	+ exp	计算 exp 得到数值类型的值 v1
&	取地址 (address-of)	从右到左	&exp	计算 exp 得到一个变量 x，取出变量 x 的首地址
*	取内容 (indirection)	从右到左	*exp	计算 exp 得到一个指针 p，取出 p 对应的变量 x
new	create object	从右到左	new exp	在堆区创建一个 type 类型的对象 ob，返回一个指向对象 ob 的指针 p
delete	destroy object	从右到左	delete exp	计算 exp 得到对象 ob，释放对象 ob 的内存
!	逻辑非 (logical negation)	从右到左	!exp	计算 exp 得到 bool 类型的值 b，如果 b 等于 true，则返回 false，否则返回 true
( )	类型转换 (cast)	从右到左	(type) exp	计算 exp 得到值 v1，将值 v1 的类型显式转换成 type 类型，得到 type 类型的值 v2
*	乘法 (multiplication)	从左到右	exp1*exp2	计算 exp1 得到值 v1，计算 exp2 得到值 v2，v1 乘以 v2 得到值 v3
/	除法 (division)	从左到右	exp1/exp2	计算 exp1 得到值 v1，计算 exp2 得到值 v2，v1 除以 v2 得到值 v3
%	取模 (modulus)	从左到右	exp1%exp2	计算 exp1 得到整数类型的值 v1，计算 exp2 得到整数类型的值 v2，v1 除以 v2 取余数，得到整数类型的值 v3
+	加法 (addition)	从左到右	exp1+exp2	计算 exp1 得到值 v1，计算 exp2 得到值 v2，v1 加 v2 得到值 v3
−	减法 (subtraction)	从左到右	exp1−exp2	计算 exp1 得到值 v1，计算 exp2 得到值 v2，v1 减 v2 得到值 v3
<<	插入 (insertion operator)	从左到右	cout<<exp	计算 exp，得到 T 类型的值 v1，将 v1 按照 T 类型和显示格式转换为字符串 s，在标准输出设备的当前光标处依次显示 s 中的字符，光标自动移到下一个位置，返回 cout 对象
>>	提取 (extract operator)	从左到右	cin>>exp	计算表达式 exp 得到变量 x，按照变量 x 的数据类型从标准输入设备上读入字符串并转换为相应数据类型的值 v1，保存到变量 x，得到 cin
<<	左移 (left shift)	从左到右	exp1<<exp2	计算 exp1 得到整型值 v1，计算 exp2 得到整型值 v2，将值 v1 按照二进制形式向左移动 v2 位，得到整型值 v3
>>	右移 (right shift)	从左到右	exp1>>exp2	计算 exp1 得到整型值 v1，计算 exp2 得到整型值 v2，将值 v1 按照二进制形式向右移动 v2 位，得到整型值 v3
>	大于 (greater than)	从左到右	exp1>exp2	计算 exp1 得到值 v1，计算 exp2 得到值 v2，计算 v1>v2 得到 bool 类型的值
<	小于 (less than)	从左到右	exp1<exp2	计算 exp1 得到值 v1，计算 exp2 得到值 v2，计算 v1<v2 得到 bool 类型的值
<=	小于或等于 (less than or equal to)	从左到右	exp1<=exp2	计算 exp1 得到值 v1，计算 exp2 得到值 v2，计算 v1<=v2 得到 bool 类型的值
>=	大于或等于 (greater than or equal to)	从左到右	exp1>=exp2	计算 exp1 得到值 v1，计算 exp2 得到值 v2，计算 v1>=v2 得到 bool 类型的值

续表

运算符	名称或含义	结合性	语法	语义或运算序列
==	等于 (equality)	从左到右	exp1==exp2	计算 exp1 得到值 v1，计算 exp2 得到值 v2，计算 v1==v2 得到 bool 类型的值
!=	(inequality)	从左到右	exp1!=exp2	计算 exp1 得到值 v1，计算 exp2 得到值 v2，计算 v1!=v2 得到 bool 类型的值
&	按位与 (bitwise AND)	从左到右	exp1&exp2	计算 exp1 得到整数类型的值 v1，计算 exp2 得到整数类型的值 v2，将 v1 与 v2 按位相与得到值 v3
^	位异或 (bitwise exclusive OR)	从左到右	exp1^exp2	计算 exp1 得到整数类型的值 v1，计算 exp2 得到整数类型的值 v2，将 v1 与 v2 按位相异或得到值 v3
|	按位或 (bitwise inclusive OR)	从左到右	exp1|exp2	计算 exp1 得到整数类型的值 v1，计算 exp2 得到整数类型的值 v2，将 v1 与 v2 按位相或得到值 v3
&&	逻辑与 (logical AND)	从左到右	exp1&&exp2	计算 exp1 得到 bool 类型的值 b1，若 b1 值为 false，exp1&&exp2 的结果为 false；否则，计算 exp2 得到 bool 类型的值 b2，计算 b1&&b2 得到 bool 值 b3，exp1&&exp2 的结果为 bool 值 b3
||	逻辑或 (logical OR)	从左到右	exp1||exp2	计算 exp1 得到 bool 类型的值 b1，若 b1 值为 true，则 exp1||exp2 的结果为 true；否则，计算 exp2 得到 bool 类型的值 b2，计算 b1||b2 得到 bool 值 b3，exp1||exp2 的结果为 bool 值 b3
?:	条件运算 (conditional)	从右到左	expf ? exp1 : exp2	计算 expf 得到 bool 值 b，若 b 为 true，则计算 exp1 得到变量 x1 或值 v1；若 b 为 false，则计算 exp2 得到变量 x2 或值 v2
=	赋值 (assignment)	从右到左	expL=expR	计算 expL 得到变量 x，计算 expR 得到值 v，将值 v 转换为变量 x 的类型规定的存储格式，并存到变量 x 的内存，得到变量 x
*=	multiplication assignment	从右到左	expL*=expR	计算 expL 得到数值类型的变量 x，计算 expR 得到数值 v1，将数值 v1 乘到变量 x，得到变量 x
/=	division assignment	从右到左	expL/=expR	计算 expL 得到数值类型的变量 x，计算 expR 得到数值 v1，变量 x 除以数值 v1，得到变量 x
%=	modulus assignment	从右到左	expL%=expR	计算 expL 得到整型变量 x，计算 expR 得到整型值 v1，对变量 x 按值 v1 取模，得到变量 x
+=	addition assignment	从右到左	expL+=expR	计算 expL 得到数值类型的变量 x，计算 expR 得到数值 v1，将数值 v1 加到变量 x，得到变量 x
-=	subtraction assignment	从右到左	expL-=expR	计算 expL 得到数值类型的变量 x，计算 expR 得到数值 v1，从变量 x 减去数值 v1，得到变量 x
<<=	left-shift assignment	从右到左	expL<<=expR	计算 expL 得到整型变量 x，计算 expR 得到整数值 v，将变量 x 中的值向左移动 v 位，得到变量 x

运算符	名称或含义	结合性	语法	语义或运算序列
>>=	right-shift assignment	从右到左	expL>>=expR	计算 expL 得到整型变量 x，计算 expR 得到整数值 v，将变量 x 中的值向右移动 v 位，得到变量 x
&=	bitwise AND assignment	从右到左	expL&=expR	计算 expL 得到整数类型的变量 x，计算 expR 得到整数类型的值 v，用值 v 对变量 x 的值进行按位与，得到变量 x
|=	bitwise inclusive OR assignment	从右到左	expL|=expR	计算 expL 得到整数类型的变量 x，计算 expR 得到整数类型的值 v，用值 v 对变量 x 的值进行按位或，得到变量 x
^=	bitwise exclusive OR assignment	从右到左	expL^=expR	计算 expL 得到整数类型的变量 x，计算 expR 得到整数类型的值 v，用值 v 对变量 x 的值进行按位异或，得到变量 x
throw	抛出异常 (throw exception)	从右到左	throw expR	抛出异常
,	逗号 (comma)	从左到右	exp1，exp2	先计算 exp1 得到变量 x1 或值 v1，再计算 exp2 得到变量 x2 或值 v2，最后的计算结果为变量 x2 或值 v2

　　按照优先级从高到低的顺序排列，其中，用加粗的表格线区分不同优先级的运算，相邻两条加粗表格线之间运算的优先级相等。

参 考 文 献

[1] KNUTH D E. 计算机程序设计艺术（卷 2）：半数值算法[M]. 巫斌，等译. 3 版. 北京：人民邮电出版社，2016.

[2] KNUTH D E. 计算机程序设计艺术（卷 1）：基本算法[M]. 李佰民，等译. 3 版. 北京：人民邮电出版社，2016.

[3] STROUSTRUP B. C++程序设计原理与实践[M]. 王刚，等译. 北京：机械工业出版社，2010.

[4] 钱能. C++程序设计教程（修订版）[M]. 北京：清华大学出版社，2009.

[5] 裘宗燕. 从问题到程序：程序设计与 C 语言引论[M]. 北京：机械工业出版社，2011.

[6] JOHNSTON B. 现代 C++程序设计[M]. 曾葆青，等译. 北京：清华大学出版社，2005.

[7] HORTON L. C++入门经典[M]. 李子敏，译. 3 版. 北京：清华大学出版社，2006.

[8] 林锐，韩永泉. 高质量程序设计指南：C++/C 语言[M]. 3 版. 北京：电子工业出版社，2007.

[9] STROUSTRUP B. C++程序设计语言（特别版）[M]. 裘宗燕，译. 北京：机械工业出版社，2002.

[10] PRATA S. C Primer Plus[M]. 云巅工作室，译. 5 版. 北京：人民邮电出版社，2005.

[11] BJORNER D. 软件工程（卷 2）：系统与语言规约[M]. 刘伯超，等译. 北京：清华大学出版社，2016.

图书资源支持

感谢您一直以来对清华版图书的支持和爱护。为了配合本书的使用，本书提供配套的资源，有需求的读者请扫描下方的"书圈"微信公众号二维码，在图书专区下载，也可以拨打电话或发送电子邮件咨询。

如果您在使用本书的过程中遇到了什么问题，或者有相关图书出版计划，也请您发邮件告诉我们，以便我们更好地为您服务。

我们的联系方式：

清华大学出版社计算机与信息分社网站：https://www.shuimushuhui.com/

地　　　址：北京市海淀区双清路学研大厦 A 座 714

邮　　　编：100084

电　　　话：010-83470236　010-83470237

客服邮箱：2301891038@qq.com

QQ：2301891038（请写明您的单位和姓名）

资源下载：关注公众号"书圈"下载配套资源。

资源下载、样书申请

图书案例

书 圈

清华计算机学堂

观看课程直播